W0264152

Leitfäden der angewandten Informatik

Fortsetzung auf der 3. Umschlagseite

Leitfäden der angewandten Informatik

P. A. Gloor
Hypermedia-Anwendungsentwicklung

Leitfäden der angewandten Informatik

Herausgegeben von

Prof. Dr. Hans-Jürgen Appelrath, Oldenburg
Prof. Dr. Lutz Richter, Zürich
Prof. Dr. Wolffried Stucky, Karlsruhe

Die Bände dieser Reihe sind allen Methoden und Ergebnissen der Informatik gewidmet, die für die praktische Anwendung von Bedeutung sind. Besonderer Wert wird dabei auf die Darstellung dieser Methoden und Ergebnisse in einer allgemein verständlichen, dennoch exakten und präzisen Form gelegt. Die Reihe soll einerseits dem Fachmann eines anderen Gebietes, der sich mit Problemen der Datenverarbeitung beschäftigen muß, selbst aber keine Fachinformatik-Ausbildung besitzt, das für seine Praxis relevante Informatikwissen vermitteln; andererseits soll dem Informatiker, der auf einem dieser Anwendungsgebiete tätig werden will, ein Überblick über die Anwendungen der Informatikmethoden in diesem Gebiet gegeben werden. Für Praktiker, wie Programmierer, Systemanalytiker, Organisatoren und andere, stellen die Bände Hilfsmittel zur Lösung von Problemen der täglichen Praxis bereit; darüber hinaus sind die Veröffentlichungen zur Weiterbildung gedacht.

Hypermedia-Anwendungsentwicklung

Eine Einführung mit HyperCard-Beispielen

Von Dr. phil. Peter A. Gloor
Regensdorf

B. G. Teubner Stuttgart 1990

Dr. phil. Peter Andreas Gloor

Geboren 1961 in Aarau. 1981 bis 1986 Studium der Mathematik mit Nebenfächern Chemie und Informatik an der Universität Zürich. 1986 Diplom in Mathematik. Ab 1986 Assistent am Institut für Informatik der Universität Zürich. 1989 Promotion in Informatik an der philosophischen Fakultät II der Universität Zürich. Seit 1989 Lehrbeauftrager für Hypermedia an der Universität Zürich sowie Berater- und Vortragstätigkeit in Industrie und Wirtschaft.

CIP-Titelaufnahme der Deutschen Bibliothek

Gloor, Peter A.:
Hypermedia-Anwendungsentwicklung : eine Einführung mit
HyperCard-Beispielen / Peter A. Gloor. – Stuttgart : Teubner,
1990
  (Leitfäden der angewandten Informatik)
  ISBN 978-3-519-02496-5   ISBN 978-3-322-92761-3 (eBook)

  DOI 10.1007/978-3-322-92761-3

Gesamtherstellung: Zechnersche Buchdruckerei GmbH, Speyer
Umschlaggestaltung: M. Koch, Ostfildern 1 (Ruit)

Vorwort

Dieses Buch soll zwei verschiedene Aufgaben erfüllen:

- Es soll eine umfassende Übersicht über das Gebiet "Hypermedia" geben.

- Es sollen Anwendungsbeispiele aus den verschiedensten Teilbereichen von Hypermedia in HyperCard beschrieben und so dokumentiert werden, dass sie vom interessierten Anwendungsprogrammierer jederzeit nachvollzogen werden können.

Der Begriff "Hypermedia" beinhaltet sowohl ein neues Konzept als auch eine neue Technik. Ähnlich, wie fünf Jahre zuvor der Begriff "Desktop Publishing" den Einsatz des Personal Computers im Büro revolutionierte, erlaubt die Verwendung von Hypermedia-Techniken den Gebrauch des Computers für völlig neue Einsatzbereiche. Im Gegensatz zu Desktop Publishing aber ist Hypermedia nicht nur eine neue Technik, sondern es ermöglicht den Gebrauch des Computers in Bereichen, die bis heute dem (Kunst-)Handwerker vorbehalten waren. Der produktive Einsatz des Computers in Film- und Tonstudio, für das Schreiben und das Betrachten von elektronischen Handbüchern, für Unterrichtsprogramme und als Medium für die Teamarbeit verschaffen dem Computer Einstieg in neue Welten, die sich grundsätzlich von den traditionellen Computeranwendungen unterscheiden und in denen bis heute niemand Einsatzmöglichkeiten für den Computer gesehen hat.

Die Hypermedia-Technik ist nicht erst in den letzten Jahren entstanden. Ein gewöhnliches Lexikon in Buchform mit Querverweisen weist bereits eine Hypertext-Struktur auf. Schon 1945 wurde ein erstes maschinenunterstütztes Hypertext-System beschrieben, das noch mit mechanischen Hilfsmitteln realisiert werden sollte. In den Sechziger-Jahren realisierten erste Hypertext-Pioniere wie Engelbart und Nelson ihre Hypertext-Ideen auf den damaligen Computern. Den wirklichen Durchbruch schaffte das Hypertext- (und vor allem Hypermedia-) Konzept allerdings erst, als 1987 mit Apple's HyperCard ein Werkzeug auf dem Markt erschien, mit dem jedermann (sofern er glücklicher Besitzer eines Macintosh's ist) sofort mit dem Erstellen und Betrachten von Hypermedia-Applikationen beginnen kann. HyperCard kann als zweifellos noch zu verbessernde, aber nichts desto trotz sehr gut brauchbare Programmierumgebung zur Erstellung von einfachen Hypermedia-Applikationen angesehen werden. Aus diesem Grunde werden die theoretischen Konzepte in diesem Buch wo immer möglich anhand von praktischen Beispielen in HyperCard illustriert. Die Beispiele sollen so detailliert beschrieben werden, dass jeder, der HyperCard-Anfangskenntnisse besitzt, diese selbst nachprogrammieren kann. Das Buch gibt bewusst keine Einführung in die Programmierung mit HyperCard, da zu diesem Thema bereits zahlreiche Bücher auf dem Markt erschienen sind. Auch ist das Erlernen der HyperCard-Programmierkonzepte auf einer elementaren Stufe nicht grundlegend verschieden vom Erlernen irgend einer konventionellen Programmiersprache. Dieses Buch beschränkt sich daher auf die Hypermedia-Aspekte von HyperCard und versucht, die Mächtigkeit dieser Programmierumgebung speziell in diesem Bereich anhand praktischer Beispiele aufzuzeigen.

Dieses Buch wendet sich an Leser aus zwei verschiedenen Interessenbereichen. Einerseits sollen für den wissenschaftlich interessierten Leser die theoretischen Grundlagen für das Verständnis von Hypermedia-Konzepten gelegt werden. Er soll sowohl einen Überblick über den Stand der Technik auf diesem Gebiet erhalten als auch lernen, wie Hypermedia-Konzepte zur Lösung seiner eigenen Probleme einzusetzen sind. Exemplarisch werden dazu zu typischen Hypermedia-Anwendungen Beispiele in HyperCard gegeben.

Andererseits wendet sich dieses Buch auch an den erfahrenen HyperCard- und Hypermedia-Programmierer, der neben einer Erweiterung seines HyperCard-Repertoires und dem Erlernen neuer Hypertalk-Programmier-Tricks auch seine theoretischen Grundkentnisse auffrischen möchte. Das Buch enthält in den praktischen Kapiteln eine Menge von HyperCard-Stacks und Hypertalk-Scripts zu spezifischen Hypermedia-Problemen, die als Vorlage für eigene Programme benützt und entsprechend modifiziert werden können.

Hinweise für die Arbeit mit HyperCard

Für die Beispiele dieses Buches habe ich HyperCard Version 1.2 in der US Version benutzt. Die meisten Beispiel sollten aber auch mit dem deutschen HyperCard lauffähig sein. Mit dem deutschen HyperCard kann es allenfalls bei der Abarbeitung der Hypertalk-Scrips bei der Ausführung der "DoMenu"-Befehle Probleme geben. In solchen Fällen müssen aber lediglich die englischen Begriffe durch ihre deutschen Äquivalente ausgetauscht werden, d.h. aus `DoMenu "New Card"` wird dann beispielsweise `DoMenu "Neue Karte"`.

Im Buchtext wurden sinngemäss zum Gebrauch der US HyperCard-Version ebenfalls die englischen Ausdrücke für die HyperCard-Objekte verwendet, d.h. anstatt "Stapel" wird "Stack" geschrieben, ebenso anstatt

Hintergrund → Background

Karte → <u>Card</u>

Taste → <u>Button</u>

Feld → <u>Field</u>

Start-Stapel → <u>Home-Stack</u>

Der Gebrauch der US Version hat erstens den Vorteil, dass bei Erscheinen einer neuen Version, die zuerst auf amerikanisch erscheint, die alten Stacks ohne Modifikationen in die neue HyperCard-Version übernommen werden können. Zweitens ist aber auch die Mehrzahl aller HyperCard-Applikationen mit dem amerikanischen HyperCard entwickelt worden, so dass die in diesem Buch beschriebenen Beispiele und Scripts ohne Einschränkung kompatibel zu diesen HyperCard-Applikationen sind.

Danksagungen

Dieses Buch entstand aus einer Vorlesung über Hypermedia an der Universität Zürich sowie aus einer Reihe von HyperCard-Kursen an der Universität Zürich und an der Kantonsschule Küsnacht. Bedanken möchte ich mich zuerst beim Teubner Verlag für die Ermöglichung der Publikation dieses Werkes. Besonders bedanken möchte ich mich dort bei Herrn Dr. P. Spuhler für die problemlose und effiziente Zusammenarbeit. Besonderer Dank gebührt auch Herrn Prof. Dr. L. Richter für die Durchsicht des Manuskripts und die kritischen Hinweise, die wesentlich zur Verbesserung dieses Werkes beigetragen haben. Bedanken möchte ich mich ebenfalls bei Herrn Prof. Dr. R. Marty und Herrn Pietro Immordino für die kritische Korrektur des Werkes sowie bei Herrn Georg Fietz für die zahlreichen HyperCard-Hinweise.

Weiter möchte ich mich bei meinen Vorgesetzten der Firma GfAI Herrn Marius Walliser und Herrn Dr. A. Fröhlich für die teilweise Freistellung während des Schreibprozesses und die zur Verfügungstellung der nötigen Infrastruktur bedanken.

Ein besonderes Dankeschön schliesslich geht an meine Frau Irene, die, obwohl sie manchen Abend und manches Wochenende zugunsten des Macintosh auf mich verzichten musste, es nicht nur bei der moralischen Unterstützung bewenden liess, sondern auch noch bei der Gestaltung der Illustrationen tatkräftig mitgearbeitet hat.

Aarau, im Februar 1990   Peter A. Gloor

Inhalt

1 Hypermedia:
Überblick und Ausblick

1.1 Anforderungen an das elektronische Buch

Bei der Verwendung des Computers als "elektronisches Buch" ergeben sich im Vergleich zum konventionellen, gedruckten Buch weitreichende Vorteile. Der Computer als Hilfsmedium zur Darstellung des elektronischen Buches gestattet dem Leser, auf einfache Art und Weise Verbindungen zwischen ähnlich gearteten Informationen zu schaffen und so eigentliche *Informationsnetze* zu konstruieren. Durch die Integration von Fussnoten, Querverweisen und Erklärungen direkt in den Text des elektronischen Buches wird eine neue Dimension des Informationszugriffs ermöglicht, indem beliebig grosse Informationsmengen miteinander verknüpft werden können.

Der Computer gestattet es auch, mehrere Benutzer (Leser) des gleichen elektronischen Dokumentes miteinander zu verbinden: Einerseits können Annotationen und Bemerkungen eines Lesers eines Artikels den späteren Lesern des gleichen Dokumentes zugänglich gemacht werden, andererseits kann der Computer aber auch als eigentliches *Medium zur Teamarbeit* eingesetzt werden, indem verschiedene Fragmente des gleichen Dokumentes parallel von verschiedenen Autoren bearbeitet werden und trotzdem jederzeit sämtlichen Mitgliedern der Autorengruppe zugänglich sind.

Im Gegensatz zum gedruckten Buch können bei einem Dokument in elektronischer Form jederzeit Änderungen vorgenommen werden. Das gibt dem Autor die Möglichkeit, *mehrere Versionen* seines Dokumentes zu verwalten und bei Bedarf auf eine ältere Version zurückzugreifen. Auch kann ein elektronisches Buch, nicht wie ein gedrucktes Buch, wo ein

Nachdruck eines vergriffenen Werkes mit grossem Aufwand verbunden ist, bedeutend einfacher kopiert und an das gewünschte Zielpublikum verteilt werden. Der Zugriff auf grosse Informationsmengen ist mit Hilfe des Computers viel einfacher zu bewerkstelligen als bei Informationen in gedruckter Form, wo die Informationsfülle lediglich in verschiedene Bücher unterteilt und der Querbezug mit Hilfe von Referenzen hergestellt werden kann. Die elektronische Information kann mit Hilfe eines Filters selektiv gelesen und im Moment nicht relevante Informationen ausfiltriert werden.

Wie Versuche vor allem im Bezug auf die Benutzerakzeptanz gezeigt haben, ergeben sich allerdings wirkliche Vorteile gegenüber dem gedruckten Buch erst dann, wenn die Fähigkeit des Computers, eine Vielzahl von unterschiedlichen Medien zu verbinden, ausgenutzt wird, d.h. falls nicht nur Textblöcke und statische Bilder miteinander verbunden werden, sondern auch Animationssequenzen und Ton in das elektronische Dokument eingefügt werden, um so ein ein wirklich *audiovisuelles Medium* zu erhalten.

Nach all diesen offensichtlichen Vorteilen des elektronischen Buches darf nicht verschwiegen werden, dass dieser Ansatz auch einige gravierende Nachteile aufweist. Im Gegensatz zum gedruckten Buch, wo der Standort innerhalb des Dokumentes dem Lesers jederzeit bekannt ist und auch mit Lesezeichen markiert werden kann, hat der Leser eines grossen elektronischen Dokumentes bald mit Navigations- und Orientierungsschwierigkeiten zu kämpfen. Um die Orientierung des Lesers innerhalb des Dokumentes zu ermöglichen, müssen ihm deshalb die nötigen Hilfsmittel zur Verfügung gestellt werden; eine Problematik, die bei den meisten heutigen Systemen noch nicht befriedigend gelöst ist. Ein zweites Problem tritt dann auf, wenn der Leser auf den Ausdruck auf Papier des elektronischen Dokumentes angewiesen ist, falls er aus irgendwelchen Gründen keinen Zugang zum Computer hat. Ein nichtsequentielles elektronisches Dokument lässt sich nur sehr schlecht sequentialisiert zu Papier bringen. Auch dieses Problem wurde zwar erkannt, befriedigende Lösungsansätze haben aber bis heute auf sich warten lassen.

Solchermassen aufgebaute elektronische Bücher werden als *Hypertext-* oder *Hypermedia-*Dokumente bezeichnet. Im Rest dieses Buches wird der bis jetzt informal mit Hilfe des elektronischen Buches definierte Hypertext-Begriff auf ein solides wissenschaftliches Fundament gestellt und die verschiedenen Anwendungsbereiche des Hypertext-Konzeptes untersucht.

Bemerkung:

Im Rest dieses Buches werden sowohl die Begriffe *"Hypermedia"* als auch *"Hypertext"* gebraucht. Von "Hypermedia" wird immer dann die Rede sein, wenn vor allem die multimedialen Aspekte des elektronischen Dokumentes im Vordergrund sind. Wenn von

"Hypertext" gesprochen wird, so steht die Struktur der Querbeziehungen zwischen den verschiedenen Textblöcken eines Hypertext-Dokumentes im Vordergrund.

1.2 Was ist Hypertext

Im Gegensatz zu konventionellem Text, der nur linear durchgegangen werden kann, erlaubt das Hypertext-Konzept eine komplexere Organisation des darzustellenden Inhalts. Mit Hilfe von sogenannten Links, d.h. von der Maschine unterstützten Referenzen zwischen einzelnen Text-Blöcken, kann direkt von einem Text-Block zum anderen gesprungen werden. Damit wird die Fähigkeit des menschlichen Gehirns, Informationen sprunghaft zu verarbeiten, auf dem Computer nachgebildet. Mit Hypertext dargestellte Information ist nur sehr schwer direkt vom Computer auf Papier zu bringen.

Das Konzept von Hypertext ist sehr einfach: Fenster (Windows) auf dem Bildschirm werden mit Hilfe einer Datenbank miteinander verknüpft (Fig. 1.1).

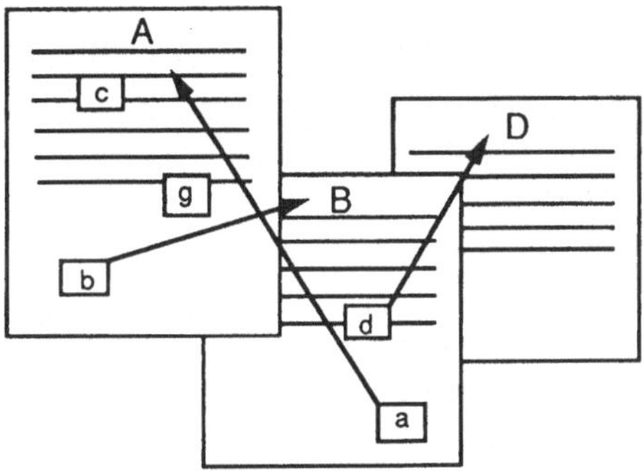

Fig. 1.1 Verknüpfung von Hypertext

Um das Hypertext-Konzept sinnvoll verwenden zu können, wird meist eine Maus (Pointing Device) eingesetzt. Zur Illustration folgt nun ein kurzes Beispiel:
Dokument A von (Fig. 1.1) befinde sich auf dem Bildschirm. Das Anklicken mit der Maus des "Link-Ikonen" "b" in Dokument A aktiviert den Link zu B, so dass nun Dokument B zuvorderst auf dem Bildschirm erscheint. Durch Anklicken der Ikonen "a" oder "d" könnte jetzt Dokument A oder D auf den Bildschirm gebracht werden.

1.3 Historische Entwicklung

Ein erstes Hypertext-System, das noch mit mechanischen Hilfsmitteln ohne Computer realisiert werden sollte, wurde bereits 1945 von Vannevar Bush, dem damaligen Berater von Präsident Roosevelt, in seinem Artikel "As We May Think" [Bus88] vorgeschlagen. Die Datenbasis des Systems sollte auf Mikrofilmen gespeichert werden, den Zugriff zu den einzelnen Textblöcken wollte Bush mit Hilfe von Photozellen realisieren. Zwei weitere Pioniere entwickelten rund zwanzig Jahre später mit Hilfe von Computern ihre eigenen Vorstellungen des Hypertext-Konzeptes. Um 1963 begann Douglas Engelbart am Stanford Research Institute mit den Arbeiten am NLS[1]/Augment-System, wo er erstmals die von ihm erfundene Maus einsetzte und Fullscreen-Bildschirme mit der damals bahnbrechenden Fenstertechnik verwendete. Dieses System, das bis heute weiterentwickelt wurde, basiert auf einer zugrundeliegenden Datenbank, auf der mit Hilfe von Filtern selektiv auf die Daten zugegriffen werden kann. Im Vordergrund steht dabei bis heute die Eignung dieses Systems für die Zusammenarbeit und für Teamwork. Während Engelbarts Entwicklungen realisierte ein anderer Forscher names Ted Nelson seine eigenen Vorstellungen einer universellen literarischen Umgebung im System Xanadu, wobei er den Begriff "Hypertext" einführte. Auch System Xanadu wurde bis heute weiterentwickelt, wobei sich Nelson vor allem den Aufbau eines globalen Literatur-Archivierungssystems unter Entwicklung eines Konzeptes für einen weltweiten Informationsverbund zum Ziel setzte.

Nachdem nun heute mit der Einführung von Apple's HyperCard dieses Hypermedia-Softwarepaket ohne Aufpreis mit jedem Macintosh mitgeliefert wird, scheint das Hypertext-Konzept endgültig aus den Laboratorien einiger weniger Forscher und Enthusiasten den Weg in die breite Masse der Computerbenützer gefunden zu haben.

---

[1]Die Abkürzung NLS steht für oN Line System.

1.4 Arten von Hypermedia-Systemen

Hypermedia-Systeme können nach verschiedenen Kriterien eingeteilt werden. So kann z.B. unterschieden werden zwischen *Systemen zur Einzelarbeit* (etwa on-line Handbüchern und Bibliotheken) und *Systemen zur Unterstützung der Zusammenarbeit* innerhalb eines *Teams*. Eine andere mögliche Unterscheidung, auf die innerhalb dieses Artikels weiter unten noch detaillierter eingegangen werden soll, kann nach der Art des Netzwerks von Knoten, aus dem das Hypermedia-Dokument besteht, vorgenommen werden. Dabei kann ganz grob zwischen einer ungeordneten Sammlung von Knoten, einem hierarchischen Netzwerk, und einem (gerichteten) Graphen mit Zykeln unterschieden werden. An dieser Stelle sollen die Hypermedia-Systeme gemäss den zuerst aufgeführten Kriterien unterteilt werden, wobei für eine verfeinerte Unterteilung eine zweite Dimension zu Hilfe genommen wird (Fig. 1.2).

Hypermedia	Single User *Einplatz-Systeme*	Multi User *Groupware / Systeme* *zur Zusammenarbeit*
Ideen-Prozessoren	Outline- Prozessoren	erweiterte Telekonferenzsysteme Systeme zur Entscheidungsfindung
	Ideen-Strukturierungs- Werkzeuge	Versionen-Verwaltungssysteme
Speicher- und *Abfragesysteme*	Unterrichtssoftware Drill & Practice | Wissens-vermittlung	
	on-line Handbücher	
	on-line Bibliotheken	

Fig. 1.2 Klassifikation von Hypermedia-Systemen

In den nun folgenden Erläuterungen zur obigen Klassifikation soll der vertikalen Achse nachgegangen werden, wo zwischen Ideen-Prozessoren und Speicher- und Abfrage-Systemen unterschieden wird, da hier die Unterscheidung im Vergleich zur horizontalen Achse auf einer höheren Abstraktionsebene vorgenommen werden kann.

1.4.1 Ideen-Prozessoren und Outline-Editoren

Unter dem Begriff "Ideen-Prozessoren" werden Systeme zur Verbesserung der menschlichen Denkfähigkeit insbesondere für komplex strukturierte Gedankengänge verstanden. Das Arbeiten mit solchen Systemen wurde von Engelbart, einem Pionier auf diesem Gebiet, als "augmentation of the human intellect" bezeichnet. Ein Ideen-Prozessor soll es dem menschlichen Denker ermöglichen, seine zu Beginn noch ungeordneten Ideen zu sammeln und in einem zweiten Schritt zu strukturieren und Zusammenhänge zu suchen. In diese Kategorie fällt, zumindest ansatzweise, die ganze Gruppe der *Outline-Editoren*, mit denen stufenweise Text aus- bzw.- eingeblendet und ganze Textblöcke frei verschoben werden können. Ganz am Rande fallen auch die *Versionen-Verwaltungsysteme,* mit denen über die verschiedenen Versionen eines Dokumentes Buch geführt werden kann, in die gleiche Kategorie. Die Ideen-Prozessoren können weiter unterteilt werden in Systeme

- für die Einzelperson

- für die Unterstützung der Teamarbeit, als *Groupware* zur Verbesserung der Zusammenarbeit innerhalb der Gruppe. In diese Gruppe können auch die *erweiterten Tele-Konferenzsysteme* und andere allgemein verwendbare Systeme zur *Entscheidungsfindung* eingereiht werden.

1.4.2 Speicher- und Abfragesysteme

In der Gruppe der Speicher- und Abfragesysteme steht das bereits fertig erstellte Hypertext-Dokument im Vordergrund. Die Aufgabe dieser Systeme liegt in der für den Leser möglichst günstigen Präsentation von bereits existierendem Wissen (Wissensmengen), wobei die Fähigkeiten des Computers für das rasche Aufzeigen von Querbeziehungen und für die Integration weiterer Medien wie Animationssequenzen und Ton ausgenützt werden sollen. Speicher- und Abfragesysteme können weiter unterteilt werden in

- on-line-Bibliotheken und *on-line Handbücher* (für komplexe technische Systeme).

- *Unterrichtssoftware* zur animierten multimedialen reinen Wissensvermittlung (Hypermedia-Tutorials).
  Hier wird der Computer als elektronisches Buch im eigentlichen Sinne verwendet. Der Einsatz des Computers in diesem Bereich wird erst dann sinnvoll, wenn die Funktion des Computers über diejenige eines elektronischen Seitenwechslers hinausgeht. Integration von Bild, Ton und Animation in das Hypermedia-Tutorial sowie der

Einsatz mächtiger Navigations-Werkzeuge motivieren den Gebrauch des Computers in
diesem Bereich.

- Unterrichtssoftware für Drill & Practice.
  Der Computer kann als geduldiger Lehrer für das Einüben einer Fertigkeit wie z.B.
  Auswendiglernen von Vokabeln eingesetzt werden. Ein Hypermedia-"Drill &
  Practice"-Programm muss idealerweise in der Lage sein, je nach Schülerantwort
  innerhalb des Dokumentes in verschiedene Richtungen zu verzweigen (Fig. 1.3). Die
  Wissensrepräsentation sollte der Person und den Fähigkeiten des Schülers anpassbar
  sein.

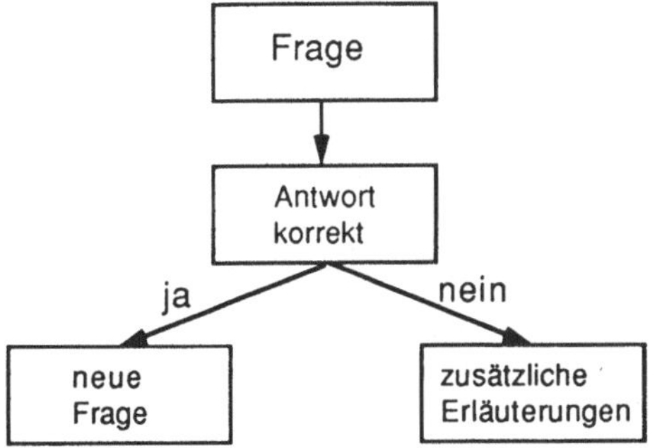

Fig. 1.3 Struktur eines "Drill & Practice"-Programms

1.5 Einsatzmöglichkeiten von Hypermedia

In diesem Abschnitt geht es darum, vor allem die kommerziellen Einsatzmöglichkeiten von
Hypermedia kurz aufzuzeigen. Ein Gesamtüberblick wurde bereits im vorhergehenden
Abschnitt bei der Beschreibung der verschiedenen Arten von Hypermedia-Systemen
gegeben. An dieser Stelle soll ganz kurz auf Einsatzmöglichkeiten von Hypermedia-Systemen
im geschäftlichen Umfeld eingegangen werden.

Als Hilfsmittel bei der Informationsverwaltung kann die Hypermedia-Technik benützt
werden, um die wachsende Informationsflut einzudämmen: Ausser dem
"erziehungsorientierten" Einsatz von Hypermedia für die Erstellung von
Unterrichtsprogrammen und von Schulungssoftware für interaktives Training ist die
Hypermedia-Technik sehr gut geeignet für elektronische Dokumentationen, handle es sich

dabei um interne Dokumentenverwaltungssysteme oder aber um Systeme zur Informationsauslieferung und Verteilung. Bis heute wurden in den verschiedensten Bereichen des täglichen Lebens wie Luftfahrt, Automobilindustrie, Computerindustrie, Oelindustrie, Banken, Anwälte, öffentliche Verwaltungen etc. interne Dokumentenverwaltungssysteme, die auf der Hypermedia-Technik basieren, eingesetzt. Als idealer Datenträger für solche Anwendungen hat sich dabei häufig die CD-ROM, die ein enormes Datenvolumen, Datensicherheit und geringe Kosten pro gespeicherte Dateneinheit offeriert, erwiesen. Auf die CD-ROM wird am Ende dieses Kapitels noch näher eingegangen. Motivation für einen Einsatz von Hypermedia in diesem Bereich bildet der Wunsch nach dem Ersetzen konventioneller Technologien durch Grafiken, Animation, Ton und Video, wobei das Ganze aber immer noch technisch realisierbar und finanziell tragbar sein soll. (Dieser Aspekt von Hypermedia-Systemen wird in Kapitel 6 noch ausführlich besprochen.)

1.6 Aufbau eines Hypertext-Systems

Nach den allgemeinen und mehr anwendungsbezogenen Betrachtungen in den vorhergehenden Abschnitten soll in diesem Subkapitel der Aufbau von Hypertext-Systemen von der theoretischen Seite her betrachtet und Grundlagen-Architekturen für Hypertext-Systeme vorgestellt werden.

1.6.1   Die Hypertext-Architektur

Ein Hypertext-Dokument kann auf der logischen Ebene in zwei Schichten unterteilt werden (Fig. 1.4).

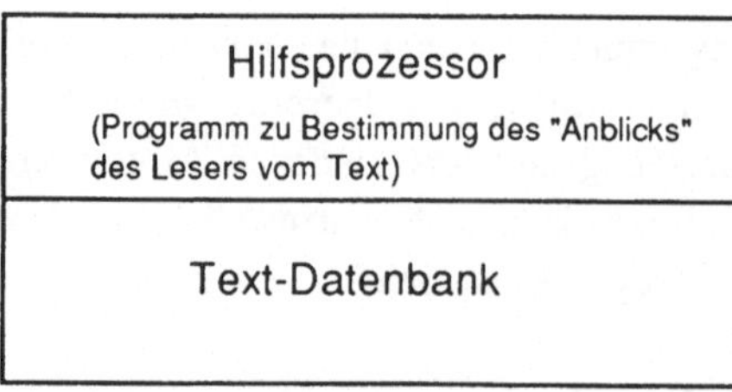

Fig. 1.4 Die Hypertext-Architektur

Die untere Schicht besteht aus den eigentlichen Daten, die im Hypertext-Dokument enthalten sind. Diese Daten können entweder in

- einer beliebigen, konventionellen, für andere Zwecke bereits existierenden (Netzwerk- / hierarchischen / relationalen / objektorientierten) Datenbank gespeichert werden,

- oder in einer speziell auf die Bedürfnisse eines Hypertext-Dokumentes zugeschnittenen Datenbank abgelegt werden,

- oder direkt in das Hypertext-Dokument eingebettet werden, ohne dass von aussen eine separate Datenbank-Struktur zu erkennen ist.

Sicher ist der mittlere Ansatz, wo eine speziell auf Hypertext-Bedürfnisse zugeschnittene Datenbank verwendet wird, die optimalste, allerdings auch konzeptionell und implementatorisch aufwendigste Lösung. Für den Designer eines Hypertext-Systems ist die Verwendung einer bereits existierenden Datenbank einfacher, ein Ansatz, der z.B. bei der Implementation von Intermedia (siehe (1.7.1)) beschritten wurde. Der völlige Verzicht auf eine unterliegende Datenbank, indem die Daten direkt in das Filesystem des Betriebssystems eingebettet werden, lässt sich ohne aufwendige Unterstützung der oberen Hyptertext-Architekturschicht, des Hilfsprozessors, allenfalls bei kleinen Hypertext-Dokumenten realisieren.

In der oberen Hypertext-Architekturschicht, dem Hilfsprozessor, ist, zumindest vom Endbenutzer-Standpunkt aus, das eigentliche Hyptertext-System enthalten. Dort wird festgelegt, wie auf die in der unterliegenden Text-Datenbank enthaltenen Daten zugegriffen werden kann. Die Realisation und die verschiedenen Arten von Links, die im Hypertext-Dokument möglich sind, werden dort festgelegt. Der Browser und die Suchmöglichkeiten zum Auffinden von Informationen werden in dieser Schicht implementiert. Schliesslich können dem Benutzer auch noch weitere Navigationsmittel wie "Road Maps", "Fish Eye Views", Filter etc.(siehe Kapitel 5 "Navigation im Hyperraum") zur Verfügung gestellt werden.

Idealerweise sollte eine klare Schnittstelle zwischen der unterliegenden Text-Datenbank und dem Hilfsprozessor geschaffen werden, um die gleichen Daten mit verschiedenen Hypertext-Systemen betrachten zu können und eine *einfache Migrier- bzw. Portierbarkeit* zwischen den verschiedenen Hypertext-Systemen zu ermöglichen. In der Praxis ist allerdings oft die Datenbank mit dem Hilfsprozessor so eng verknüpft, dass die Daten nur mit grossem Aufwand von einem Hypertext-System in ein anderes übertragen werden können. Einen Ansatz, der dieses Problem zumindest teilweise umgeht, bietet Guide (siehe (1.7.5)) mit dem Prinzip der sog. "Envelopes" an: Ein Guide-Envelope ist ein Guide-Hypertext-Dokument zusammen mit demjenigen Teil von Guide, der für das Betrachten des betreffenden

Dokumentes benötigt wird. Ein Leser eines Guide-Envelopes braucht also für das Lesen eines einmal erstellten Hypertext-Dokumentes das Guide-System nicht mehr, kann dafür allerdings am Dokument auch keine Änderungen mehr anbringen.

1.6.2   Grundlagenarchitekturen

Im folgenden werden zwei realisierte Hypertext-Grundlagen-Architekturen beschrieben, die als Basis für die verschiedensten Hypermedia-Anwendungssysteme verwendet werden können.

Für verteilte Mehrbenutzer-Hypertextsysteme gelten die aus der Datenbankumgebung bekannten Probleme des effizienten Zugriffs auf ein verteiltes Filesystem bzw. auf eine verteilte Datenbank. Einen radikalen Ansatz, der zu existierenden Systemen inkompatibel ist, geht dabei das System Xanadu, das im folgenden Abschnitt beschrieben wird.

Xanadu

Theodor Nelson hat sich im Projekt Xanadu, das er bereits seit 27 Jahren verfolgt, das ehrgeizige Ziel gesetzt, *das* zukünftige Publishing System zu schaffen [Nel88]. Xanadu ist für ein weltweites Wachstum und für eine weltweite Integration vorgesehen. Xanadu offeriert eine global vernetzbare Speicherarchitektur, die für ein horizontales Wachstum geeignet sein soll. Das momentane System, Xanadu 87.1, beinhaltet ein operationelles Fileserver-Programm, das die Vernetzung von sehr vielen Computern erlauben soll. Ziel von Xanadu ist die weltweite Vernetzung und der direkte Zugriff auf Byteebene, d.h. jedes Byte kann direkt referenziert und gelinkt werden. Ein Xanadu-Dokument setzt sich aus Teilblöcken zusammen, die aus den verschiedensten Quellen stammen und entweder "native" sind, d.h. dem betreffenden Dokument gehören, oder aber via "inclusion" einem anderen Dokument entliehen werden und so mehreren Dokumenten gemeinsam sind (Fig. 1.5).

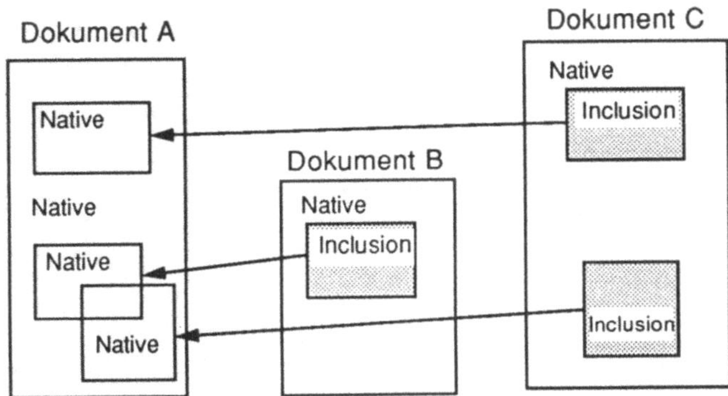

Fig. 1.5 Aufbau von Xanadu-Dokumenten

In Xanadu werden Links nicht zwischen den Knoten vorgenommen, sondern es werden direkt Bytes und Sequenzen von Bytes miteinander verbunden. Grundlegender Baustein in Xanadu ist der Link; so werden z.B. auch Formatieranweisungen wie Unterstreichen von Text, etc. durch die Verwendung von Links realisiert.

Um die riesigen Datenmengen, die Xanadu verwalten will, direkt ansprechen zu können, wurden zusammengesetzte Zahlen, sog. *humbers* (humongous numbers) benützt. Jeder Humber wird durch ein oder mehrere Bytes dargestellt. Das erste Bit signalisiert, ob die ganze zu speichernde Zahl im ersten Byte Platz findet. Falls die Zahl zu gross ist, wird die Länge dieser Zahl in Bytes im ersten Byte abgelegt. Die Humbers werden für das Xanadu-Adressierungschema verwendet, das von Nelson den Namen *tumbler* erhielt. Ein kleiner Ausschnitt eines Tumblers zusammen mit der vollständigen Adresse eines Bytes innerhalb eines Dokumentes ist in (Fig. 1.6) enthalten. Die obere Hälfte von (Fig. 1.6) enthält einen Ausschnitt der Adressorganisation von Dokumenten innerhalb des "Universums". So befindet sich etwa das Dokument mit der Adresse "1.2.65.831" auf dem Server "1.2.65".

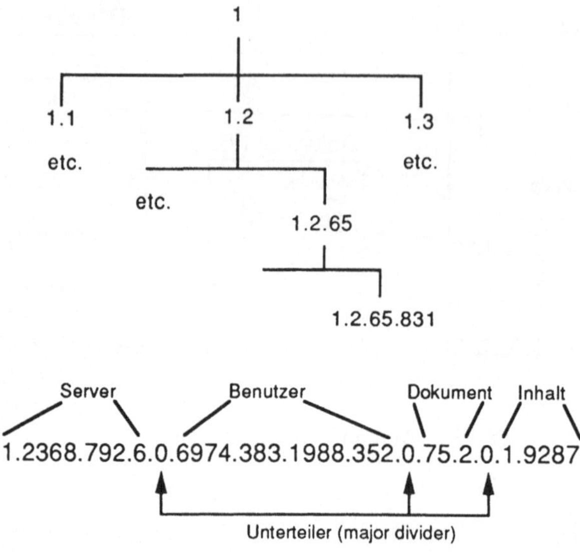

Fig. 1.6 Beispiel eine Tumblers und einer Byte-Adresse

Durch das Rechnen mit solchen Tumbler-Adressen kann sehr schnell die Adresse eines einzelnen Bytes auch über mehrere Dokumente (bei Links durch mehrere Dokumente) bestimmt werden. Der Tumbleraufbau hat weiter den Vorteil, dass an jeder Stelle der Adresse einfach Erweiterungen vorgenommen werden können. Die untere Hälfte von (Fig. 1.6) enthält die Adresse eines einzelnen Bytes innerhalb des "Universums". Die Grundform einer Adresse hat die Gestalt

$$X.0.X.0.X.0.X$$

wobei die einzelnen Adresskomponenten durch ".0." (den sog. "major divider") getrennt werden.

HAM

HAM, das als Akronym für **H**ypertext **A**bstract **M**achine steht, wurde von Tektronix als allgemein verwendbare Grundlagenarchitekur für ein beliebiges Hypermedia-System vorgeschlagen [Cam88]. Die abstrakte HAM-Maschine ist ein transaktionsbasierter Server, der auf einem generischen Hypertext-Modell basiert. Die HAM-Maschine regelt den verteilten Zugriff, die Synchronisation und das Crash Recovery (Wiederhochkommen nach einem

Maschinenabsturz). Das Neptun-Hypertext-System (siehe (1.7.3)) basiert auf der HAM. Auch wird in [Cam88] beschrieben, wie Guide Buttons (siehe (1.7.5)), Intermedia Webs (siehe (1.7.1)) und NoteCard FileBoxes (siehe (1.7.2)) auf der HAM aufbauend implementiert werden können.

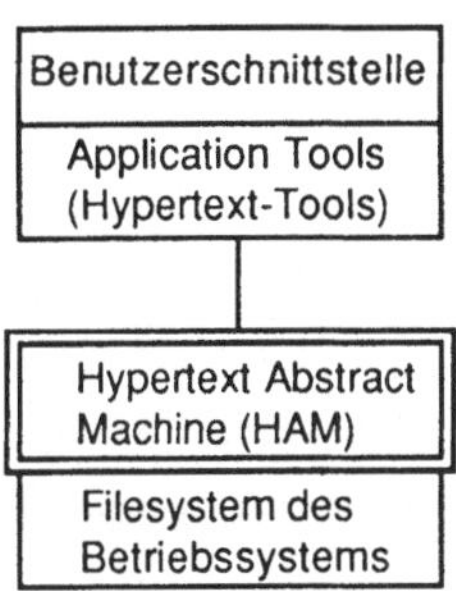

Fig. 1.7. Generische HAM-Hypertext-Architektur

Das HAM-Speichermodell basiert auf fünf Objekten:

- Ein *Graph* enthält alle zu einem Thema oder Umfeld gehörenden Informationen und ist damit die grösste Informationseinheit.

- Innerhalb eines Graphs werden gleichartige Informationen in *Contexts* gruppiert. Contexts werden untereinander baumartig verbunden. Ein Context kann z.B. eine Version eines Software-Projekts, ein Arbeitsumfeld eines Projektmitarbeiters in einem Team oder einen Band innerhalb einer Bibliothek umfassen.

- Ein einzelner *Node (Knoten)* ist die kleinste, abgeschlossene Informationseinheit und kann sowohl Text als auch binäre Daten enthalten. Ein Node muss einem Context zugeordnet werden können.

- Mit einem *Link* wird eine Beziehung zwischen einem Ursprungs- und einem Ziel-Node hergestellt. Einem Link kann in beiden Richtungen gefolgt werden (bidirektionale Links). Mit einem Cross-Context-Link können Beziehungen zwischen Nodes in verschiedenen Contexts hergestellt werden.

- Contexts, Nodes und Links können mit *Attributen* versehen werden. Attribut/Werte-Paare geben den oben erwähnten HAM-Objekten eine zusätzliche Bedeutung und können z.B. zur Filterung von relevanter Information verwendet werden.

HAM bietet eine automatische Versionenverwaltung der in einem HAM-Server gespeicherten Objekte und implementiert einen Filter-Mechanismus, der den selektiven Zugriff auf einzelne

Untermengen eines Graphs ermöglicht. Ausserdem ist HAM für die Datensicherheit der gespeicherten Objekte verantwortlich und stellt ein Zugriffs- und Protektionsschema zur Verfügung. Die HAM-Benutzerschnittstelle besteht aus einer standardisierten Bibliothek von Zugriffsroutinen.

1.6.3   Die Struktur eines Hypertext-Dokumentes

Gemäss dem Aufbau der inneren Struktur kann ein Hypertext-Dokument in vier Kategorien eingeteilt werden. (Diese innere Struktur wird auf der Hilfsprozessor-Ebene festgelegt.):

- unstrukturierte Dokumente (z.B. Rezeptsammlung mit Querverweisen)

- sequentielle Dokumente (z.B. Essay in Hypertext-Form)

- Hierarchische Dokumente (z.B. Handbuch)

- Netzwerkartig verknüpfte Dokumente

Ein *unstrukturiertes Dokument* besteht aus einer losen Sammlung von Knoten. Das Informationsnetz bzw. die Hypertext-Links zwischen den Knoten bestehen aus den Querbeziehungen, die zwischen den einzelnen Knoten existieren. Die Information, die in einem Knoten enthalten ist, ist in sich abgeschlossen.

Bei einem *sequentiellen Dokument* ist der Hauptinformationspfad sequentiell, d.h. die im Dokument enthaltene Information kann sequentiell vom Anfang bis zum Ende durchgelesen werden. Links werden hier einerseits für das (sequentielle) Zusammenhängen der einzelnen Knoten und andererseits für die Herstellung von Querbeziehungen zwischen den einzelnen Knoten gebraucht. Bei Hypertext-Dokumenten der ersten beiden Kategorien wird die Hypertext-Funktion für die Strukturierung des Dokumentes nur am Rande benötigt, so dass zur Rechtfertigung des Einsatzes des Computers als Darstellungsmedium vor allem von den multimedialen Fähigkeiten des Computers Gebrauch gemacht wird.

Klar zutage treten die Vorteile des Hypertext-Konzeptes bei Dokumenten, die hierarchisch oder sogar netzwerkartig miteinander verknüpft werden. Für ein Beispiel eines *hierarchischen Dokumentes* siehe (Fig. 1.8).

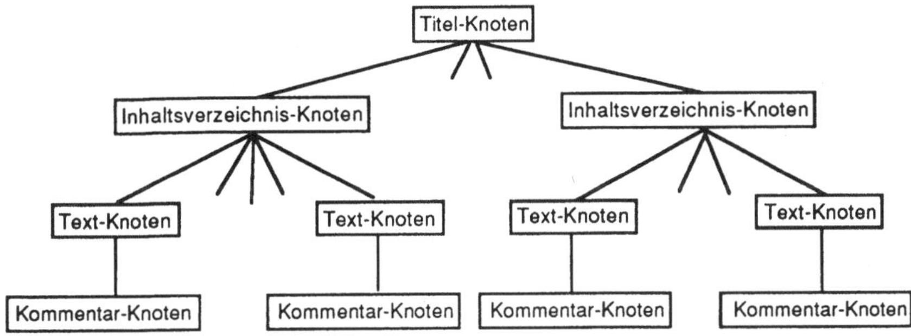

Fig. 1.8. Beispiel eines hierarchischen Hypertext-Dokumentes

Besonders geeignet für die hierarchische Hypertext-Darstellung sind Handbücher, die häufig bereits in gedruckter Form mit Hilfe von numerischen Kapitelüberschriften der Form 2.3 → 2.3.1 → 2.3.1.1 etc. hierarchisch aufgebaut sind. Diese Struktur kann in ein hierarchisches Hypertext-Dokument direkt übernommen werden, wobei durch stufenweises Ein- bzw. Ausblenden von Untertiteln die Informationsmenge und Übersichtlichkeit des Dokumentes schrittweise erhöht werden kann.

Netzwerkartig verknüpfte Dokumente beinhalten die komplizierteste Struktur. Mit netzwerkartig verknüpften Dokumenten können Informationen mit komplexen Querbeziehungen zwischen den einzelnen Informationsblöcken erfasst werden. Diese Dokumente erhalten die Struktur von ungerichteten zyklischen Graphen. Aus dieser komplexen Struktur heraus können allerdings beträchtliche Orientierungsschwierigkeiten sowohl des Autors als auch des Lesers eines solchen Dokumentes entstehen.

1.6.4   Klassifikation von Links

Wichtigstes Unterscheidungsmerkmal eines Hypertext-Dokumentes von einem konventionellen Dokument ist sicher die Existenz von Links. Im Zusammenhang mit Links stellen sich drei Fragen:

Was ist ein Link?

Welche Arten von Links gibt es?

Wie kann ein Link implementiert werden?

Auf die erste Frage möchte ich nicht detaillierter eintreten, da der Begriff "Link" an früherer Stelle bereits informell erkärt wurde und auch intuitiv sofort verständlich ist. Die zweite Frage hingegen ist von fundamentaler Bedeutung, da eine günstig ausgewählte Klassifikation von Links eine optimale Strukturierung eines Hypertext-Dokumentes unterstützt. Aus diesem Grunde kann diese Frage auch an dieser Stelle nicht erschöpfend abgehandelt werden, da damit bereits viele, wenn nicht sogar die meisten Probleme von Hypermedia gelöst wären. Zur oberflächlichen Beantwortung der zweiten Frage kann in einer behelfsmässigen Einteilung unterschieden werden einerseits zwischen

- *hierarchischen Links*, mit denen ein Dokument seine Hauptstruktur erhält.

- *Querverweisen* (Cross References), die für das Aufzeigen von Querbeziehungen zwischen den Knoten des Hypertext-Dokumentes verwendet werden. Die Querverweise müssen deutlich von den Hauptbeziehungen (hierarchischen Links) des Dokumentes unterschieden werden können, um dem Leser die Orientierung zu erleichtern.

- *Annotationen* und *Anmerkungen*, mit denen zusätzliche Knoten zur Erläuterung einzelner Konzepte an das ursprüngliche Hyperdokument angehängt werden können.

Es wird ebenfalls unterschieden zwischen *unidirektionalen Links*, mit denen nur vom Ursprung- zum Ziel-Knoten gesprungen werden kann, und den *bidirektionalen Links*, mit denen zwischen zwei Knoten hin- und hergesprungen werden kann. Zur Vereinfachung der Navigation innerhalb eines Dokumentes können die Links zusätzlich von einem bestimmten Typ sein. So gibt es z.B. in Guide vier verschiedene Link-Typen (siehe (1.7.5)).

Die Beantwortung der dritten Frage zur Implementation von Links ist abhängig von der Architektur des Hyxpertext-Systems und dem Aufbau des unterliegenden Betriebssystems und kann damit nicht generell beantwortet werden. Ansätze zur Implementation wurden im vorhergehenden Abschnitt über Grundlagenarchitekturen vorgestellt.

1.6.5   Eigenschaften eines Hypertext-Systems

Die folgende Liste, die keinen Anspruch auf Vollständigkeit erhebt, beschreibt die wichtigsten Eigenschaften eines Hypertext-Systems, die allen Dokumenten der verschiedenen Hypertext-Kategorien aus Abschnitt 1.4 idealerweise zu eigen sein sollten. Die Betonung liegt dabei allerdings auf dem Begriff "idealerweise", da viele der heutigen Systeme nicht alle aufgelisteten Eigenschaften aufweisen [Con87b]:

- Die dem Hypertext-Dokument zugrundeliegende Datenbank ist ein Netzwerk von textlichen und ev. grafischen Knoten.

- Die Fenster (Windows) auf dem Bildschirm entsprechen den Knoten der zugrundeliegenden Hypertext-Datenbank.

- Fenster können geöffnet und geschlossen auf dem Bildschirm dargestellt werden. Durch Anklicken eines geschlossenen Fensters, das durch eine Ikone dargestellt wird, kann das Fenster geöffnet werden. Beim Schliessen eines geöffneten Fensters werden eventuelle Modifikationen auf den Knoten der zugrundeliegenden Datenbank zurückgeschrieben.

- Ein Fenster kann eine beliebigen Anzahl von Ikonen enthalten. Anklicken einer Ikone öffnet das zur Ikone gehörende Fenster und bringt den Inhalt des zugehörenden Knotens zuvorderst auf den Bildschirm.

- Der Benutzer kann auf einfache Weise neue Knoten in der Hypertext-Datenbank erstellen und zusätzliche Links zwischen existierenden Knoten anfügen.

Ein Hypertext-Dokument kann vom Leser auf drei Arten durchgegangen werden:

- Folgen von Links zwischen den Knoten

- Absuchen des ganzen Hypertext-Dokumentes nach einem String oder nach einem Schlüsselbegriff.

- Sequentielles Durchgehen durch sämtliche Knoten des Hypertext-Netzwerkes.

1.6.6 Vor- und Nachteile von Hypertext

Im folgenden werden offensichtliche Vor- und Nachteile des Hypertext-Konzeptes aufgelistet, wobei je nach Anwendungsbereich gewisse Nachteile nicht von Bedeutung sind, aber sich auch gewisse Vorteile ins Gegenteil umkehren können.

Vorteile von Hypertext:

- Hinweise und Referenzen innerhalb eines Dokumentes sind ausserordentlich leicht zu verfolgen.

- Neue Hinweise können sehr einfach zu einem bestehenden Dokument zugefügt werden.

- Die Struktur der Information, die in einem Hypertext-Dokument erfasst werden soll, kann bei der Gestaltung des Hypertext-Dokumentes übernommen werden. (Hierarchisch und nicht-hierarchisch gegliederte Information)

- Das gleiche Dokument kann je nachdem, wie es durchgesehen wird, von verschiedenen Benutzergruppen verwendet werden.

- Redundanz innerhalb eines Dokumentes kann weitgehend eliminiert werden, da von jeder Stelle eines Dokumentes aus auf momentan benötigte Information zugegriffen werden kann. Damit wird auch eine gesteigerte Konsistenz des ganzen Dokumentes erreicht.

- Zusammenarbeit zwischen mehreren Autoren wird erleichtert, da mehrere Hypertext-Dokumente zu einem einzigen Knoten-Netzwerk verwoben werden können.

Nachteile von Hypertext:

Ein grundsätzliches Problem beim Erstellen eines Hypertext-Dokumentes ergibt sich bei der Organisation des Netzwerks, mit dem die Knoten miteinander verbunden werden. Gewisse Systeme erzwingen einen hierarchischen Aufbau, mit dem direkte Querbeziehungen zwischen den Knoten verunmöglicht werden. Der Vorteil eines hierarchischen Systems liegt in der besseren Übersichtlichkeit des ganzen Dokumentes, da, ausgehend von einem Wurzel-Knoten, sämtliche Knoten durch Absuchen des Baumes erreicht werden können. Im Gegensatz dazu ist bei einem System, bei dem die Knoten grundsätzlich frei verknüpft werden können, eine grösserer Flexibilität bei der Gestaltung des ganzen Hypertext-Dokumentes möglich. Allerdings ist dabei die Gefahr gross, dass der Überblick über das ganze Dokument verloren geht:

- Ein Hypertext-Autor kann sich in seinem Netzwerk von Knoten verirren. Das ganze Netzwerk wird dann so gross und verwickelt, dass es unmöglich wird, den Überblick zu behalten.

- Ein Leser eines Hypertext-Dokumentes kann sich in der dargebotenen Informationsfülle verlaufen. Es wird ihm erschwert, einen einmal angefangenen Informationspfad bis zum Ende durchzugehen, ein Abschweifen auf halben Weg führt zu ganz anderen Informationen als den am Anfang gesuchten. Nach jeder Abzweigung müsste der Weg bis hin zu dieser Abzweigung wieder zurück gegangen und dann der ursprünglich vorgesehene Informationspfad weiter verfolgt werden.

Ein weiterer Nachteil, der in Kauf genommen werden muss, wenn Dokumente in Hypertext-Form gespeichert werden, ist die eingeschränkte Portabilität. Mit der Wahl eines bestimmten Hypermedia-System kann das Dokument nur noch auf Maschinen betrachtet werden, auf denen das Hypermedia-System lauffähig ist. Falls allerdings der innerhalb der Hypertext-Architektur (vgl. Fig. 1.4) eine saubere Trennung zwischen Hilfsprozessor und Text-Datenbank vorliegt, so kann auf die unterliegende Text-Datenbank direkt in ASCII-Format zugegriffen werden. Zum Schluss soll auch das Problem, das sich beim Ausdruck von

Hypertext-Dokumenten stellt, d.h. das zu Papier Bringen eines Hypertext-Dokumentes, nochmals erwähnt werden.

1.6.7 Weitere Anforderungen an ein Hypermedia-System

In diesem Abschnitt wird eine ungeordnete Liste von Anforderungen aufgestellt, die an ein Hypermedia-System gestellt werden können. Diese Anforderungen werden einerseits (teilweise) von einzelnen Systemen bereits erfüllt, andererseits aber auch für gewisse Anwendungen gar nicht benötigt.

* *Clipped Notes*
  Unter diesem Begriff wird das Zufügen von persönlicher Information durch den Leser an die einzelnen Hypertext-Knoten verstanden. Der Leser soll ein Hyperdokument an der von ihm gewünschten Stelle mit Annotationen und Anmerkungen versehen können.

* *Lesezeichen, Anker (Finger im Buch)*
  Innerhalb eines Hypertext-Dokumentes müssen momentane Lesepositionen markiert werden können und es muss jederzeit zu ihnen zurückgekehrt werden können.

* *Einheitliches Layout*
  Die verschiedenen Arten von Links (z.B. Hauptpfad, Bookmarks (Lesezeichen), Querverweise, Clipped Notes) müssen durch das ganze Dokument hindurch gleich bezeichnet werden.

* *Keep a trail*
  Der Benutzer muss wissen, was er bis jetzt getan hat, die Benutzeraktionen müssen in einem "Log" festgehalten werden.

* *Geografische Nähe verwandter Informationen*
  Nachdem ein Teilstück der gesuchten Information durch (z.B.) Hypertext-Links gefunden wurde, kann weitere ähnliche Information zum gleichen Thema durch blosses Weiterblättern, Browsing oder Weiterverfolgen des Hauptinformationspfades gefunden werden.

* *Integration von verschiedenen Applikationen auf Benutzerebene*
  Innerhalb eines Hypertext-Systems soll der Benutzer verschiedene Applikationen direkt anwenden und Daten von einer Applikation zu anderen transportieren können. Spreadsheet-, Grafik- und Texteditoren sollen eine homogene, durchlässige Umgebung bilden. Einen möglichen Lösungsansatz zur Gewährleistung dieser Forderung bietet die *objektorientierte* Programmierung (siehe (2.3)).

1.7   Ausgewählte Beispiele existierender Hypertext-Systeme

1.7.1   Intermedia

Intermedia wird an der Brown University entwickelt und soll sowohl dem Autor als auch dem Leser eines Hypermedia-Dokumentes die ideale Entwicklungs- und Lese-Umgebung zur Verfügung stellen [Mey86][Yan88]. Intermedia läuft auf einem Netzwerk von UNIX-Workstations und enthält im Moment fünf integrierte Applikationen:

- *InterText*, einen Texteditor, der Apple's MacWrite vergleichbar ist.

- *InterDraw*, einen Graphikeditor, der die gleichen Konzepte wie MacDraw, der objektorientierte Grafik-Editor für den Macintosh, aufweist.

- *InterPix*, einen Editor für das Betrachten von Bildern, die mit einem Scanner aufgenommen worden sind.

- *InterSpect*, einen Editor, mit dem dreidimensionale Objekte betrachtet werden können.

- *InterVal*, einen interaktiven Editor, mit dem chronologische Zeitpläne aufgestellt werden können.

Um die Benutzerschnittstelle innerhalb der verschiedenen Intermedia-Applikationen möglichst einheitlich zu halten, wurden nach Möglichkeit in allen Applikationen die gleichen Konzepte und Paradigmen verwendet. So wurde z.B. in allen Applikationen das Smalltalk/Macintosh Cut/Copy/Paste-Paradigma verwendet.

Im Gegensatz zu anderen Hypermedia-Systemen erlaubt Intemedia nicht nur die Verbindung (mit bidirektionalen Links) zwischen verschiedenen Dokumenten, sondern auch Links an spezielle Orte innerhalb eines Dokumentes. Dokumente, die mit den verschiedenen Intermedia-Applikationen erstellt wurden, können beliebig gemischt werden.

Links und einzelne Dokumente (die Intermedia-Bezeichnung für einen Knoten) können zur besseren Kennzeichnung von Autor und Leser mit Attributen (den sog. "properties") versehen werden. Die Linkstruktur wird von den Dokumenten losgelöst in den sog. *webs* (Netzen) gespeichert (Fig. 1.9) Webs werden auf dem Bildschirm als ein Netzwerk von Ikonen dargestellt, die mit Hilfe der Links miteinander verbunden werden. Damit können die gleichen Dokumente von den verschiedenen Benutzern zu individuellen Webs verknüpft werden.

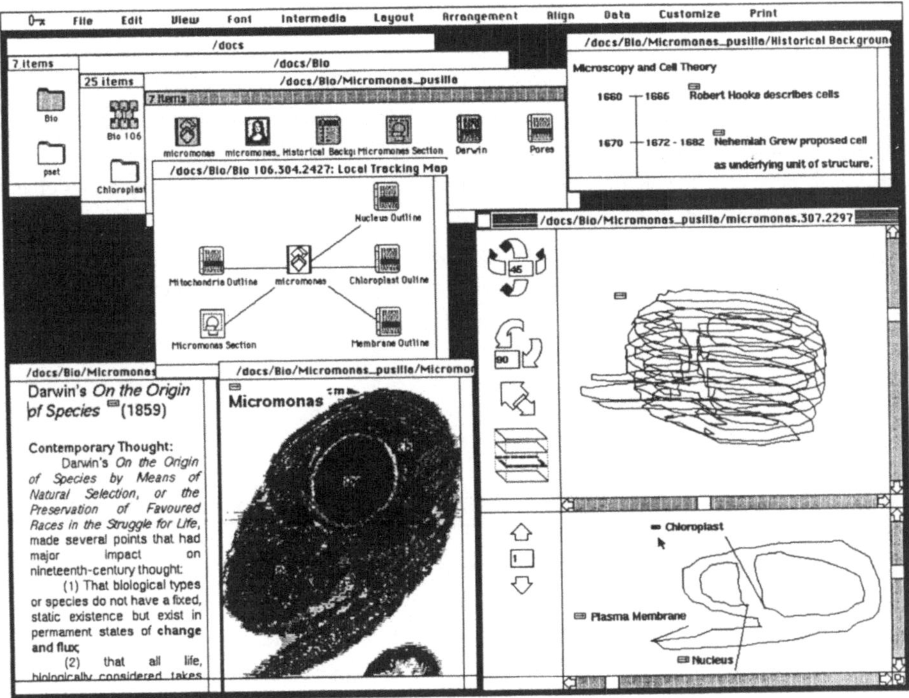

Fig. 1.9 Intermedia (aus IEEE Computer, September 1987. Copyright 1987, IEEE)

Eine Besonderheit von Intermedia liegt in der Bedeutung, die die Entwerfer von Intermedia bei der Implementation den *objektorientierten* Designtechniken zugemessen haben. Dadurch versprechen sie sich vor allem bei der Benutzerschnittstelle eine grössere Konsistenz und Einheitlichkeit zwischen den verschiedenen Intermedia-Applikationen. Dafür wurden eine Implementation der Macintosh Toolbox für UNIX 4.2 BSD, eine objektorientierte Version von C namens "Inheritance C" und eine Portierung von Pascal nach C des objektorientierten Application-Frameworks MacApp [Sch86] von Apple verwendet. Um eine analoge Funktionalität quer durch alle Intermedia-Applikationen erreichen zu können, wurden zusätzlich zu den bereits erwähnten objektorientierten Hilfsmitteln noch die sog. *building blocks*, d.h. objektorientierte Klassenbibliotheken für spezielle Anwendungsbereiche, verwendet. Der *text building block* gestattet die Verwendung von Text innerhalb einer beliebigen Applikation. Der *graphics building block* bietet die analoge Funktionalität für den Einbezug von graphischen Objekten wie Polygonen, Ellipsen, etc.. Mit Hilfe eines dritten Building Blocks, des *table building block*, können Daten in Tabellenform verwaltet werden.

Zur Verwaltung der Daten, die den Hypermedia-Dokumenten zugrunde liegen, wird (im Moment) die relationale Datenbank Ingres verwendet, doch beabsichtigen die Entwerfer von Intermedia, zu einem späteren Zeitpunkt die *objektorientierte Datenbank* Encore zu verwenden [Smi87]. Um komplexe Objekte wie die mit Links zusammengesetzten Intermedia-Blöcke abzuspeichern, ist eine objektorientierte Datenbank besser geeignet als eine Datenbank, die gemäss dem relationalen Modell aufgebaut ist. Auch für die Synchronisation des gleichzeitigen Zugriffs mehrerer Benutzer mit Hilfe von Locking, das beim objektorientierten Modell auf der Objekt-Ebene erfolgt, ist eine objektorientierte Datenbank besser geeignet.

1.7.2 NoteCards

Im Gegensatz zu Intermedia und Neptun liegt der Schwerpunkt von NoteCards, das im Xerox-Palo-Alto-Forschungslabor entwickelt wird, im Bereich der Ideen-Prozessoren [Hal87][Hal88]. Mit NoteCards soll dem Autor (Denker) ein Werkzeug angeboten werden, mit dem er seine noch ungeordneten Ideen strukturieren und in eine geordnete Form bringen kann. NoteCards ist in Lisp implementiert und hat eine zu Lisp offene Schnittstelle, d.h. ein NoteCards-Dokument kann direkt mit Lisp-Funktionen erweitert werden.

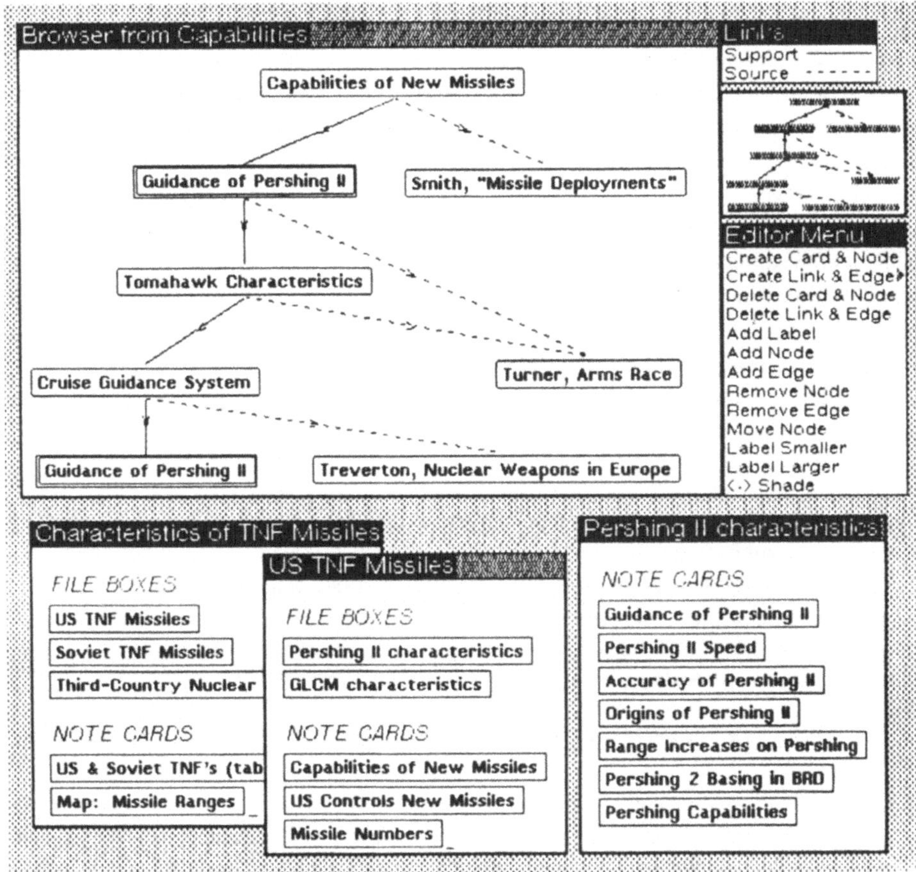

Fig. 1.10 NoteCards Browser (aus CACM, July 1988. Copyright 1988, ACM)

NoteCards-Knoten sind von einem bestimmten Typ. Mittlerweilen existieren mehr als vierzig verschiedene Typen von Knoten [Con87b], so z.B. auch sog "action nodes", bei deren Aktivation durch Verfolgen eines Links die in ihnen enthaltenen Lisp-Funktionen ausgeführt werden. Zur Organisation eines NoteCard-Dokuments wurden zwei spezielle Typen von Knoten vorgegeben: ein *Browser* (Fig. 1.10) ist eine NoteCard, die ein strukturelles Diagramm von anderen NoteCards enthält, wobei die NoteCards durch Ikonen markiert werden, die durch die Links, dargestellt als Linien, verbunden sind. Ein zweiter spezieller Kartentyp sind die *FileBoxes*, mit denen grosse Mengen von NoteCards verwaltet und organisiert werden können. NoteCards verlangt, dass jede NoteCard, (auch die FileBoxes selbst) in einer FileBox enthalten ist, so dass ein streng hierarchischer Aufbau eines NoteCards-Dokumentes, eines *NoteFile* erreicht wird. An dieser Stelle soll auch erwähnt werden, dass ein Knoten eines NoteFile nicht als einzelnes File im unterliegenden Server abgelegt wird, sondern dass alle NoteCards zusammen in einem einzigen (Note)File gespeichert sind. Dieser Ansatz führte dazu, dass in der ersten Version von NoteCards nur ein Benutzer gleichzeitig das gleiche NoteFile editieren konnte, ein Einschränkung, die die Verwendung von NoteCards als Werkzeug und Hilfsmittel für die Teamarbeit stark behinderte. Die neue Version von NoteCards hat diese Einschränkung überwunden: indem die Synchronisation des parallelen Zugriffs auf NoteCards-Ebene erfolgt, können mehrere Benutzer gleichzeitig am gleichen NoteFile arbeiten.

In [Hal88] führt Halasz sieben Schwerpunkte für zukünftige Entwicklungen im Hypermedia-Bereich auf. Da diese Schwerpunkte mit NoteCards-Beispielen motiviert werden, sollen sie an dieser Stelle aufgeführt werden:

1. *Suche und Abfrage in einem Hypermedia-Netzwerk*
   Zusätzlich zur Möglichkeit, Informationen durch Verfolgen von Links aufzufinden, müssen in zukünftigen Hypermedia-Systemen auch textliche Abfragemöglichkeiten (Queries) vorgesehen und eventuell Kombinationen der beiden Verfahren angeboten werden. Ein weiteres Problem stellt sich bei sehr grossen (unübersichtlichen) Informations-Netzwerken, wo die Navigation des Lesers noch nicht genügend unterstützt wird.

2. *Zusammengesetzte Objekte - Ausbau und Erweiterung des grundlegenden Knoten -Link-Modells*
   Um die Strukturierung eines Hypermedia-Dokumentes zu erleichtern, schlägt Halasz die Einführung von zusammengesetzten Objekten vor, wobei aus mehreren inhaltsverwandten Knoten zusammen mit den Links zwischen diesen Knoten eine Art "Super-Knoten" gebildet werden soll.

3. *Virtuelle Strukturen für die Behandlung von sich rasch ändernder Information*
   Um als Werkzeug für die Strukturierung von sich rasch ändernder Information (Hilfsmittel beim Denken) eingesetzt zu werden, ist das Verfahren zur Kreation eines neuen Knoten, das von NoteCards angeboten wird, oft zu aufwendig und zu wenig flexibel. Zur Handhabung von sich rasch ändernder Information wie Ideen und Gedankenblitzen schlägt Halasz durch Verwendung von zusammengesetzten Objekten und Queries das Konzept von virtuellen zusammengesetzten Objekten vor, die dynamisch erzeugt und auch wieder vernichtet werden können.

4. *Berechnungen innerhalb von Hypermedia-Netzwerken*
   Häufig wünscht sich der Designer eines Hypermedia-Systems eine erweiterte Funktionalität, um weitere Berechnungen direkt innerhalb des Hypermedia-Dokumentes

ausführen zu können. Die Lisp-Anschlussstelle von NoteCards ist für viele Zwecke nicht optimal. So soll z.B. für ein intelligentes Lernprogramm ("Intelligent Tutoring System", siehe (8.7)) der weitere Weg innerhalb des Dokuments aufgrund der vorangegangenen Aktionen und Antworten des Schülers mit Hilfe einer Regelbasis dynamisch bestimmt werden können. Allgemein scheint die Integration von Anwendungen und Hilfsmitteln aus dem Umfeld der Künstlichen Intelligenz eine der vielversprechendsten Erweiterungsmöglichkeiten heutiger Hypermedia-Systeme zu sein.

5. *Versionenverwaltung*
Versionenverwaltung ist eines der zentralen Anliegen von Hypermedia-Systemen, ein Anliegen allerdings, dem bis jetzt (nicht nur) in NoteCards überhaupt keine Beachtung geschenkt wurde. Andere Systeme wie Neptun haben die wichtigsten Konzepte bereits integriert. In zukünftigen Hypermedia-Systemen, die als Ideen-Prozessoren Verwendung finden sollen, muss die Komponente Versionenverwaltung einen integralen Bestandteil bilden.

6. *Unterstützung der Teamarbeit*
Hypertext ist als Medium für die Zusammenarbeit in einem Team optimal geeignet. Zukünftige Systeme müssen allerdings sowohl in Hinsicht auf die *Synchronisation des parallelen Zugriffs* auf die gleichen Dokumente als auch für die Unterstützung der *sozialen Interaktion zwischen den einzelnen Gruppenmitgliedern* noch bedeutend ausgebaut und erweitert werden. So müssen z.B. neue Sperrmöglichkeiten für den parallelen Zugriff auf den gleichen Knoten geschaffen werden, indem es einem Leser gestattet wird, einen Link zu einem Dokument zu machen, an dem gleichzeitig editiert wird.

7. *Erweiterbarkeit und Anpassbarkeit*
Die grundsätzliche Flexibilität des Hypertext-Modells hat dazu geführt, dass Hypermedia-Systeme für die verschiedensten Anwendungsbereiche eingesetzt worden sind. Dies verlangt allerdings wiederum Systeme, die sehr einfach erweiterbar und anpassbar sind. Der Lisp-Anschluss von NoteCards bietet zwar die geforderte Erweiterbarkeit, allerdings ist der Aufwand für Erweiterungen oft (zu) hoch. Die flexible Erweiterbarkeit muss deshalb in das Hypermedia-System eingebaut sein, wie das z.B. durch die Integration von Hypertalk und XCMD's (siehe (1.7.5)) in Apple's HyperCard geschehen ist.

1.7.3   Neptun

Neptun entstand bei Tektronix aus dem Bemühen heraus, ein Datenbank-System für CAD- und CASE-Systeme zu entwickeln [Del86][Del87]. Das passende Speichermodell für CAD verspricht man sich durch die Anwendung des Hypertext-Konzepts. Neptun baut auf dem transaktionsbasierten HAM-Server (siehe (1.6.2)) auf. [Del87] spricht insofern von einer Erweiterung des Hypertext-Begriffs, als dass alle Dokumente in einem beliebigen (auch zyklischen) Graphen, dem sog. Hypergraph, gesammelt werden sollen. Neptun ist für die Koordination der Zusammenarbeit in einem grösseren Team vorgesehen. Deshalb wird besonderes Gewicht auf die Versionenverwaltung gelegt. Es sollen mehrere Versionen gleichzeitig miteinander verglichen werden können. Auch kann bei der Verknüpfung eines Links angegeben werden, ob der Link immer mit der neuesten Version eines Knotens, oder aber mit einer bestimmten, fest gewählten Version verknüpft werden soll.

Die Neptun-Benutzerschnittstelle wurde in Smalltalk implementiert. Neptun kommuniziert mit der HAM mit Hilfe von RPC's[1]. Für die Navigation innerhalb eines Graphs bietet Neptun drei Browser an (Fig. 1.11):

- Der *Graph Browser* stellt ein Dokument im sog. "pictorial view" dar, d.h. die Knoten werden als Ikonen in einem Beziehungsnetz, das durch die Links verbunden ist, dargestellt.

- Der *Document Browser* ist für die vereinfachte Handhabung von hierarchisch strukturierten Dokumenten vorgesehen. Er enthält die Knoten-Liste der Knoten, die nach bestimmten Kriterien selektiert worden sind.

- Der *Node Browser* wird zur Betrachtung und zur Modifikation eines einzelnen Knotens verwendet und enthält im wesentlichen einen Text-Editor, der um die Möglichkeit des Zufügens von Links erweitert wurde.

---

[1] RPC = Remote Procedure Call: Konzept zur Kommunikation zwischen mehreren Prozessen [Slo87].

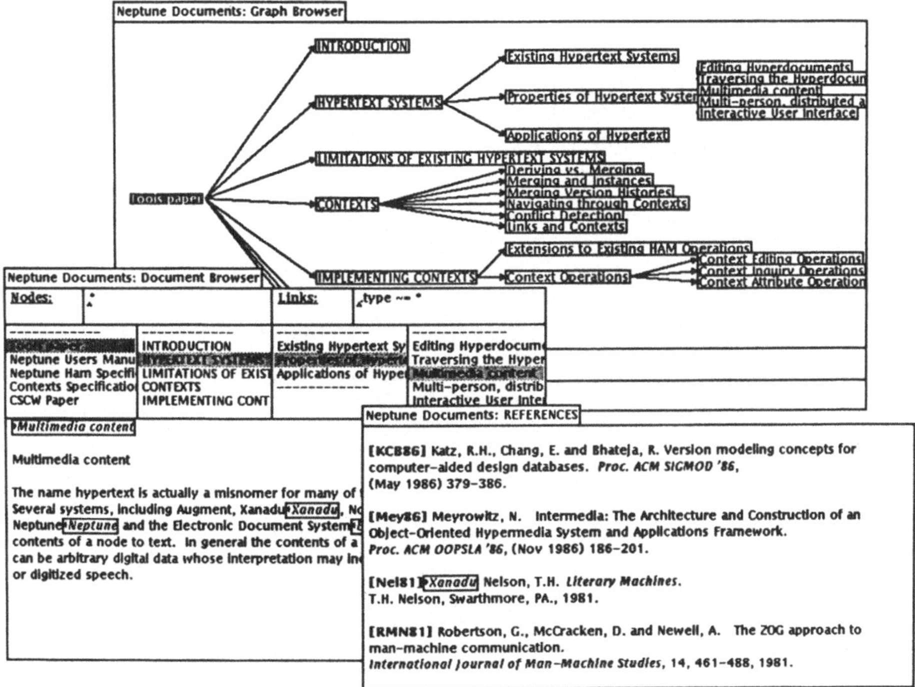

Fig. 1.11 Die drei Neptun-Browser
(aus IEEE Computer, September 1987. Copyright 1987, IEEE)

Es besteht in Neptun ebenfalls die Möglichkeit, mehrere Befehle zu einem Makro zusammenzufassen. So wird z.B. auf das Kommando "annotate" hin ein neuer Node erzeugt, automatisch zum Ursprungspunkt gelinkt, das entsprechende Attribut vergeben und der Node Browser für den neu erzeugten Knoten geöffnet.

Die hauptsächliche Problematik sehen die Designer des Neptun-Systems in der Strukturierung und in der Unterteilung der CAD-Dokumente in Knoten. In ihrem Lösungsansatz schlagen sie vor, die CAD-Dokumente als gerichtete Graphen zu speichern und die Dokumente durch Attributvergabe nach Typen unterteilt abzulegen.

1.7.4   ZOG und KMS

ZOG wurde ursprünglich an der Carnegie-Mellon-University entwickelt und fand Einsatz in der Praxis auf dem Flugzeugträger USS Carl Vinson. Das Nachfolgeprodukt KMS[1] wird von einer kommerziellen Firma Namens "Knowledge Systems" vertrieben und weiterentwickelt [Aks88]. Die KMS-Knoten nehmen entweder einen ganzen oder genau den halben Bildschirm ein und werden als *frames* bezeichnet (Fig. 1.12).

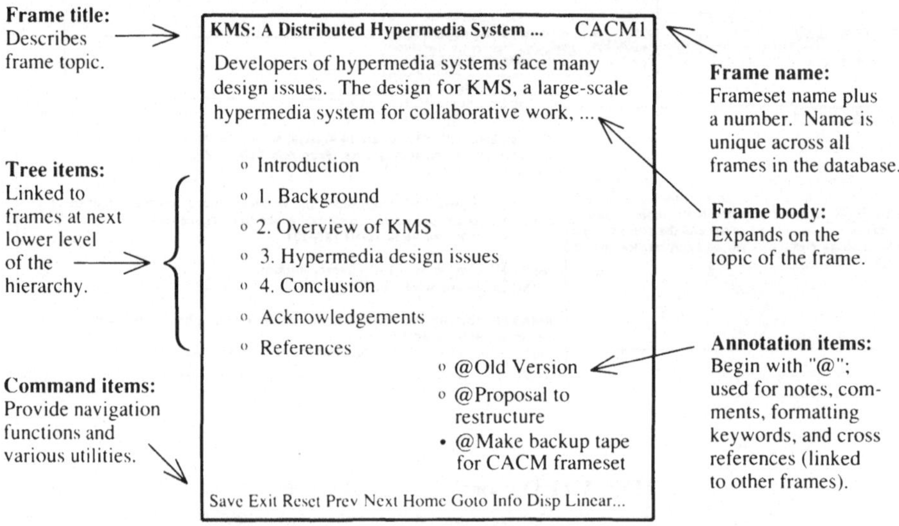

Fig. 1.12 KMS-frame (aus CACM, July 1988. Copyright 1988, ACM)

KMS-frames werden ebenfalls mit Links verbunden, wobei den Leistungsaspekten besondere Beachtung geschenkt wurde, indem das Verfolgen eines Links und das Öffnen eines neuen frames nie länger als eine halbe Sekunde dauern soll. KMS verwendet eine Maus mit drei Knöpfen, so dass mit den einzelnen Mausknöpfen direkt gewisse

---

[1] KMS steht als Abkürzung für Knowledge Management System.

Kommandosequenzen verbunden werden konnten. Objekte können sehr einfach durch Anklicken aus einem frame gelöst und an einen anderen Ort kopiert werden. Gleich wie in HyperCard kann auch in KMS nur von einem frame zu einem anderen gesprungen werden. Zur Organisation der Knoten und als Navigationshilfe stellt KMS eine hierarchische Darstellung der miteinander verbundenen frames zur Verfügung. KMS unterstützt die Verteilung des Systems durch eine Integration von NFS[1] in das frame-Konzept. Das Zufügen von Annotationen wird durch einen speziellen frame-Typ erleichtert, durch dessen Verwendung sichergestellt ist, dass eine Annotation nicht in die hierarchische Struktur eines KMS-Dokumentes integriert wird. In KMS ist ebenfalls, ähnlich wie Hypertalk in HyperCard, eine eigene blockstrukturierte Sprache eingebaut, mit der die Funktionalität von KMS-Dokumenten erweitert werden kann.

1.7.5   HyperCard und Guide

An dieser Stelle sollen ganz kurz zwei für Personalcomputer verfügbare System miteinander verglichen werden. **HyperCard** läuft ausschliesslich auf den Computern der Macintosh Linie. **Guide** von OWL andererseits ist sowohl für IBM PC's als auch für Macintoshes verfügbar, so dass mit Guide entwickelte Dokumente in beiden PC-Welten einsetzbar sind. Guide ist mehr Hypertext-System als HyperCard, da in Guide Links direkt mit einzelnen Wörtern verknüpft werden können. Um die Navigation innerhalb eines Dokumentes zu erleichtern, unterscheidet Guide zwischen mehreren Link-Typen. Die Darstellung der Maus auf dem Bildschirm verändert sich entsprechend des Link-Typs, auf dem sich diese gerade befindet (Fig. 1.13).

---

[1] NFS = Network File System, ein verteiltes Filesystem, das ursprünglich für UNIX-Rechner implementiert wurde, heute aber für die verschiedensten Rechner und Betriebssysteme verfügbar ist.

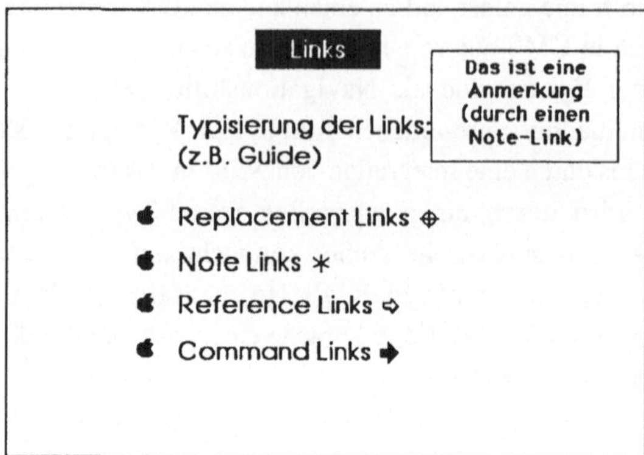

Fig. 1.13 Darstellung der verschiedenen Link-Typen in Guide

Die vier Guide-Link-Typen sind:

- reference link: Damit kann direkt auf eine andere Stelle innerhalb des Dokumentes gesprungen werden.

- replacement link: Der Text des Links wird ersetzt durch den Text am anderen Ende des Links.

- note link: Wenn die Maus auf einem "note link" gedrückt wird, erscheint, während die Maus-Taste gedrückt wird, der "note text" in der rechten oberen Ecke des Bildschirms.

- command link: Damit können einfache Befehle (im Moment: Zugriff auf die serielle Schnittstelle und Öffnen einer anderen Applikation) ausgeführt werden.

Im Gegensatz dazu ist ein einfacher Link in HyperCard abhängig von der Position der Ikone (des Buttons) auf dem Bildschirm. Falls sich die Position des Textes auf dem Bildschirm verändert, bleiben die Koordinaten der Ikone (Button) konstant und müssen manuell nachkorrigiert werden. Echte Hypertext-Fähigkeit kann allerdings in HyperCard durch das Zufügen eines einfachen Hypertalk-Scriptes erreicht werden. Ausserdem geht die in HyperCard integrierte Programmiersprache Hypertalk weit über die Script-Möglichkeiten von Guide hinaus, mit der nur ganz einfache Funktionen beschrieben werden können, während in HyperCard bei der Ausführung eines Links, d.h. dem Öffnen des zu einer Ikone gehörenden Windows (Card) weitere komplexe Aktionen ausgeführt werden können, die in Hypertalk beschrieben und zur Laufzeit interpretiert werden. Auch bietet HyperCard die Möglichkeit, durch die Integration von sogenannten XCMD's, d.h. von Funktionen und Prozeduren, die (im Moment) in C oder Pascal geschrieben werden, einem HyperCard-Dokument zusätzliche Funktionalität zuzufügen.

1.8 Technische Voraussetzungen

In diesem und den beiden folgenden Abschnitten sollen die Multimedia-Aspekte von Hypermedia zur Sprache kommen. Ähnlich wie fünf Jahre zuvor Desktop Publishing dem Endbenutzer die Möglichkeit gab, altbekannte Buchdrucker- und Schriftsetzer-Aufgaben mit Hilfe des Computers selber auszuführen, so werden heute unter dem Begriff Multimedia altbekannte Film- und Ton-Aufgaben mit Hilfe des Computers vom Endbenutzer selbst ausgeführt. Das bedeutet, dass für eine grundsätzlich schon lange bekannte Technik mit Hilfe von neuen Methoden und Werkzeugen neue Anwendungsbereiche gefunden werden müssen. So können z.B. mit Hilfe des Computers Ton-Dokumente editiert werden, wobei in den grossen Tonstudios schon lange Computer zur Unterstützung dieser Aufgabe eingesetzt wurden. Neue Anwendungsmöglichkeiten haben sich in diesem Bereich lediglich durch die grosse Verbreitung von leistungsfähigen PC's und Workstations ergeben, die es dem Endbenutzer ermöglichen, auf seiner Maschine Aufgaben auszuführen, die bis vor kurzem nur in den Studios grosser Film- und Schallplatten-Gesellschaften möglich waren. Das soll aber keinesfalls heissen, dass es die in diesem Gebiet tätigen Spezialisten wie Grafiker, Designer etc. nicht mehr braucht. Vielmehr bedeutet das für diese Spezialisten, dass ihnen durch den Einsatz von Computern Werkzeuge in die Hand gegeben werden, mit denen Anwendungen möglich werden, die ohne solche Hilfsmittel unmöglich wären. Sicher werden auch Nichtspezialisten bisher dem Spezialisten vorbehaltene einfachere Aufgaben wie z.B. Präsentationen für den einmaligen Gebrauch mit Erfolg lösen können, für anspruchsvollere Anwendungen hingegen wird weiterhin der Fachmann beigezogen werden müssen.

Da das Auge das primäre Sinnesorgan des Menschen ist, üben mehr noch als die digitale Bearbeitung von Ton die Integration von Bildern und Animationen in Text-Dokumente die grösste Faszination auf den Computeranwender aus. Schon seit längerer Zeit werden Computer zur Steuerung von analogen Bildabspielgeräten wie Video-Kassetten-Recordern und Bildplattenspielern eingesetzt. Es ist heute auch möglich, einzelne analoge Bilder zu digitalisieren und auf dem Computerbildschirm weiterzubearbeiten. Die vollständig digitale Erzeugung und Verarbeitung von Filmsequenzen ist allerdings bis heute aus technischen Gründen nur sehr eingeschränkt möglich. Durch die Anwendung von Techniken wie *Video Overlay*, dem Überlagern von analogen Videobildern mit Computerschriften, *Scaling*, dem Verkleinern und Anpassen von analogen Bildern auf digitalem Weg, und *Frame Grabbing*, dem Digitalisieren von Analogbildern, wird allerdings bereits heute der Computer für die Erzeugung und Bearbeitung von Analogbildern auf vielfältige Art und Weise eingesetzt. In nächster Zukunft wird sich auf diesem Gebiet noch sehr viel tun: Einerseits werden neue Werkzeuge z.B. für dreidimensionale Animationen entwickelt, andererseits eröffnen neue billige Massenspeichermedien neue Einsatzmöglichkeiten für die Computer-Bild- und Ton-Verarbeitung.

1.9   Optische Speicher

In diesem Abschnitt werden die verschiedenen optischen Speichermedien vorgestellt und im Hinblick auf ihren Einsatz als Speichermedium für Multimedia-Anwendungen miteinander verglichen.

1.9.1   Videodisk (Bildplatte)

Das analoge Speichermedium Videodisk ermöglicht im Moment die grösste Datendichte für Stand- und Bewegtbilder (d.h. dass auf der Videodisk wesentlich mehr Bilder als auf einer CD-ROM gespeichert werden können). Mit Hilfe eines analogen Monitors können durch den Computer gesteuerte und in Sekundenbruchteilen aufgefunden Filmsequenzen gezeigt werden. Die Videokassette bietet eine kostengünstige Alternative zur Videodisk, die im Gegensatz zur Videodisk auch selbst editiert und überschrieben werden kann, doch sind die Ansprechzeiten für einzelne Bilder und die Bildqualität der Videokassette dem Videodisk weit unterlegen. Der Nachteil der Videodisk liegt einerseits darin, dass die Bilder analog gespeichert und abgespielt werden, so dass immer ein analoger Bildschirm benötigt wird und andererseits in den (relativ) hohen Kosten für das Pressen einer Bildplatte.

1.9.2   CD-ROM (Compact Disc Read Only Memory)

Da der CD-ROM in Zukunft voraussichtlich immer grössere Bedeutung zukommen wird, wird dieses Konzept an dieser Stelle ausführlicher behandelt. Vieles, was hier über die CD-ROM gesagt wird, gilt in modifizierter Form ebenfalls für die Videodisk. Vorteile der CD-ROM sind

- die grosse Speicherkapazität (mehr als 500 MB)

- die Haltbarkeit und Langlebigkeit einer CD-ROM

- die Robustheit des Datenträgers, da die Information im Medium eingebettet ist

- es sind keine Head-Crashes zu befürchten

- durch die grosse Verbreitung ist das Pressen einer CD-ROM erschwinglich geworden.

Der grösste Gegensatz zur Videodisk liegt in der Tatsache, dass es sich bei der CD-ROM um ein rein digitales Speichermedium handelt, d.h. dass sämtliche Text- und Bildinformationen in digitaler Form gespeichert sind.

Zur Datenspeicherung auf einer optischen Speicherplatte werden zwei verschiedene Verfahren angewendet [She88b], die beide von der ursprünglich geplanten Verwendung als Speicherformat für TV-Bilder geprägt sind: CLV (Constant Linear Velocity) und CAV(Constant Angular Velocity), die sich in der physischen Datenanordnung auf der Platte unterscheiden. Im CAV-Modus wird auf einer Spur[1] ein Fernseh-Bild abgelegt (eine Platte kann maximal 30 min/Seite enthalten); im CLV-Modus kann eine Spur mehrere Bilder enthalten (eine Platte kann maximal 60 min/Seite enthalten). Diese Datenformate werden unter anderem für die physische Speicherorganisation von Videodisk und CD-ROM verwendet.

	CAV	CLV
Vorteile	direkt adressierbar schnelle Zugriffszeit	hohe Kapazität gute Ausnützung
Nachteile	geringe Kapazität schlechte Ausnutzung	schlechte Zugriffszeit nicht direkt adressierbar

Fig. 1.14 Vergleich der CAV- und CLV-Verfahren

Der CD-ROM-Standard verwendet das CLV-Verfahren. Eine Standard-CD-ROM hat eine Speicherkapazität von 550 MByte, 12 cm Durchmesser und ist nur einseitig abspielbar. Der innere Aufbau der CD-ROM wird in (Fig. 1.15) dargestellt.

---

[1] Ein 360 Grad-Segment der Platte wird als eine Spur (track) bezeichnet.

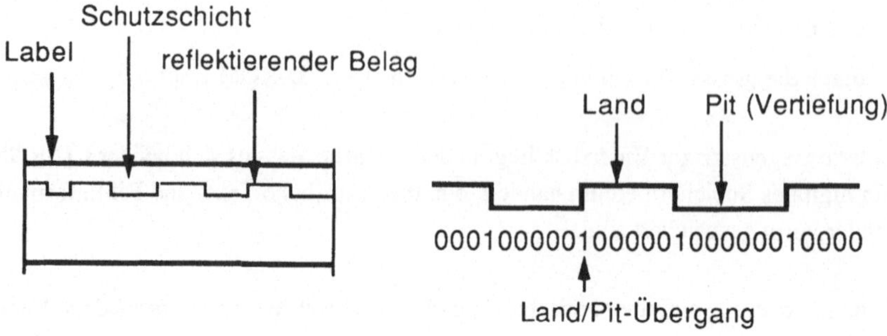

Fig. 1.15 Aufbau der CD-ROM

Beim CD-Lesevorgang dringt ein Laserstrahl von unten in das Trägermaterial ein. Eine Photozelle misst den Reflektionsgrad des Laserstrahls: ein Land reflektiert den Strahl stark, während ein Pit eine schwache Reflektion ergibt. Bei einer Land/Pit-Transition wird eine Veränderung in der Reflektionsstärke festgestellt. Jeder Land/Pit-Übergang entspricht einer binären 1, die Länge eines Lands oder Pits codiert die Anzahl Nullen oder Einsen.

Für die auf einer CD-ROM gespeicherten Daten wird eine hohe Zuverlässigkeit verlangt. Da diese mit Hilfe der Hardware allein nicht zu erreichen ist, werden zwei zusätzliche Fehlererkennungs-Verfahren angewendet. Das CIRC-Verfahren (Cross-interleaved Reed Soloman Code), das bereits beim CD-Audio-Standard gebraucht wird, garantiert eine Zuverlässigkeit von einem Fehler pro 10^9 Bytes. Zusätzlich wird noch das "layered ECC" (Error Correction Code)-Verfahren eingesetzt, mit dem die Fehlerrate bis auf einen Fehler auf 10^{12} Bytes heruntergedrückt werden kann. Bei diesem iterativen Zeilen/Spalten Fehlerkorrektur-Verfahren wird ein zweidimensionaler Datenarray verwendet. Bis zur Hälfte des Speicherplatzes auf der CD wird durch die softwaremässige Fehlerkorrektur belegt.

Ein Schwachpunkt der CD-ROM liegt in der Langsamkeit des Datendurchsatzes der heute verbreiteten CD-Laufwerke. Im Moment können nicht mehr als maximal 190 KB/sec von der CD-ROM zur Zentraleinheit des Computers übertragen werden. Damit ist die CD-ROM das langsamste der in diesem Kapitel beschriebenen Speichermedien. Der Datendurchsatz einer normalen Festplatte eines PC's ist um mindestens einen Faktor 10 grösser. Gerade bei der Übertragung von Farbbildern oder Animationen direkt ab CD-ROM werden dadurch Engpässe offensichtlich. Durch eine Verbesserung der Datenkompression und durch spezialisierte Hardware können diese Engpässe aber überwunden werden. Einen Ansatz hierzu zeigt DVI auf (siehe (1.10)).

1.9.3 WORM (Write Once, Read Many times)

Mit Hilfe eines WORM-Laufwerkes können sehr grosse Datenmengen (bis maximal 960
MBytes) gespeichert werden. Nachteil hierbei ist die Tatsache, dass eine WORM zwar
beliebig oft gelesen, aber nur einmal beschrieben werden kann. WORM-Scheiben können
zweiseitig beschrieben werden, wobei zum Lesen oder Schreiben der Rückseite einer Scheibe
diese bei den meisten Systemen manuell gewendet werden muss. Im Hypermedia-
Einsatzbereich kann ein WORM-Laufwerk vor allem für die Erstellung einer Master-Kopie
für eine CD-ROM sinnvoll eingesetzt werden, da dann auf ein bis zwei WORM-Scheiben alle
Daten für eine CD-ROM Platz finden.

1.9.4 Erasable Optical Disk

Erasable optical disks haben eine der CD-ROM vergleichbare Speicherkapazität. Im
Gegensatz zur CD-ROM können sie direkt vom Anwender beliebig oft beschrieben werden,
so dass das (teure) Pressen in einer spezialisierten Werkstätte, wie dies für eine CD-ROM
nötig ist, entfällt. Erasable optical disks werden erstmals in der NeXT-Workstation von
Apple-Mitgründer Steve Jobs als primäres Massenspeichermedium eingesetzt. Die Laufwerke
sind jetzt auch separat erhältlich, doch sind "erasable optical disk"-Laufwerke und
Datenträger um einen Faktor zehn mal teurer als vergleichbare CD-ROM-Laufwerke und
Scheiben, so dass man sich ohne weiteres ein Nebeneinander der beiden Techniken für die
nächsten Jahre vorstellen kann, wobei eine CD-ROM überall dort Anwendung finden wird,
wo die breite Verteilung von stabiler Information im Vordergrund steht (wie z.B. für
elektronische Handbücher, Unterrichtsprogramme und Preisinformationen). Die
Zugriffszeiten der schnellsten erasable optical disks liegen in der gleichen Grössenordnung
wie bei magnetischen Festplatten, so dass auch der im Vergleich zur CD-ROM schnelle
Zugriff auf den Datenträger ein Grund für den Einsatz einer erasable optical disk anstatt einer
CD-ROM sein kann.

1.10 DVI

Digital Video Interactive (DVI) [Lut89] ist eine 1984 am Sarnoff Research Center initiierte
Technologie, mit der erstmals Bewegtbilder auf digitalem Weg zur Echtzeit abgespielt werden
können. DVI wird heute von Intel für Computer der IBM/PC-Linie weiterentwickelt, wobei

bereits 1987 ein erster Prototyp an der Microsoft CD-ROM-Konferenz gezeigt wurde. Bis
1991 sollen die ersten kommerziellen DVI-Systeme auf dem Markt sein.

Das Hauptproblem für das vollständig digitale Abspielen von Bewegtbildern liegt in der
Uebertragung der Daten vom Sekundärspeicher zum Prozessor. (Die Bandbreite (150 KB/sec
bis 4 MB/sec) tritt als einschränkender Faktor auf.) Ausserdem braucht ein unkomprimiertes
Bild in digitaler Form sehr viel Platz. Aus diesem Grund werden bis heute für die
Speicherung und das Abspielen von Bildern zur Echtzeit analoge Speichermedien wie
Videodisks verwendet. Ein Vergleich mit der CD-ROM-Technik möge die
Grössenordnungen illustrieren (Fig. 1.16).

Laser Videodisk Spieldauer:	30 min
Standard CD-ROM Spieldauer: Datentransfer (150 KB/sec):	96 sec 1 h
DVI Spieldauer:	72 min

Fig. 1.16 Vergleich Videodisk, CD-ROM und DVI

Die hohe Spieldauer einer DVI-Scheibe wird durch spezielle Komprimierungsverfahren
erreicht, die von der Farb-TV-Technik übernommen wurden. Es wird eine spezielle Video-
Codierung verwendet, bei der nur die Helligkeit an jedem Bildschirmpunkt gespeichert wird,
während Farbton und Sättigung horizontal und vertikal nur an jedem vierten Punkt
gespeichert werden (Fig. 1.17).

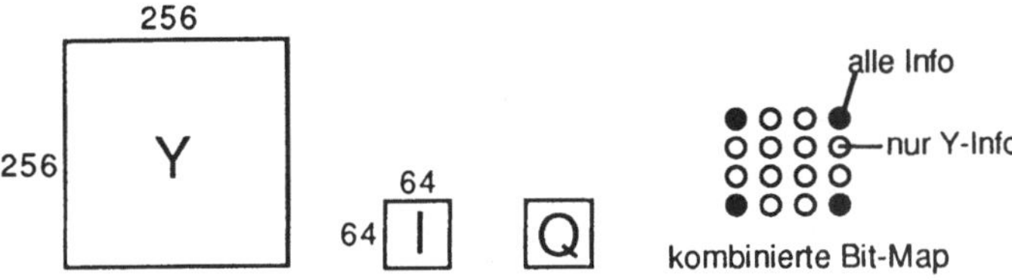

Fig. 1.17 Speicherung von Y-C-Komponenten für DVI

Um die komprimierten Daten auf dem Bildschirm zur Echtzeit in Animation darstellen zu können, werden zwei spezielle Prozessoren eingesetzt:

- Der VDP1-Prozessor, der für die Pixelberechnungen zuständig ist, arbeitet mit einem optimierten Instruktionssatz und erreicht eine Rechengeschwindigkeit von 12.5 Mips (Million Instructions Per Second).

- der VDP2 ist als Output-Display-Prozessor ausgelegt. Er weist die gleiche horizontale Frequenz wie der U.S. Fernseh-Standard NTSC auf und arbeitet mit Hilfe einer 24 Bit tiefen CLUT (Color Look Up Table), d.h. er ermöglicht die gleichzeitige Verwendung von 16,7 Millionene Farben).

1.11 Wie geht es weiter? - ungelöste Probleme

Die folgende Liste, die keinerlei Anspruch auf Vollständigkeit erhebt, stellt einige der wichtigsten im Moment anstehenden Probleme im Hypermedia-Bereich übersichtsmässig zusammen. Auf die einzelne Schwerpunkte wird in späteren Teilen des Buches nochmals detaillierter eingegangen.

1.11.1 Navigation in einem Hypermedia-Dokument

Die bis jetzt zur Verfügung gestellten Hilfsmittel zur Orientierung innerhalb eines Hypermedia-Dokumentes reichen nicht aus. Vielversprechende Ansätze in diesem Bereich sind

- Road Map: Eine logische Übersichtskarte, die den momentanen Standort des Lesers innerhalb des Dokumentes wiedergibt.

- Fish Eye View: Der Fish Eye View zeigt die momentane Umgebung des Lesers innerhalb des Dokumentes relativ zum (subjektiven) Standort des Lesers, wobei nahe Objekte deutlich und weiter entfernte Objekte immer bruchstückhafter wahrgenommen werden [Fur86].

- Clustering von ähnlichen Informationen.

- Zurückverfolgen eines Links: Ein eingeschlagener Weg im Hyperdokument muss jederzeit (beliebig weit) zurückverfolgt werden können. (Dies wird z.B. ansatzweise in HyperCard mit Hilfe der Recent-, Push- und Pop-Funktionen ermöglicht.)

1.11.2 Information-Retrieval-Techniken

Ein Hauptproblem des Lesers ausser der Navigation innerhalb des Dokumentes besteht im Auffinden der gesuchten Information. Es müssen Information-Retrieval-Techniken entwickelt werden, die einerseits der komplizierten Struktur von Hypermedia-Dokumenten angepasst sind und andererseits auch bei der durch die optischen Speichermedien ermöglichten riesigen Informationsmenge noch mit befriedigender Leistung arbeiten. Das bedeutet, dass neue Suchverfahren zur Filterung von relevanter Information gefunden werden müssen.

1.11.3 Integration von anderen Medien in Hypertext-Dokumente

Um die Integration anderer Medien in ein Textdokument zu vereinfachen, muss eine optimale Durchlässigkeit der einzelnen Teilapplikationen gewährleistet sein. Auch sind die Fähigkeiten des Computers zur Simulation und Animation, um das Verständnis komplexer Vorgänge zu verbessern, bei weitem noch nicht ausgeschöpft. Eine weitere Idee, die bis jetzt noch keine Verwendung fand, ist der Gebrauch von Ton zur Orientierung innerhalb eines Hypermedia-Dokumentes.

1.11.4 Hypermedia und Expertensysteme

Durch die Integration von Ideen aus dem Bereich der künstlichen Intelligenz erhält das Hypermedia-Konzept neue Anwendungsmöglichkeiten:

1. Das Expertensystem wird um das Hypertext-Konzept erweitert, d.h. weitere Erklärungen zu einem Ratschlag des Expertensystems werden mit Hilfe von Hypertext-Links zugänglich gemacht.

2. In das Hypermedia-Dokument wird als Navigationshilfe für den Benutzer zusätzlich ein Expertensystem eingebaut, das dem Benutzer beim Auffinden der von ihm gesuchten Information behilflich ist.

1.11.5 Hypermedia-Autorensysteme

Zur Entwicklung von Hypermedia-Dokumenten müssen der multidimensionalen Denkweise angepasste Autorensysteme zur Verfügung gestellt werden. In der Entwicklung von Hypermedia-gerechten Autorensystemen liegt eine der grossen Aufgaben, die auf diesem Gebiet noch zu lösen sind. Bei der Erstellung von Hypermedia-Dokumenten müssen neue Methoden und Verfahren angewendet werden. Dabei gilt grundsätzlich, dass abgekommen werden muss vom Erstellen eines sequentiellen Textes, der anschliessend sequentiell Abschnitt für Abschnitt in die Knoten (Textblöcke) abgelegt wird. Vielmehr muss bereits das Basiskonzept des Dokumentes auf der Hypermedia-Idee basieren, Animations- und Toneffekten müssen gezielt eingesetzt und in das Hypermedia-Dokument integriert werden.

2 Hypermedia-Software-Engineering

2.1 Sieben Punkte der Hypermedia-Software-Entwicklung

Um einen Überblick über die Entwicklung von Hypermedia-Software zu erhalten, sollen in diesem einleitenden Abschnitt die sieben Punkte der Hypermedia-Software-Entwicklung vorgestellt werden, die Danny Goodman in seinem neuen Buch *"HyperCard Developer's Guide"*[Goo88] als zentral für die Entwicklung von kommerzieller Hypermedia-Software betrachtet. Danny Goodmann hat seine Liste speziell für die HyperCard-Software-Entwicklung zusammengestellt. Die aufgeführten Schwerpunkte lassen sich allerdings (mit kleinen Modifikationen) auf Hypermedia-Applikationsentwicklung im Allgemeinen übertragen. Die sieben Punkte von Danny Goodmann lauten (frei übersetzt und zusammengefasst):

1. Ist Hypermedia für das Projekt nötig

2. Hypermedia-Erfahrung des Benutzers

3. Bildschirmästhetik

4. Struktur einer Hypermedia-Applikation

5. Konversion zu Hypermedia

6. Attraktivität einer Hyper-Applikation

7. Hypermedia-Entwicklung ist Software-Entwicklung

Im Rest dieses ersten Abschnitts werden die einzelnen Schwerpunkte sequentiell betrachtet.

2.1.1 Ist Hypermedia für das Projekt nötig

Bei diesem Punkt geht es darum, abzuklären, ob das Projekt in einen der möglichen Hypermedia-Anwendungsbereiche fallen wird. Anwendungsbereiche von Hypermedia sind vor allem:

- Informationsverbreitung:
  In diese Kategorie fallen Simulationen und Animationen z.B. für Firmenpräsentationen, aber auch technische Dokumentationen in Form von elektronischen Handbüchern sowie Unterrichtsprogramme und Schulungssoftware. (Für HyperCard-Beispiele siehe Kapitel 8 "Hypermedia für Unterrichtsprogramme".)

- Informationsverwaltung:
  Unter dieses Schlagwort fallen z.B. multimediale Datenbanken, die, falls sie noch mit Hypertext-Links erweitert werden, als Hypermedia-Datenbanken bezeichnet werden, Decision Support Systeme und Management Infomationssysteme. (Für ein HyperCard-Beispiel siehe Kapitel 3.3 "Spreadsheet Notenverwaltung".)

- Steuerung externer Geräte:
  Für solche Anwendungen ist vor allem HyperCard besonders gut geeignet, da es sehr einfach ist, eine komfortable Benutzerschnittstelle in HyperCard zu implementieren und die Steuerung der Geräte in einer System-Programmiersprache wie Pascal oder C in Form von externen Kommandos ("external commands") an die HyperCard-Schnittstelle anzufügen.

Für die folgenden Anwendungsbereiche sind die heutigen Hypermedia-Systeme (im speziellen HyperCard) ausgesprochen ungeeignet:

- Für strukturierte Text-Datenbanken und zur Verwaltung von strukturierten Daten sollten dedizierte (relationale, objektorientierte ...) Datenbanken eingesetzt werden.

- Falls komplexe Abfragen mit UND/ODER-Verknüpfungen nötig sind, so muss sich der Entwickler vergewissern, ob das zu verwendende Hypermedia-System diese Konstrukte enthält. Für grössere Anwendungen empfiehlt sich der Einsatz eines dedizierten Datenbank-Systems. (In HyperCard müssen solche Erweiterung mit entsprechenden Leistungseinbussen selbst ausprogrammiert werden.)

- Für komplizierte parallele Transaktionen muss das System echt Mehrprozess- und Mehrbenutzer-fähig sein. (In HyperCard beispielsweise können nur sehr einfache parallele Transaktionen selbst ausprogrammiert werden.)

Goodmann stellt dem Entwickler in diesem Zusammenhang vier Fragen, die dieser mit "Ja" beantworten können muss:

1. *Kann die Information auf Bildschirmgrösse aufgeteilt werden?*
   Idealerweise werden längere Texte in bildschirmgrosse Textblöcke unterteilt, da das fortlaufende Anschauen/Lesen ("Scrolling") eines längeren Textes ergonomisch schlecht ist und der Leser rasch ermüdet.

2. *Sind die Hypermedia-Report-Generierungsfähigkeiten für die gewünschte Applikation ausreichend?*
   Die Erzeugung von Papier-Ausdrucken (Hardcopy's) von Hypermedia-Datenbanken ist grundsätzlich schwierig und eingeschränkt, da die mehrdimensionale Struktur eines Hyperdokumentes nur sehr schlecht in ein sequentielles Medium wie z.B. ein Buch eingebracht werden kann.

3. *Soll die Applikation benutzerfreundlich und unterhaltsam anzuwenden sein?*
   In Hypermedia-Dokumente können einfach Animationen und Simulationen eingefügt werden, um so dem Endbenutzer eine unterhaltsame und einfach zu bediendende Benutzerschnittstelle anzubieten.

4. *Soll der Endbenutzer die Applikation modifizieren können?*
   Sehr viele Hypermedia-Entwicklungssysteme verfügen über keinen Compiler, sondern werden zur Laufzeit interpretiert. Das bedeutet, dass die Applikation nicht definitiv vor dem Endbenutzer geschützt werden kann, sondern dass dieser (mit entsprechenden Aufwand) den Editierschutz "knacken" und selbst Modifikationen an der Applikation vornehmen kann.

2.1.2   Hypermedia-Erfahrung des Benutzers

Unter diesem Schlagwort soll nicht etwa verlangt werden, dass der Endbenutzer über explizite Kenntnisse von Hypermedia-Konzepten verfügen muss. Vielmehr muss der Designer einer Hypermedia-Applikation davon ausgehen, dass der Benutzer seiner Applikation von diesen Konzepten keine Ahnung hat. Deshalb muss die Gestaltung einer benutzerfreundlichen Benutzerschnittstelle erste Priorität für den Hypermedia-Entwickler haben. *Die Komplexität des Hypermedia-Systems ist vor dem Endanwender zu verstecken oder allenfalls mit zunehmender Erfahrung des Benutzers diesem schrittweise zugänglich zu machen*[1]. Dies kann durch die Verwendung von graphischen Metaphern und durch die Beibehaltung des Standardverhaltens der gewohnten Umgebung des Benutzers, wie dies z.B. von Apple für Macintosh-Applikationen in den "Apple Human Interface Guidelines" verlangt und spezifiziert wird, erreicht werden. Falls eine Hypermedia-Applikation Standard-Benutzerschnittstellen-Elemente verwendet, so müssen sich diese gleich verhalten wie in Nicht-Hypermedia-Applikationen.

2.1.3   Bildschirmästhetik

Um die Bedeutung der ästhetischen Aspekte zu betonen, möchte ich Goodmann's sogenannte "80/20-Regel" zitieren:

> Die Attraktivität einer Hypermedia-Applikation wird zu 80% von Informationsgehalt und Verwaltungsfähigkeiten der Daten und nur zu 20% von der visuellen Gestaltung bestimmt, der Initialwert allerdings wird zu 80% von der visuellen Attraktivität und nur zu 20% von Informationsgehalt und Verwaltungsfähigkeit der Applikation vorgegeben.

Das heisst, dass die beste Applikation sich ohne attraktive Benutzerschnittstelle nicht verkauft. Der entscheidende Eindruck des Benutzers wird in den ersten Minuten des Gebrauchs einer Applikation gemacht. Hypermedia-Systeme machen es uns sehr einfach, ansprechende Benutzerschnittstellen zu gestalten. Machen wir doch Gebrauch davon!

Um das Layout eines Bildschirms ansprechend zu gestalten, hat Goodmann zehn grundlegenden Design-Richtlinien aufgestellt:

1. *Halte den Bildschirm so einfach wie möglich!*
   Die schönsten Grafiken und gescannten Bilder nützen nichts, wenn der Bildschirm dadurch überladen und unübersichtlich wird.

2. *Stelle die Information in den Mittelpunkt!*
   Die eigentliche Aufgabe der Applikation darf nicht aus den Augen verloren werden, indem so viele zusätzliche Eigenschaften und Optionen eingebaut werden, dass der Sinn der Applikation nicht mehr sichtbar wird.

---

[1]HyperCard selbst ist gemäss diesem Prinzip aufgebaut, indem durch die Wahl einer Benutzerstufe (user level) im Home-Stack nicht benötigte Komplexität vor dem Benutzer verborgen werden kann.

3. *Wähle die Bildschirm-Schriftarten (Fonts) sorgfältig!*
   Auf einem grafikfähigen Bildschirm wie ihn die meisten PC's heutzutage besitzen, ist eine Unzahl von Schriftarten verfügbar. Häufig ist aber die Lesbarkeit dieser Fonts sehr schlecht. Generell gilt, dass die Bildschirm-Schriftart nicht gross genug sein kann.

4. *Passe die Grafiken dem Inhalt an!*

5. *Sei konsistent!*
   Die Forderung nach einer konsistenten Benutzerschnittstelle ist nicht nur auf Hypermedia-Applikationen beschränkt. Es ist hier aber besonders wichtig, dass der Benutzer den gleichen Befehl auch an verschiedenen Orten innerhalb des Dokumentes immer gleich aufrufen kann, da er sich in einem Hyperdokument besonders leicht verlieren kann. Das heisst z.B., dass die Ikone, durch deren Anklicken der Benutzer zur Übersichtskarte, der Map, gebracht wird, immer gleich aussieht und sich immer an der gleichen Stelle auf dem Bildschirm befindet.

6. *Zeige dem Benutzer, wo er sich befindet!*
   Die Navigation ist eines der zentralen Probleme in einem Hyperdokument. Deshalb müssen dem Benutzer geeignete Werkzeuge wie eine Übersichtskarte oder eine "Zurück"-Funktion für diesen Zweck zur Verfügung gestellt werden.

7. *Beschrifte alle Dateneingabefelder!*
   Diese eigentlich selbstverständliche Forderung wird leider bei der Gestaltung des Eingabebildschirms, sei es aus Gleichgültigkeit oder aus Platzgründen, oft vernachlässigt.

8. *Mache optimalen Gebrauch vom kostbaren Platz auf dem Bildschirm!*
   Es ist sinnlos, wenn ein Teil des Bildschirms die ganze Zeit von zwar schön anzuschauenden, für die eigentliche Aufgabe der Applikation aber irrelevanten Bildern und Grafiken eingenommen wird. Solche Bilder können allenfalls beim Aufstarten der Applikation oder an gewissen Punkten innerhalb der Applikation für eine kurze Zeitspanne gezeigt werden.

9. *Benütze den ganzen Bildschirm!*
   Diese Forderung vertieft den im vorhergehenden Punkt verlangten Grundsatz. Platzraubende Bildschirm-Hintergründe wie z.B. ein dickes offenes Buch oder eine kleine Karteikarte in der Mitte des ganzen Bildschirms sind zwar schön anzuschauen, belegen aber kostbaren Bildschirm-Platz. Auf Hintergründe wie in (Fig. 2.1) ist deshalb in den meisten Fällen zu verzichten.

Fig. 2.1 Beispiel für überflüssigen Hintergrund

10. *Verwende eigene Ideen!*
Diese Forderung wird nicht nur aus Urheberrechtsgründen aufgestellt. Gerade ein
Hypermedia-Autorensystem bietet eine Umgebung, die an Kreativität einer
konventionellen Software-Entwicklungsumgebung bei weitem überlegen ist. Von
diesen (nicht nur grafischen) Gestaltungsmöglichkeiten sollte man als Hypermedia-
Autor unbedingt Gebrauch machen.

2.1.4   Struktur einer Hypermedia-Applikation

Beim Aufbau einer Hypermedia-Applikation kann generell unterschieden werden zwischen
Applikationen, die eine *homogene* Struktur aufweisen und solchen, die *heterogen* aufgebaut
sind. Unter homogenen Applikationen sollen an dieser Stelle Applikationen verstanden
werden, die im wesentlichen nur einen einzigen Hintergrund haben. Das können z.B.
Datenbanken wie eine Sammlung von Kochrezepten oder ein einfacher Tagesplaner sein.
Applikationen mit heterogener Struktur andererseits weisen mehrere verschiedene
Hintergründe auf. Die meisten komplizierteren Applikationen sind heterogener Natur. Beim
Entwurf einer Applikation muss der Entwerfer sich möglichst früh für eine Struktur

entscheiden, da sehr viele weitere Design-Entscheide von der Struktur der Applikation abhängen. So wird z.B. die Wahl und der Einsatz der verschiedenen Navigationswerkzeuge entscheidend von der Struktur der Applikation beeinflusst. In (Fig. 2.2) werden am Beispiel einer Übersichtskarte für eine heterogene HyperCard-Applikation die verschiedene Navigationsprobleme illustriert.

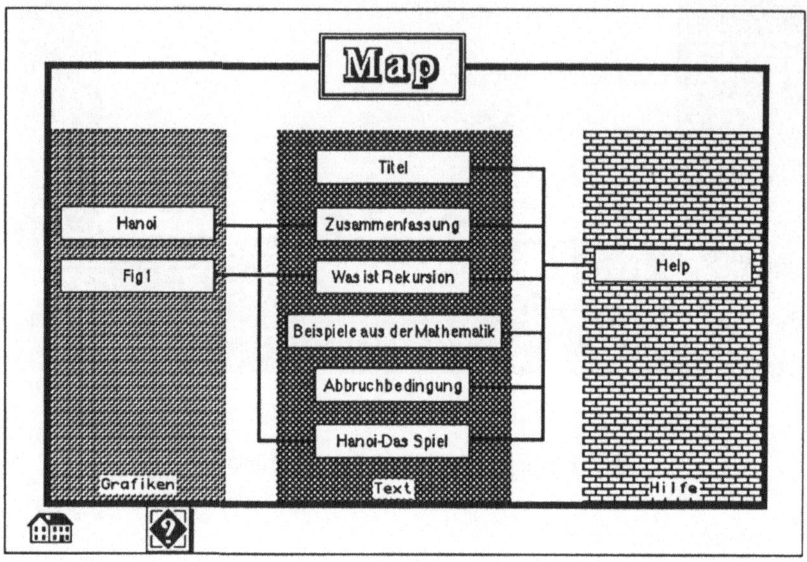

Fig. 2.2 Map für heterogene Applikation

Innerhalb eines gemeinsamen Backgrounds werden die einzelnen Cards in sequentieller Reihenfolge dargestellt (in der Mitte in Fig. 2.2), während zusätzliche Cards mit verschiedenen Backgrounds auf beiden Seiten rechts und links dargestellt sind. Die Link-Struktur der Applikation wird mit Hilfe von Linien dargestellt. Die zwei Ikonen unten (ein Fragezeichen für "Help"-Informationen und ein Haus, mit dem zur Home-Card zurückgekehrt werden kann) befinden sich aus Konsistenzgründen auf allen anderen Bildschirmen ebenfalls am gleichen Ort.

2.1.5 Konversion zu Hypermedia

Ein weiterer Punkt, auf den an anderer Stelle noch ausführlicher eingegangen werden soll (Kapitel 6.3 "Konversion vom Papier zum Bildschirm"), betrifft die Konversion von existierenden Daten in das Hypermedia-Format. Dabei kann es sich sowohl um die Konversion einer ganzen Applikation in ein Hypermedia-Dokument als auch einfach um die Übernahme existierender Text- und Bilddaten in eine neue Hypermedia-Applikation handeln. Im ersten Fall muss zuerst abgeklärt werden, ob Hypermedia für die zu konvertierende Applikation überhaupt nötig ist. (Zur Diskussion dieses Problems siehe auch Abschnitt (2.1.1).)

Ein anderes Problem stellt sich mit der Übernahme von existierenden Daten in eine bereits existierende oder neu zu erstellende Hypermedia-Applikation. Auf keinen Fall darf der grundsätzliche Fehler gemacht werden, ein Dokument in der sequentiellen Form unverändert zu übernehmen, wobei der Computer lediglich als elektronischer Seitenwechsler eingesetzt wird. Zum mindesten muss von den Suchfähigkeiten des Computers Gebrauch gemacht werden, indem ein zusätzlicher Index eingebaut und das ganze Dokument manuell oder automatisch mit einer zusätzlichen Link-Struktur versehen wird. Idealerweise sollten vorhandene Fähigkeiten der Hardware weiter ausgenützt werden, indem Illustrationen in einem Buch auf dem Computer ersetzt oder ergänzt werden durch Animationen und Simulationen. Einfacher als die Übernahme von Textdokumenten ist die Übernahme von strukturierten Daten, da sich solche Strukturen häufig direkt in Hypertext-Knoten abbilden lassen.

2.1.6 Attraktivität einer Hyper-Applikation

Dieser wichtige Punkt wurde bereits in Abschnitt 2.1.3. "Bildschirmästhetik" angesprochen, wobei dort vor allem die Gestaltung des Bildschirms im Vordergrund stand. In diesem Abschnitt soll die Attraktivität der Applikation als Ganzes betrachtet werden. Danny Goodmann hat auch hier wieder eine Liste von Grundsätzen aufgestellt, die in diesem Zusammenhang beachtet werden sollten:

* *Attraktive Einleitung*
  In Abschnitt 2.1.3. "Bildschirmästhetik" wurde gefordert, dass der Bildschirm nicht überladen werden dürfe und dass Hintergrund-Bilder sparsam einzusetzen seien. Für die Einleitung darf dieses Prinzip etwas gelockert werden, da es Aufgabe der Einleitung ist, die Aufmerksamkeit des Benutzers auf sich zu ziehen. Hier kann z.B. eine Hintergrund-Musik spielen, während eine kurze Animation abläuft. Die Einleitung darf nicht zu lang sein, da sie sonst auf den erfahrenen Benutzer ermüdend

wirkt[1]. Allenfalls kann auch vorgesehen werden, dem erfahrenen Benutzer die Möglichkeit zu geben, die Einleitung auszuschalten.

- *Sparsamer Einsatz von visuellen und Ton-Effekten*
  Während durch überraschende Animations- und Ton-Effekte die Aufmerksamkeit der Benutzers erweckt und auf bestimmte Details gelenkt werden kann, so wirken solche Effekte im täglichen Einsatz bald ermüdend. Wenn es auf dem Bildschirm die ganze Zeit blitzt und flackert, werden diese Effekte bald nicht mehr zur Kenntnis genommen. Deshalb sollen solche Effekte nur dann eingesetzt werden, wenn wirklich eine Ausnahmesituation eingetreten ist oder wenn die Aufmerksamkeit des Benutzers auf ein Detail gelenkt werden soll, dass sonst in Gefahr läuft, übersehen zu werden[2]. Im Bezug auf Ton-Effekte sollte die Möglichkeit vorgesehen werden, diese aus- und einzuschalten. Ein Beispiel möge dies illustrieren: Beim Starten der HyperCard-Schnittstelle von Oracle für den Macintosh wird ein Geräusch wie beim Starten eines Autos hörbar. Dieses Geräusch erweckt zwar zuerst Aufmerksamkeit, spielt aber im Ablauf des Startvorgangs keine Rolle und wirkt, falls der Startvorgang häufiger ausgeführt werden muss, ausgesprochen störend. Deshalb wurde als eine vom Benutzer setzbare Option die Möglichkeit vorgesehen, den Ton auszuschalten. Da dieses Geräusch keine erkennbare Funktion innerhalb des Startvorgangs hat, kann man sich sogar fragen, ob die Entwerfer des HyperCard-Front-Ends nicht besser daran getan hätten, dieses Geräusch überhaupt wegzulassen.

- *Intuitive Benutzerschnittstelle*
  Durch die vielfältigen Gestaltungsmöglichkeiten, die dem Benützer eines Hypermedia-Autorensystems in die Hände gegeben werden, lässt sich dieser oft dazu verleiten, möglichst viele verschiedene Optionen in seine Applikation zu integrieren. Dadurch läuft er allerdings in Gefahr, die ganze Applikation unübersichtlich und schlecht verständlich zu machen. Wenn eine solche Applikation erst nach dem Studium eines dicken Handbuches verständlich wird, so wurden der Hypermedia-Gedanke und das Hypermedia-Konzept gründlich missverstanden. Gerade hier sollte es im Gegenteil möglich sein, Applikationen zu entwickeln, bei denen der Endbenutzer nur an den Computer zu sitzen braucht und sofort (z.B. mit Hilfe von online "Help"-Bildschirmen) produktiv zu arbeiten beginnen kann. So müssen z.B. Maus-sensitive Bereiche auf dem Bildschirm (Buttons), auf deren Anklicken hin eine Reaktion des Systems erfolgt, immer gleich markiert werden.

---

[1]Für ein einfaches Beispiel siehe die Einleitung des in Kapitel 8.9 beschriebenen Unterrichtsprogramms.

[2]Für ein Beispiel siehe in Kapitel 8.9.2 auf der "Help"-Karte den Hinweis auf den "pop"-Button.

- *Navigation so einfach wie möglich*
  Dieser zentrale Punkt jedes Hypermedia-Dokumentes muss auch unter diesem
  Gesichtspunkt berücksichtigt werden. Wenn der Leser sich häufig im Dokument
  verirrt, so wird durch diese Frustration die Attraktivität der Applikation entschieden
  vermindert. (Zur Navigation siehe auch das separate Kapitel 5 "Navigation im
  Hyperraum".)

- *Dateneingabe mit der Maus anstatt mit der Tastatur*
  Gemäss der Hypertext-Philosophie ist die Maus für das Anklicken der Links von
  zentraler Bedeutung. Gerade für den nicht so geübten Benutzer ist aber auch die
  Dateneingabe mit Hilfe der Maus, vor allem bei Mehrfach-Auswahlantworten,
  einfacher als die Dateneingabe mit der Tastatur. Durch sog. PopUp-Menus können
  dem Benutzer z.B. beim Drücken der Maustaste verschiedene Eingabemöglichkeiten
  angezeigt werden[1].

- *"build magic into the application"*
  Dieser Punkt steht im Gegensatz zur Forderung nach sparsamen Einsatz von visuellen
  und Ton-Effekten. Es muss hier ein Mittelmass gefunden werden zwischen einem
  pfeiffenden, blitzenden und klingelnden Spielprogramm und einer trockenen
  "langweiligen" Datenbank-Applikation. Das Überbrücken von Wartezeiten für den
  Benutzer mit Simulationen und Animationen kann aber die Attraktivität einer
  Applikation beträchtlich erhöhen. Auch können vom System ausgeführte
  Modifikationen auf dem Bildschirm Schritt für Schritt angezeigt werden. Solche
  Animationen lassen sich z.B. in HyperCard besonders schön realisieren, indem, wie
  von Zauberhand geschrieben, die Eingabefelder einer Datenbank vom System Feld für
  Feld ausgefüllt werden[2].

- *Individuelle Adaption soll möglich sein*
  Eine fertige Hypermedia-Applikation muss sich den speziellen Fähigkeiten des
  Benutzers anpassen lassen. So kann z.B in einem on-line Help-System die
  Systemerfahrung des Benutzers als eine parametrisierbare Grösse vom Benutzer
  selbst eingegeben werden. (Fig. 2.3) zeigt die Präferenzen-Karte eines UNIX-on-
  line-Handbuchs in HyperCard, mit der der Benutzer seine eigene UNIX-Umgebung
  und seine eigenen UNIX-Fähigkeiten beschreiben kann.

---

[1] Für ein Beispiel siehe in Kapitel 8.4 die Navigation innerhalb von Hyper-Lexikon wie in (Fig. 8.2)
abgebildet.

[2] Für ein Beispiel siehe in Kapitel 4.2.1 "Bewegen von Text".

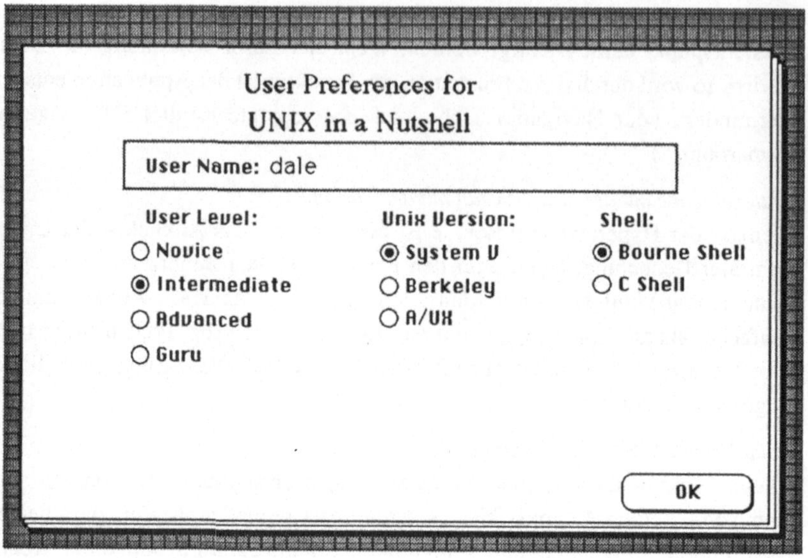

Fig. 2.3 Individuelle Adaption von Benutzerpräferenzen

2.1.7   Hypermedia-Entwicklung ist Software-Entwicklung

Trotz all den neuen Konzepten und Ideen, die der Begriff "Hypermedia" enthält, darf nicht vergessen werden, dass auch die Entwicklung einer Hypermedia-Applikation den Grundregeln und Gesetzen der Software-Entwicklung zu gehorchen hat. Beim Entwurf dürfen Begriffe aus dem Software-Engineering-Bereich wie funktionale Spezifikation, Prototyping etc. auf keinen Fall vernachlässigt werden. Gewisse Hypermedia-Entwicklungsumgebungen eignen sich sogar besonders gut, um damit *Prototyping* zu betreiben, so dass, ausgehend von einem ersten Prototypen, am Prototyp selber das endgültige System entwickelt werden kann. Das kann z.B. so aussehen, dass der erste Prototyp lediglich aus der Benutzerschnittstelle besteht, an die sukzessive und in Rücksprache mit den späteren Benützern die gewünschte Funktionalität angehängt wird. Auch der Einbau von on-line Help-Funktionen in die Hypermedia-Applikation darf nicht vergessen werden, wobei sich dieser Einbau meist mit Hilfe der bereits vorhandenen Link-Fähigkeiten des Hypermedia-Systems einfach bewerkstelligen lässt. Ein anderer Gesichtspunkt, der gerade bei den oft relativ abgeschotteten Hypermedia-Systemen gerne vergessen wird, sind Datendurchlässigkeit und Portabilität: Bevor ein Projekt begonnen

wird, muss zumindest klargestellt werden, auf welcher Hardware das gewünschte
Hypermedia-System lauffähig ist und wie eine allfällige Portierung auf andere Hardware-
Architekturen vorgenommen werden kann. So muss man sich z.B. bei der Integration von
längeren Texten in HyperCard-Stacks überlegen, ob diese nicht direkt als Text-Dateien in den
HyperCard-Stack eingebunden werden sollen, da auf diese Weise gewährleistet ist, dass
zumindest der Text zwischen verschiedenen Maschinenarchitekturen frei portierbar ist.

Im Gegensatz zu einem konventionellen Informatik-Projekt ist das Hypermedia-Projektteam
sehr heterogen aufgebaut. Für die Implementation eines grossen Unterrichtsprogrammes
braucht es beispielsweise neben dem Unterrichtsprogramm-Entwerfer (instructional designer)
noch Grafiker (graphics designer), Spezialisten für Animationen (instructional animators),
Projektleiter, Ton-Ingenieure und weitere Spezialisten. (Siehe auch (1.8))

2.1.8   Hypermedia-Applikationsentwicklung auf dem Macintosh

Nach all den vorangegangenen theoretischen Betrachtungen soll an dieser Stelle am Beispiel
konkreter Produkte für den Macintosh ganz kurz skizziert werden, wie eine Software-
Umgebung für Hypermedia-Applikationsentwicklung etwa aussehen könnte. Es liegt mir
fern, für die hier beschriebenen Produkte Werbung zu machen, vielmehr sollen diese als
exemplarisch für eine "state of the art"-Hypermedia-Entwicklungsumgebung beschrieben
werden.

Für die Herstellung von kleineren und mittleren Hypermedia-Applikationen ist HyperCard als
Basis sehr gut geeignet. Allerdings müssen noch zusätzliche Werkzeuge für die Erzeugung
von Animationen und von Ton verwendet werden, da die Fähigkeiten von HyperCard auf
diesem Gebiet nicht ausreichend sind. Für zweidimensionale Animationen kann z.B. das
Programm Videoworks/MacroMind Director[1] verwendet werden, das über einen direkten
HyperCard-Anschluss verfügt und mit dem auf einfache Weise parallele Animationen
mehrerer bewegter Objekte erzeugt werden können. Für die Ton-Verarbeitung kann z.B. der
MacRecorder gebraucht werden, der über ein eingebautes Mikrofon verfügt und mit dem
Töne aufgenommen, bearbeitet und direkt an HyperCard-Stacks angefügt werden können.

---

[1] Die Herstelleradressen der in diesem Abschnitt erwähnten Produkte befinden sich im Anhang.

2.2 Hypermedia-Projektplanung

In diesem Abschnitt soll an einem konkreten Beispiel gezeigt werden, wie ein sehr grosses Hypermedia-Projekt zu planen und durchzuführen ist:

Die Firma McDonnell-Douglas entschied sich 1985, für die Schulung und das Training von Technikern für den Flugzeugunterhalt 814 CBT(Computer Based Training)-Unterrichts- stunden zu implementieren [Zie88]. Die Organisation des Projektteams wurde gemäss (Fig. 2.4) vorgenommen.

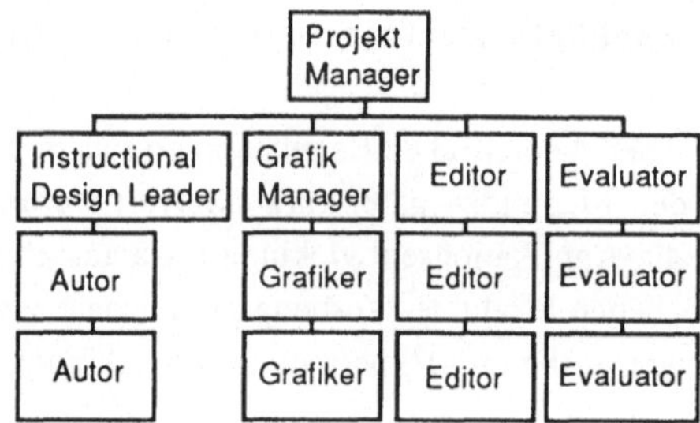

Fig. 2.4 Organisation des Projektteams

Es wurde entschieden, zusätzlich zur Funktion des Autors die Funktion des Editors einzuführen, dies vor allem, um dem Chef-Editor die Möglichkeit zu geben, für editorielle Arbeiten seine eigenen Qualitätsstandards einzuführen. Der Evaluator hat die Aufgabe, die fertigen Unterrichtseinheiten auf ihre Funktionsfähigkeit zu überprüfen.

2.2.1   Produktionsverwaltung

Um eine einheitliche Produktionsumgebung zu gewährleisten, wurden eine Menge von Werkzeugen zum verbindlichen Standard erklärt. Die Werkzeuge umfassten

- *Ein Entwicklungshandbuch*
  Das Entwicklungshandbuch legte das Vorgehen für die Entwicklung eines Unterrichtsmoduls fest. Dazu wurde der Entwicklungsprozess in 50 Teilschritte

unterteilt und jedem der Teilschritte eine feste Entwicklungsdauer für einen Mitarbeiter mit einer ebenfalls spezifizierten Funktion zugeordnet. So konnten z.B. einem Teilschritt 15 Minuten Autorenzeit und 15 Minuten Arbeitszeit eines Editors zugeordnet werden.

* *Wöchentliche Zeitabrechnungs-Reports*
  Jeder Mitarbeiter wurde dazu angehalten, wöchentlich über seinen Zeitverbrauch pro bearbeitetes Modul zu rapportieren.

* *Meilensteine (Milestones)*
  Pro Modul wurden der Zeitraum und der für das Modul nötige Arbeitsaufwand festgelegt. Jede Woche wurden die Milestones der verschiedenen Module verglichen, um Zeitverzüge oder Engpässe festzustellen.

* *Automatisches Report-Generierungs-Programm*
  Es wurde ein auf einem Datenbank-Programm basierendes Report-Generierungsprogramm auf einem Apple II verwendet. Mit Hilfe dieses Programms konnten die Daten pro Mitarbeiter eingegeben werden und daraus der Zeitaufwand pro Modul berechnet werden.

2.2.2 Die instruktionale Design-Komponente

Im Vordergrund stand hier die Auswahl des richtigen Design-Modells. Dabei galt es einerseits, lerntheoretische Erkenntnisse zu berücksichtigen, andererseits aber auch das Zielpublikum in die Erwägungen mit einzubeziehen. Je nachdem, ob es sich beim Zielpublikum um Erwachsene oder Jugendliche handelt, aber auch je nachdem, ob das CBT-Programm anschliessend für Trainingszwecke oder in der Erziehung eingesetzt wird, ist das Design des Programms unterschiedlich auszulegen.

Um einen harmonischen Ablauf des Entwicklungsprozesses ohne grössere Unterbrüche zu gewährleisten, wurde versucht, eine Struktur in den Entwicklungsprozess zu bringen. Alle Teilschritte des Entwicklungsprozesses wurden am Projektbeginn definiert und die Autoren wurden dazu angehalten, bei der Entwicklung eines Moduls die Teilprozeduren dieses strukturierten Entwicklungsprozesses anzuwenden.

2.2.3 Die editoriale Komponente

Der Editor sollte eine Aussenseiter-Komponente in die Hypermedia-Software-Entwicklung einbringen. Zu den Aufgaben des Editors gehörten nicht nur die Kontrolle der geschriebenen

Texte des Autors, sondern auch die Unterstützung des Autors *während* des
Entwicklungsprozesses. Der Editor musste den Autor beim Einsatz der zusätzlichen
Möglichkeiten der Hypermedia-Technologie unterstützen, indem er auf den Einsatz von
Links, Grafiken, Animationen und Simulationen Einfluss nahm. Schliesslich sollte der Editor
auch einen durchgehend konsistenten Stil über mehrere Autoren hinweg gewährleisten.

2.2.4 Die grafische Komponente

Es wurde als wichtig empfunden, die verschiedenen Grafiker ihren Fähigkeiten gemäss
einzusetzen. So wurden sehr erfahrene Grafiker mit der Definition eines einheitlichen Grafik-
Standards und mit dem grafischen Erscheinungsbild der ganzen Applikation betraut, während
weniger erfahrene Mitarbeiter die Illustration der einzelnen Teilmodule übernahmen.

Um ein konsistentes Erscheinungsbild zu erhalten, wurden mit dem Ziel, eine unvollendete
Grafik einem anderen Grafiker zur Fertigstellung übergeben zu können, spezielle Standards
für die grafischen Komponenten des Unterrichtsprogramms entwickelt. Als sehr wichtig hat
sich die Definition einer globalen Namenskonvention für Grafiken herausgestellt, da im
Verlauf eines Projekts dieser Grössenordnung enorme Mengen von Grafik-Bildern
entworfen werden und anschliessend zu verwalten sind. Um nach Möglichkeit die
Produktion von überflüssigen Grafiken zu eliminieren, wurde eine möglichst frühzeitige
Kommunikation zwischen Grafiker und Autor angestrebt. Auch wurde für den Autor ein
formelles Grafik-Anforderungs-Verfahren definiert. Dabei musste der Autor die angeforderte
Grafik in Prosa und mit Hilfe einer visuellen Skizze beschreiben. Als Grundsatzentscheide in
diesem Gebiet haben sich folgende zwei Punkte herauskristallisiert:

- Sollen zur Erzeugung von Grafiken Künstler angestellt werden oder soll der Autor die
  von ihm benötigten Grafiken selbst implementieren?

- Wie kann die Grafik-Bibliothek verwaltet und auf dem neuesten Stand gehalten
  werden, wenn laufend neue Grafiken dazukommen und alte Grafiken geändert und
  umbenannt werden?

2.2.5 Selektion des Teams

Bei der Selektion des Teams stellte sich die Frage, ob vor allem Experten im Fachgebiet des
Unterrichtsprogramms (sog. SME's oder Subject Matter Experts) oder Experten in der
Entwicklung von Unterrichtsprogrammen (Autoren) anzustellen seien. Offensichtlich sollte
der ideale Kandidat über beide Fähigkeiten verfügen. Da solche Leute ausgesprochene
Mangelware sind, musste das Schwergewicht auf die eine der beiden Fähigkeiten gelegt

werden. Im Rahmen dieses Projektes hat es sich gezeigt, dass die besten Resultate von fähigen Autoren erzielt wurden, wobei die von ihnen erstellten Unterrichtseinheiten einer nachträglichen Kontrolle durch SME's unterzogen wurden. Für ein solches Team von Autoren und SME's kann kein festes Zahlenverhälnis angegeben werden. Die Zahlen variieren hier von einem SME auf vier Autoren für Wissensbereiche, für die Handbücher und gute Dokumentationen existieren bis zu Gruppen in Bereichen, in denen keine Dokumentation existiert und für die zuerst noch eine Wissenserfassung vorgenommen werden muss, in denen auf vier SME's ein Autor kommt.

2.3   Objektorientierte Konzepte für Hypermedia

In diesem Abschnitt sollen die Anwendung von objektorientierten Konzepten sowohl für die Entwicklung von Hypermedia-Systemen als auch der Gebrauch von objektorientierten Hypermedia-Autorensystemen für die Erstellung von Hypermedia-Applikationen zur Sprache kommen. Als Beispiel eines Hypermedia-Systems, das unter Verwendung von objektorientierten Konzepten implementiert worden ist, wird nochmals Intermedia im Hinblick auf diesen Faktor vorgestellt. Anschliessend wird am Beispiel HyperCard und Hypertalk die Verwendung der objektorientierten Konzepte einer Hypermedia-Scripting-Sprache für die Entwicklung von Hypermedia-Applikationen erläutert.

Um nicht die Vermutung aufkommen zu lassen, dass Hypermedia-Applikationen nur unter Verwendung von objektorientierten Konzepten erstellt werden können, muss gleich zu Beginn klargestellt werden, dass Hypermedia-Applikationen in irgend einem Programmierstil implementiert werden können; objektorientierte Konzepte sind allerdings für die Entwicklung von Hypermedia-Applikationen besonders gut geeignet.

2.3.1   Was ist objektorientierte Programmierung

Um anschliessend auf einer gemeinsamen Basis aufbauen zu können, wird an dieser Stelle eine kurze Einführung in die Grundkonzepte objektorientierter Programmiersprachen gegeben. (Leser, denen diese Thematik bereits vertraut ist, können diesen Abschnitt ohne weiteres überspringen.) Für eine detailliertere Einführung siehe z.B. [Sch86]:

Grundgedanke des objektorientierten Designs ist die Entwicklung von leicht erweiterbarer und modifizierbarer Software. Um dieses Ziel zu erreichen, werden objektorientierte

Programme nach neuen Grundsätzen strukturiert. Es sind verschiedene Stufen der Effizienzsteigerung in der Programmierung bekannt [Mar88b]:

- In einem ersten Schritt wurden mehrmals auftretende gleiche oder ähnliche Instruktionssequenzen in Form von *Subroutinen* zusammengefasst. Hauptmotivation war hier allerdings nicht die logische Strukturierung des Programms, sondern die Platzersparnis innerhalb des Programms.

- In einem zweiten Abstraktionsschritt wurden die *Prozeduren* eingeführt. Im Gegensatz zu Subroutinen ermöglichen diese die Übergabe von Parametern sowie die Einführung einer globalen Programmstruktur in Form der Verschachtelung von Prozeduren. Das Prozedurkonzept sieht bereits die Bildung lokaler Objekte vor. Die Kapselung von Datenobjekten, um z.B. irrtümlichen Zugriffen auf externe Objekte vorzubeugen, wird von den Prozeduren allerdings noch nicht genügend unterstützt.

- Deshalb wird in einem dritten Abstraktionsschritt mit Hilfe des *Modul*konzepts eine Trennung der Objekte in die von aussen sichtbare Schnittstelle und in die tatsächliche Implementation der Objekte im Modulkörper eingeführt. Auf die im Modulkörper verwendeten lokalen Objekte kann nicht zugegriffen werden und alle lokalen Variablen eines Modulkörpers behalten ihre Werte auch noch nach der Beendigung einer Modulprozedur. Der Nachteil des Modulkonzepts liegt in der statischen Natur des Modulkörpers begründet. Soll ein Modulkörper auch nur leicht abgeändert weiter verwendet werden, muss er vollkommen neu erstellt werden, auch müssen sämtliche von diesem Modul abgeleiteten Module manuell angepasst werden.

- Um das Bedürfnis nach weitergehender Datenabstraktion zu erfüllen, wurde das *Klassen*konzept eingeführt. Eine Klasse repräsentiert im wesentlichen einen abstrakten Datentyp. Funktionen zur automatischen Initialisierung und zur Terminierung einer Instanz eines bestimmten Klassentyps können in der Klassendefinition selbst spezifiziert werden. Um die universelle Erweiterbarkeit einzelner Klassen zu gewährleisten, müssen allerdings noch weitere Konstrukte eingeführt werden.

- Diese erweiterbaren Klassen bilden nun die eigentliche Grundlage der *objektorientierten Programmierung*. Eine Klasse vererbt ihre Methoden (die Funktionen auf dem von dieser Klasse dargestellten Objekt) den von ihr abgeleiteten Unterklassen weiter. Die von der Oberklasse geerbten Methoden können von der betreffenden Klasse unverändert übernommen, abgeändert oder vollständig überschrieben und eigene Methoden zugefügt werden.

Ein wesentlicher Grundsatz objektorientierten Designs liegt in der vollständigen Kontrolle des Objekts über die von ihm verwalteten Daten. Falls ein externer Prozess (ein externes Objekt) irgendwelche Modifikationen an den von einem anderen Objekt verwalteten Daten vorzunehmen wünscht, muss er dem Objekt eine Meldung (Message) mit der Aufforderung schicken, diese Modifikationen für ihn auszuführen.

Peter Wegner versucht in [Weg87] eine Klassifikation objektorientierter Programmiersprachen. Dabei stellt er die Entwicklung von *objektbasierten* zu *objektorientierten* Programmiersprachen (leicht modifiziert) folgendermassen dar (Fig. 2.5):

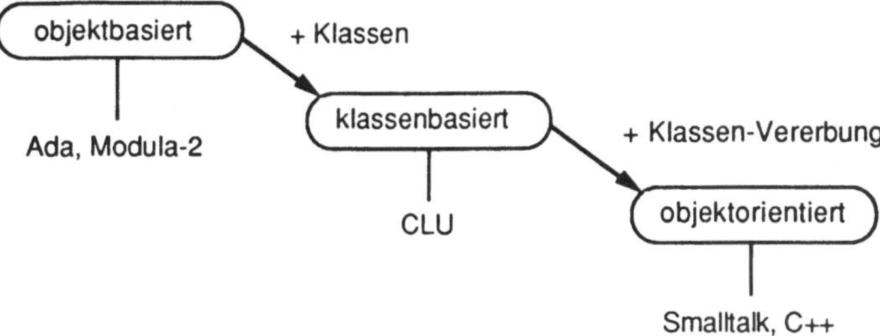

Fig. 2.5 Von objektbasierten zu objektorientierten Programmiersprachen

Auf eine einfache Formel gebracht ist für Wegner eine objektorientierte Sprache gleichzusetzen mit:

objektorientiert = Objekte + Klassen + Vererbung

Als wesentliche Merkmale objektorientierter Programmiersprachen werden von [Nie87] erwähnt:

- Datenabstraktion (abstract data types)

- Vererbung (inheritance)

- Kommunikation der Objekte durch Meldungen (messages)

- Bindung der Operationen zu den einzelnen Datentypen zur Laufzeit

- Unabhängigkeit der einzelnen Objekte (jedes Objekt kontrolliert sich selber)

- Homogenität (Alles ist ein Objekt)

2.3.2   Objektorientierte Implementation eines Hypermedia-Systems

MacApp

MacApp [Sch86] ist eine Klassenbibliothek, mit der mit minimalem Aufwand eine lauffähige "standalone" Macintosh-Applikation entwickelt werden kann. MacApp wurde nicht speziell zur Entwicklung von Hypermedia-Anwendungen geschaffen, sondern um den Programmierer von der Last zu befreien, die zahllosen Aufgaben, die jeder Macintosh-Applikation gemeinsam sind, von neuem für jede Anwendung von Grund auf ausprogrammieren zu müssen. MacApp wird an dieser Stelle kurz beschrieben, weil es beispielhaft für eine objektorientierte Klassenbibliothek steht, die auch als Basis für eine Hypermedia-Applikation sehr gut geeignet ist.

MacApp ist entweder in einer objektorientierten Erweiterung von Pascal oder in C++ erhältlich und umfasst eine Klassenbibliothek mit einer Menge von Methoden, die das Verhalten der Macintosh-Benutzerschnittstelle abkapseln. Ein kleines Programm von 10 bis 20 Zeilen Programmcode zusammen mit MacApp genügt, um eine Mini-Applikation mit Menus und mit Fenstern (Windows), (die in der Grösse verändert, herumgeschoben und gescrollt werden können), mit Daten, (die gespeichert und wieder geladen werden können) sowie mit druckfähigem Output zu erstellen. Um eine lauffähige Applikation zu entwickeln, muss der Programmierer Unterklassen von mehreren Klassen, die von MacApp zur Verfügung gestellt werden, bilden. Die wichtigsten Klassen umfassen:

* *object class*
  Diese Klasse regelt die Verwaltung von Hauptspeicher für neue Objekte und bildet die Ursprungsklasse für alle weiteren Klassen.

* *application class*
  Diese Klasse enthält die Methoden, um eine Applikation zu starten, den Menubalken anzuzeigen, den Macintosh "main event loop" zu steuern und um neue Dokumente für diese Applikation zu kreieren bzw. zu initialisieren.

* *document class*
  Die document class beinhaltet das Datenmodell des Applikation. Sie stellt Methoden für die Speicherung und das Wiederauffinden von Daten sowie für die Verwaltung von anderen Objekten wie Fenstern, Frames und Views zur Verfügung.

* *window class*
  Diese Klasse regelt das Öffnen, Schliessen, in der Grösse Modifizieren, Bewegen, Neuzeichnen und Aktivieren von Fenstern.

- *view class*
  Die view class stellt die Methoden für die Darstellung der in der Applikation
  enthaltenen Daten auf dem Bildschirm zur Verfügung und leitet Maus-Ereignisse zu
  den passenden Objekten innerhalb der Views weiter.

- *command class*
  Die command class ist das Modell, von dem alle Kommandobjekte für die Reaktion
  auf externe Ereignisse wie der Aktivation von Menu-Befehlen, der Maus oder der
  Tastatur abgeleitet werden. Da die Kommandoobjekte auf einem Stack abgelegt
  werden, kann mehrstufiges "undo" und "redo" leicht implementiert werden.

Als ein sogenanntes *applications framework* gewährleistet MacApp Konsistenz zwischen
mehreren Applikationen, indem es dem Programmierer die Aufgabe abnimmt, selbst die für
die Benutzerschnittstelle benötigten Eigenschaften auszuprogrammieren. Das framework
garantiert, dass sich die Fenster, Menus, Dialog-Boxen etc. in allen Applikationen gleich
verhalten.

Intermedia

Intermedia wurde bereits im einführenden Kapitel in Abschnitt (1.7.1) als Beispiel eines
Hypermedia-Systems vorgestellt. Die Entwerfer von Intermedia haben bei der
Implementation ihres Systems den objektorientierten Designtechniken eine grosse Bedeutung
zugemessen. Dies einerseits, um eine hohe Wiederverwendbarkeit des Programmcodes zu
erreichen, andererseits auch um die Produktivität des einzelnen Programmierers zu erhöhen.
Ausserdem kann die Konsistenz der Benutzerschnittstelle durch die Verwendung von
objektorientierten Designtechniken besser gewährleistet werden. Um den verschiedenen
Intermedia-Applikationen (InterText, InterDraw, InterPix, InterSpect, InterVal (siehe
(1.7.1))) ein einheitliches Gesicht zu geben, wurde eine Portierung von Pascal nach C von
MacApp (für eine Erläuterung der Konzepte von MacApp siehe oben.) für den Macintosh
verwendet.

Die Designer von Intermedia fanden die Kombination von objektorientierter Design-Technik
und von MacApp noch nicht ausreichend für ihre Zwecke. Was ihnen fehlte, war eine
Komponente, die die Handhabung der Daten innerhalb einer Applikation regelte. Deshalb
implementierten sie eine Bibliothek von Bausteinen, die sog. *building blocks*, eine Menge
von wiederverwendbaren Klassen, die gemeinsame Funktionalitäten über mehrere
Applikationen zusammenfassen. Jeder der building blocks soll wichtige Endbenutzer-
Funktionen für die Datenein- und Ausgabe abkapseln und sowohl eine Programmierer- als
auch eine Benutzerschnittstelle anbieten. Ein building block kann als Ganzes in eine
Applikation übernommen werden, wobei es dem Programmierer freigestellt ist, die

Funktionalität des building blocks ganz oder nur teilweise zu nutzen. Es wurden drei building blocks implementiert:

- *text building block*
  Der text building block stellt die nötigen Funktionen für die Handhabung von Text zur Verfügung. Durch die Verwendung der Funktionen des text building blocks wird sichergestellt, dass die Manipulation von Text in allen Applikationen gleich vorgenommen wird.

- *graphics building block*
  Mit Hilfe des graphics building blocks können grafische Objekte wie Ovale und Polygone in die Intermedia-Applikationen integriert werden. Es wird eine Menge von Methoden für das Zeichnen, Bewegen, Auswählen, Schattieren etc. von grafischen Objekten zur Verfügung gestellt. Der graphics building block implementiert unter anderem ebenfalls eine Subklasse der View-Klasse von MacApp.

- *table building block*
  Der table building block stellt die nötigen Funktionen für die Datenmanipulation in einem Tabellenkalkulations- oder Datenbankprogramm zur Verfügung. So konnte z.B. mit Hilfe dieses building blocks eine tabulare Schnittstelle für die Steuerung eines Videodisk mit einem Minimum an Aufwand und einem Maximum an Konsistenz zu anderen tabellenorientierten Applikationen implementiert werden.

Der Programmierer kann die building blocks auf vier verschiedene Arten gebrauchen. Erstens kann er den ganzen building block unverändert übernehmen und z.B. mit dem graphics building block einen objektorientierten Zeichen-Editor à la MacDraw implementieren. Zweitens kann er von den im building block implementierten Klassen weitere Subklassen bilden und z.B. für dreidimensionale Polygone eine Subklasse der Polygon-Klasse des graphics building blocks bilden. Drittens kann der Programmierer existierende Methoden überschreiben, um das Verhalten eines Objektes einer in einem building block definierten Klasse zu verändern. Viertens können auch Methoden einer ganzen Klasse von Objekten eines building blocks überschrieben werden, um das Verhalten der ganzen Objektklasse zu verändern.

2.3.3   Objektorientierte Programmierung am Beispiel HyperCard

In diesem Abschnitt soll die Anwendung von objektorientierten Konzepten für die Entwicklung von Hypermedia-Applikationen am Beispiel HyperCard beschrieben werden. Im Gegensatz zum vorhergehenden Abschnitt geht es hier also nicht um die Entwicklung von Hypermedia-Autorensystemen, sondern es wird die Entwicklung von Applikationen unter Verwendung eines Hypermedia-Autorensystems beschrieben.

HyperCard ist ein objektorientiertes System und bietet eine Smalltalk-ähnliche [Gol83] Umgebung an. Anwendungen, für die HyperCard besonders geeignet sind, umfassen

- Datenbanken:
  HyperCard bietet die Möglichkeit, auf sehr einfache Art und Weise (kleine) Datenbanken, wie z.B. Adressverwaltungen und ähnliches zu spezifizieren. Die in diesen Datenbanken enthaltenen Daten können ohne zusätzlichen Aufwand an eine andere Applikation wie z.B. ein Textverarbeitungsprogramm exportiert, bzw. von einer anderen Applikation importiert werden.

- Tabellenkalkulationen:
  Mit HyperCard können flexible Spreadsheets erstellt werden, wobei durch die Grafik-Fähigkeiten von HyperCard auch die grafische Auswertung der in den Tabellen enthaltenen Daten ermöglicht wird. Der initiale Aufwand zur Erstellung einer solchen Applikation ist jedoch relativ gross.

- Animationen:
  Mit HyperCard lassen sich schnell einfache Animationen herstellen. Eingeschränkt wird man hier nur durch das Singletasking-Betriebssystem des Macintosh, das nur eine Bewegung gleichzeitig auf dem Bildschirm ermöglicht.

- sonstige Hypermedia-Systeme:
  In dieser Eigenschaft geht HyperCard weit über die von Smalltalk angebotene Funktionalität hinaus. Die Fähigkeit, auf sehr einfache Weise Links zwischen den verschiedenen Informationseinheiten (ein Wort, ein Record, ein File, etc.) herstellen zu können, wird in HyperCard auf sehr einfache Weise zur Verfügung gestellt.

Die HyperCard-Objekte

Stack

Ein Stack ist ein Menge von Cards, die miteinander verwandte Information enthalten. Stacks können auf sehr einfache Weise miteinander verbunden (gelinkt) werden. HyperCard verwendet die Stacks, um Informationen abzuspeichern. (Ein Stack entspricht im konventionellen Informatik-Sprachgebrauch einem File.)

Card

Eine Card ist die grundlegende HyperCard-Informationseinheit. Eine Card füllt den gesamten Bildschirm aus. (Im konventionellen Informatik-Sprachgebrauch könnte man eine Card als Record mit erweiterter Funktionalität bezeichnen.)

Button

Ein Button ist das HyperCard-Hilfsmittel, um auf geeignete Weise *Links* herstellen zu
können. Links sind Verbindungswege zwischen verschiedenen Stacks und verschiedenen
Cards. Zusätzlich können Buttons programmiert werden, um kompliziertere Aufgaben
auszuführen. Dies geschieht mit Hilfe von sogenannten *Scripts*. Scripts sind in Hypertalk,
der zu HyperCard gehörenden Programmiersprache, geschriebene Programme, die zu irgend
einem HyperCard-Objekt gehören.

Field

Ein Field ist die auf einer Card direkt ansprechbare Untereinheit, um Text zu speichern.

Background

Zusammengehörende Cards eines Stacks haben einen gemeinsamen Background. Es wird
unterschieden zwischen *Card* Buttons bzw. *Card* Fields und *Background* Buttons bzw.
Background Fields. Ein Card Button bzw. ein Card Field befindet sich nur auf einer
speziellen Card. Ein Background Field bzw. Background Button andererseits befindet sich
automatisch auf sämtlichen Cards, die den gleichen Background haben.

Programmierung in Hypertalk

Programmierung in HyperCard heisst die verschiedenen HyperCard-Objekte miteinander
kommunizieren zu lassen. Objekte sind in der Lage, Messages (Meldungen) an das sendende
Objekt zurückzuschicken, oder aber an ein weiteres Objekt weiterzuleiten. Zu jedem
HyperCard-Objekt gehört ein Script, d.h. ein Hypertalk-Programm, das trivialerweise auch
leer sein kann. In einem Script befindet sich eine Sequenz von Hypertalk-Befehlen und
Operationen, die zu Prozeduren (in objektorientierter Sprechweise: Methoden)
zusammengefasst werden können. Das Hypertalk zugrundeliegende Konzept kann etwa
folgendermassen beschrieben werden:

> Alles, was der Benutzer im direkten Interaktionsmodus mit Tastatur und Maus
> erreichen kann, kann auch im Stapelbetrieb automatisch ohne direktes
> Eingreifen des Benutzers ausgeführt werden.

In Hypertalk werden die objektorientierten Grundsätze der *Kommunikation durch Meldungen*
und der *Vererbung* verwendet. Es besteht eine Objekthierarchie der passiven HyperCard-
Objekte (Fig. 2.6).

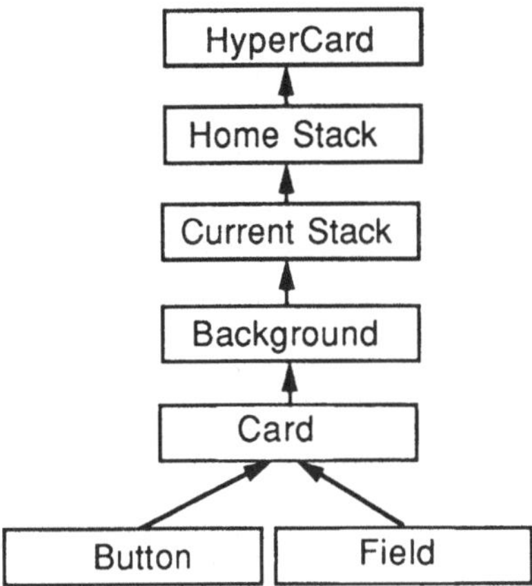

Fig. 2.6 HyperCard-Objekthierarchie

Wird durch Anklicken eines Buttons eine Meldung an eine Methode gesandt, sich auszuführen, wird diese zuerst im entsprechenden Button gesucht. Wird sie dort nicht verstanden (d.h. ist dort nicht definiert), so wird sie weitergeleitet an die Card, die diesen Button enthält. Wird die Meldung auch dort nicht verstanden, so wird sie die ganze Objekthierarchie nach oben geschickt, bis sie auf ein Objekt stösst (Card, Background, Stack, Home Stack, HyperCard-Kern), das diese Methode enthält. Wird die Meldung nirgends erkannt, so sendet HyperCard dem Benutzer eine Fehlermeldung.

Meldungen, die einem Objekt zugesendet werden, können etwa folgendermassen aussehen:

```
add 1 to field "score"
send "mouseUp" to button "start the game"
put "completed" after line 3 of field 2
go to card ID 152 of stack "MyStacks:Test"
```

Ereignisgesteuerte Programmierung

Bei der Programmentwicklung in Hypertalk wird das Konzept der "ereignisgesteuerten Programmierung" verwendet. Das heisst, dass die HyperCard-Objekte auf den Empfang eines Ereignisses reagieren, indem sie einen sog. Event-Handler ausführen. In objektorientierter Sprechweise wird dieser Event-Handler auch als Methode bezeichnet.

HyperCard-Objekte können einerseits auf vom System erzeugte Ereignisse reagieren (siehe unten), andererseits hat der Programmierer auch die Möglichkeit, beliebige weitere Event-Handler (Methoden) im Script eines Objektes selbst zu spezifizieren.

Im folgenden wird an einem Beispiel skizziert, wie die Ausführung einer Methode ausgelöst wird: Es soll eine Methode *PaintExample* definiert werden, die ein Rechteck auf den Bildschirm zeichnet. Da diese Methode von verschiedenen Buttons einer Card verwendet werden soll, wird sie in das Script der Card geschrieben.

```
on PaintExample
    put the userLevel into saveLevel
    set userLevel to 5
    -- draw rectangle
    choose line tool
    set linesize to 1
    set DragSpeed to 100
    drag from 50,50 to 75,50
    drag from 75,50 to 75,100
    drag from 75,100 to 50,100
    drag from 50,100 to 50,50
    choose browse tool
    set userLevel to saveLevel
end PaintExample
```

Die Methode *PaintExample* kann nun durch Anklicken eines Buttons z.B mit dem Namen "Testbutton" aktiviert werden, indem die Meldung *"PaintExample"* durch den Testbutton aufgerufen wird. Dieser sendet diese Meldung die Objekthierarchie empor, wo sie bereits von der Card verstanden und die entsprechenden Anweisungen ausgeführt werden (Fig. 2.7).

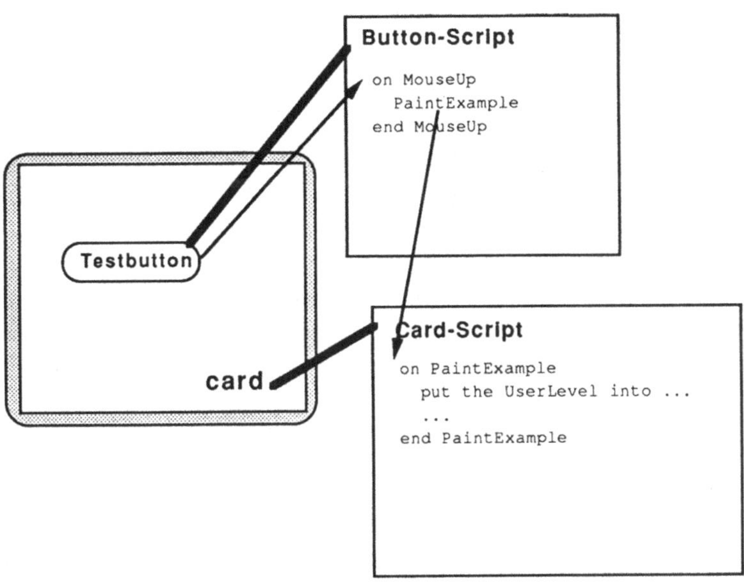

Fig. 2.7 Aktivation der Methode "PaintExample"

Um die Vielseitigkeit von HyperCard zu illustrieren, folgt anschliessend eine Auflistung der vom System definierten Meldungen, auf die die Objekte Button, Field und Card zu reagieren vermögen [Goo87] p.378 :

zum Button: newButton, deleteButton
    mouseDown, mouseStillDown, mouseUp
    mouseEnter, mouseWithin, mouseLeave

zum Field: newField, deleteField
    openField, closeField
    mouseDown, mouseStillDown, mouseUp
    mouseEnter, mouseWithin, mouseLeave

zur Card: newCard, deleteCard
    openCard, closeCard
    newBackground, deleteBackground
    openBackground, closeBackground
    newStack, deleteStack
    openStack, closeStack

        mouseDown, mouseStillDown, mouseUp
        returnKey, enterKey, tabKey, arrowKey
        suspend, resume, startup, quit
        help, idle, doMenu

Abhängig davon, ob sich der Cursor in einem Button, einem Field, oder sonst irgendwo auf der Card befindet, wird die entsprechende "mouseDown", "mouseStillDown" bzw. "mouseUp" Methode des HyperCard-Objekts Button, Field oder Card ausgeführt.

Wie das obige Beispiel *"PaintExample"* illustriert, kann der Benutzer selber weitere Methoden definieren, die auf das Zusenden der entsprechenden Meldung hin von dem Objekt ausgeführt werden, in dessen Script sie definiert sind.

Die Rolle der Scripting-Sprache

Um einem Hypermedia-Dokument zusätzliche Funktionalität zuzufügen, ist die Existenz einer integrierten Scripting-Sprache innerhalb des Hypermedia-Autorensystems von grundlegender Bedeutung. Sicher ist Hypertalk weiter verbesserungswürdig, bietet aber doch einen Sprachumfang an, der von den meisten anderen Hypermedia-Scripting-Sprachen nicht erreicht wird. Weitere Hypermedia-Autorensysteme, die integrierte Scripting-Sprachen aufweisen, sind Guide (siehe 1.7.5), KMS (1.7.4) und NoteCards (1.7.2), das in eine Lisp-Umgebung eingebettet ist und mit Lisp-Makros erweitert werden kann. Eine Scripting-Sprache sollte mindestens den folgenden Umfang aufweisen:

*   Navigation:
    Mit Hilfe der Scripting-Sprache müssen Navigations-Hilfsmittel wie Maps implementiert werden können, um den direkten Zugriff auf beliebige Knoten zu ermöglichen.

*   Animation:
    Die Scripting-Sprache sollte Konstrukte umfassen, mit denen auf verschiedene Arten Animationen und Simulationen implementiert werden können.

*   Externe Geräte:
    Die Scripting-Sprache muss zusätzliche Kommandos zur Steuerung von externen Geräten enthalten. In Hypertalk wird diese Funktionalität mit Hilfe von externen Kommandos (external commands) ermöglicht, die in die Sprache eingebettet werden. Auf diese Weise kann z.B. ein Videodisk angesteuert werden.

*   Ton:
    Die Integration von Ton eröffnet dem Autor eines Hyperdokumentes eine weitere Dimension. Hypertalk ermöglicht sowohl das direkte Abspielen von beliebigen

Melodien mit eingebauten oder aufgenommenen Melodieinstrumenten als auch das Abspielen von aufgenommenen Tonfragmenten.

Visuelle Programmierung

Zusätzlich zur Programmierung in Hypertalk hat der Programmierer ebenfalls die Möglichkeit, einfache Änderung direkt an der Benutzerschnittstelle vorzunehmen. HyperCard gibt dem Benutzer die Möglichkeit, die gewünschte Stufe der Benutzerkomplexität selbst zu wählen (Fig. 2.8)[1].

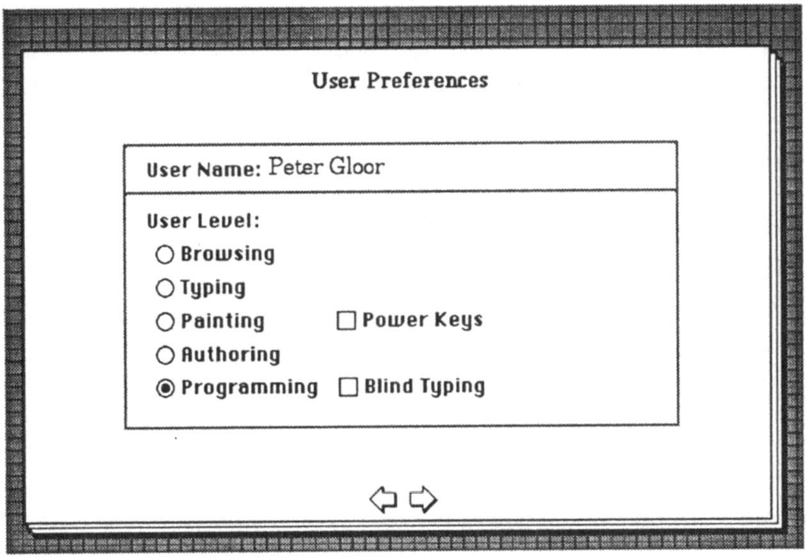

Fig. 2.8 Einstellen der Benutzerkomplexität auf der Home-Card

Auf der Stufe "Authoring" kann der Benutzer Buttons, Fields, Cards, Backgrounds und Stacks modifizieren, ohne dass er deswegen in Hypertalk programmieren muss. Die Modifikationen auf dieser Stufe beschränken sich allerdings meist auf das Zufügen oder

---

[1]Natürlich stehen die in diesem Abschnitt beschriebenen visuellen Programmiermöglichkeiten dem Programmierer auch während der Benutzerstufe "Programming" zu Verfügung.

Verändern von Fields und Buttons oder auf das Zufügen eines Links. Aber diese Stufe gibt dem Nicht-Programmierer doch einen beträchtlichen Grad an Flexibilität, indem ihm die Manipulation von grafischen Objekten ermöglicht wird. Bei der Manipulation eines Objektes wird die in diesem Objekt steckende Funktionalität mitbearbeitet: So wird z.B. beim Kopieren und Einsetzen eines Link-Buttons der Link dieses Buttons auf die betreffende Karte mitkopiert.

2.4 Hypermedia-Benutzerschnittstellen

In diesem Abschnitt soll zwischen zwei Arten von Benutzerschnittstellen unterschieden werden:

- Als Benutzer eines Autorensystems tritt einerseits der Hypermedia-Autor oder Anwendungsprogrammierer auf. Diese Schnittstelle könnte man als *Programmier- oder Autoren-Schnittstelle* des Hypermedia-Systems bezeichnen. Auf diese Schnittstelle soll in diesem Kapitel, wo es hauptsächlich um die Hypermedia-Programmierung geht, weiter unten noch näher eingegangen werden.

- Eine zweite Schnittstelle eines Hypermedia-Systems ist die *Schnittstelle für den Endbenützer*, d.h. für den Anwender einer Applikation, die vom Hypermedia-Autor erstellt worden ist. Diese Schnittstelle wurde bereits früher in diesem Kapitel im Abschnitt (2.1) an verschiedenen Orten, vor allem in (2.1.3 "Bildschirmästhetik") und (2.1.6 "Attraktivität einer Hyper-Applikation") besprochen.

In folgenden sollen Anforderungen an eine Programmierschnittstelle für ein Hypermedia-Autorensystem aufgestellt werden. Zuerst sollen allgemeine Betrachtungen angestellt werden, die anschliessend am Beispiel HyperCard exemplifiziert werden.

Eine Hypermedia-Programmierschnittstelle soll es dem Autor ermöglichen, Dokumente aus Systemen verschiedenster Herkunft wie Hypertext, Datenbanken, elektronische Meldungsübermittlungssysteme und regelbasierte (intelligente) Systeme miteinander zu verknüpfen. Eine wichtige Anforderung an eine solche Programmierschnittstelle liegt in der Ermöglichung von *visueller Programmierung*. (Siehe auch 2.3.3 "Visuelle Programmierung"). Dabei soll es dem Autor ermöglicht werden, ohne Kenntnis einer Programmiersprache lediglich durch die grafische Manipulation von Objekten Modifikationen an einer existierenden Applikation vorzunehmen bzw. eine neue Applikation zu erstellen. Durch das Zusammenfügen bereits bestehender Bauteile (Module) soll aus vorfabrizierten Bausteinen eine neue Anwendung erstellt werden. Diese Verwendung bereits existierender Bauteile (ohne den Miteinbezug der grafischen Komponente) ist übrigens eines der Kennzeichen objektorientierter Programmierung, wie sie im vorhergehenden Abschnitt besprochen wurde. Eine Variante visueller Programmierung sind die sog. *template-basierten* Benutzerschnittstellen. Hier wird von einer vorgefertigten Benutzerschnittstelle für die fertige Applikation ausgegangen, die vom Autor modifiziert und seinen Bedürfnissen angepasst werden kann. Durch diese Templates soll eine Konsistenz über mehrere mit der gleichen Template angefertigte Applikationen erreicht werden, indem die in der Benutzerschnittstelle verwendeten Objekte bereits bekannten Objekten gleichen. Diese Eigenschaft wird durch einen konsistenten Objekt-Gebrauch über mehrere Applikationen erreicht.

Eine weitere Möglichkeit der Interaktion eines Autors, der des Programmierens unkundig ist, mit einem Hypermedia-Autorensystem, ist das Konzept des *programming by example* (Programmierung durch das Beispiel): Der Autor macht dem System vor, *wie* etwas gemacht werden muss, worauf das System aus dem Script der Sitzung automatisch das lauffähige Programm generiert. Ein einfaches Beispiel hierzu liefern Kommunikationsprogramme wie RedRyder, wo eine Verbindungsaufnahme zwischen zwei Rechnern vom RedRyder-Autorensystem protokolliert werden kann. Aus diesem Protokoll wird anschliessend eine Prozedur generiert, durch deren Ausführung die Verbindungsaufnahme zwischen den zwei Rechnern automatisch vorgenommen wird.

Es folgt nun eine Liste weiterer Anforderungen an die Autorenschnittstelle eines Hypermedia-Systems.

- Zwischen den Objekten müssen die *verschiedenen Arten von Beziehungen* festgehalten werden können. Neben den offensichtlichen Zusammenhängen, die mit Hilfe von Hypertext-Links gespeichert werden, müssen auch komplexere bzw. typisierte Zusammenhänge erfassbar sein. Dabei kann es sich z.B. um Klassenhierarchien zwischen den Objekten eines Hypermedia-Dokumentes handeln.

- Für gewisse Objekte ist in der Autorenphase die Ermöglichung *verschiedener Darstellungsarten* hilfreich. So kann z.B. in HyperCard ein Button entweder mit Hilfe eines zugehörigen Formularblattes, aber auch direkt durch Befehle in Hypertalk modifiziert werden (Fig. 2.9)

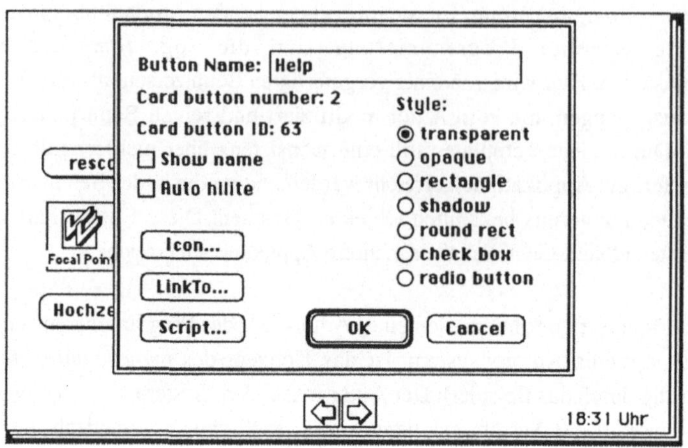

> **in Hypertalk:**
>
> ```
> "set the style of card button "help" to transparent"
> ```

Fig. 2.9 Vergleich der Modifikation eines Buttons in HyperCard

- Falls sich bei der Darstellung der Objekte Beziehungen in Form von Klassenhierarchien ergeben, so müssen diese Beziehungen durch die *Integration objektorientierter Designtechniken* auch ausnützbar sein. Falls z.B. gewisse Attribute einer Objektklasse generalisiert werden, so muss die automatische Vergabe dieser Attribute an alle weiteren Instanzen der gleichen Objektklasse vom System gewährleistet werden können. Ausserdem sollten gleichartige Objekte in Objektklassen gruppiert werden. Die Ermöglichung der flexiblen Ableitung neuer Objektklassen von bereits Bestehenden gehört ebenfalls in diesem Bereich.

- Ausser der Integration objektorientierter Konzepte können auch *Konzepte der künstlichen Intelligenz* in eine Hypermedia-Benutzerschnittstelle aufgenommen werden. Eine Möglichkeit hierzu besteht z.B. in der Integration von regelbasierten "Agenten", die ein automatisches Verarbeiten der Information gewährleisten. So kann ein "Mail-Agent" die einkommende Post nach Typ sortieren und weitere Aktionen auslösen. (Für ein Beispiel siehe 7.4 "Intelligente Projekt-Verwaltungssysteme".)

HyperCard mit der in das System integrierten objektorientierten Scripting-Sprache Hypertalk bietet insbesondere bei der Erweiterung mit den konventionellen Programmiersprachen C und Pascal die Möglichkeit, durch den Zugriff auf Betriebsystem-Routinen (Macintosh-Toolbox) und mit der Steuerung von externen Geräten, die obigen Anforderung an eine optimale Autoren-Schnittstelle durch eigene Erweiterungen zu erfüllen.

2.5 Hyper-Versionen-Verwaltungssysteme

In diesem Abschnitt wird zuerst das Versionenverwaltungs-Konzept generell besprochen, bevor speziell auf den Einsatz von Versionen-Verwaltungssystemen für die Software-Entwicklung eingegangen wird. Im Besonderen wird das Hypertext-Versionen-Verwaltungssystem Neptun (siehe auch (1.7.3)) vorgestellt, das zuerst für CAD-Applikationen entwickelt wurde, heute aber auch Einsatz als Versionen-Verwaltungssystem in der Software-Entwicklung gefunden hat.

2.5.1 Versionenverwaltung für Nicht-Hypertextsysteme

Ziel eines Versionen-Verwaltungssystems ist die Ermöglichung des Zugriffs auf jede Version eines Dokumentes. Um diese Forderung zu erfüllen, werden verschiedene Ansätze verwendet: Die einfachste Möglichkeit besteht in der vollständigen Speicherung jeder Version des Dokumentes. Um Speicherplatz zu sparen, wird allerdings meist das vollständige Dokument nur einmal gespeichert und die Abweichung jeder Version von der vollständig gespeicherten Version (das sog. Delta "∂" oder "Δ") einzeln abgelegt.

Gründe für den Einsatz eines Versionen-Verwaltungssystems liegen einerseits in der Ermöglichung des direkten Zugriffs auf alte Versionen und andererseits in der Möglichkeit, mehrere Versionen eines Dokumentes miteinander zu vergleichen. Für die Arbeit im Team bietet der Einsatz eines Versionen-Verwaltungssystems zusätzliche Vorteile, indem mehrere Versionen des gleichen Dokumentes parallel zur gleichen Zeit bearbeitet werden können.

Versionen-Verwaltungssysteme werden in den verschiedensten Bereichen eingesetzt:

- Für blosse Textdokumente
- Im Software-Engineering
- Für CAD-Dokumente
- ...

Bekannte Beispiele aus dem UNIX-Bereich sind das SCCS [Bag86] und das RCS-Versionen-Verwaltungssystem, die hauptsächlich für die Verwaltung von Programm-Quelltexten eingesetzt werden.

2.5.2   Hyper-Versionen-Verwaltungssystem für das Software-Engineering

Versionenverwaltung für Hypertextsysteme ermöglicht die parallele Speicherung und Bearbeitung von verschiedenen Versionen eines Hypertext-Knotens. Im folgenden soll am Beispiel von Neptun, einem Hyper-Versionen-Verwaltungssystems für die Teamarbeit, die Verwendung von Hypertext-Konzepten für diesen Einsatzbereich illustriert werden.

Neptun wurde seit 1985 von Tektronix uspünglich für CAD-Anwendungen entwickelt (siehe (1.7.3))[Big88], [Del86], [Del87]. Es wird heute aber auch für weitere Bereiche wie z.B. für die Softwareentwicklung eingesetzt. Im folgende wird Neptun vor allem mit Schwerpunkt als Software-Entwicklungssystem vorgestellt.

Ein Softwareprojekt wird in Neptun als ein Hyperdokument, das aus verschiedenen Knotentypen zusammengesetzt sein kann, dargestellt. Die verschiedenen Knotentypen umfassen

- Text

- Grafik

- Quellcode (Source Code)

- Object Code

- Symbol-Tabelle.

Als Basis für das Hypermedia-System wird die HAM (Hypertext Abstract Machine)-Architektur verwendet (siehe 1.6.2 "Grundlagenarchitekturen"). Die HAM stellt eine verteilte (netzwerkfähige) Mehrbenutzer-Datenbank für Hypermedia-Dokumente zur Verfügung. In dieser Funktion bietet sie die üblichen Datenbank-Eigenschaften wie atomare Transaktionen und error recovery an. Versionenverwaltung auf der Link- und Knotenebene wird durch die Verwendung von zwei verschiedenen Link-Typen implementiert:

- Ein *link-to-current-version* garantiert beim Verfolgen des Links stets die aktuelle Version des Ziel-Knotens.

- Ein *link-to-specific-version* verbindet eine bestimmte Version des Ziel-Knotens mit dem Link.

Das Neptun-Hypertextsystem wird für das Anbringen von Anmerkungen (Kommentierung) bei Quellcode eingesetzt, indem der Kommentar mit Links zum Quellcode gebunden wird. Auch die logische Struktur des Quellcodes kann mit Hypertext-Links festgehalten werden (Fig. 2.10).

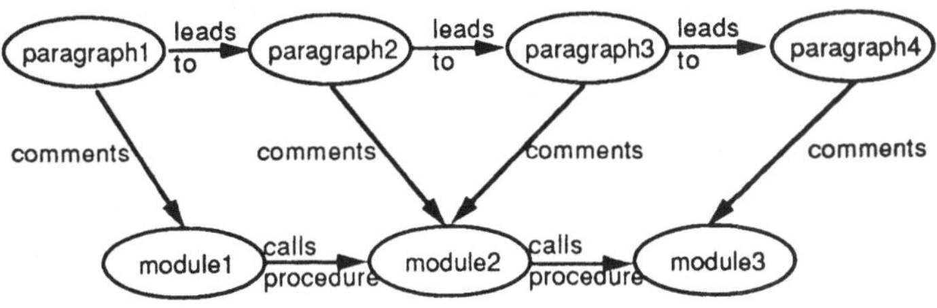

Fig. 2.10 Kommentierung von Quellcode mit Hypertext-Links

Zusätzlich zur blossen Kommentierung des Quellcodes kann das Hypertextsystem auch zur Verwaltung des ganzen Projektes verwendet werden. In (Fig. 2.11) sind die Querbeziehungen eines Softwareprojektes festgehalten. Die ganze Dokumentation zu einem Projekt wird so idealerweise in Hypertext-Form organisiert.

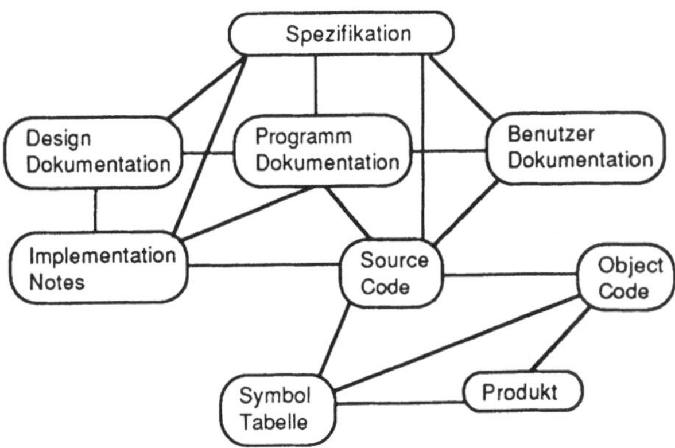

Fig. 2.11 Beziehungen zwischen den Projekt-Kategorien

Ein Problem, das bis jetzt noch nicht zufriedenstellend gelöst werden konnte, ist die Regelung der Zusammenarbeit mehrerer Autoren im gleichen Projekt. Aus diesem Grunde haben die Entwickler von Neptun das Konzept des *Contexts* eingeführt. Ein Context ermöglicht die Unterteilung eines Hypertext-Dokumentes in mehrere Teilbereiche. Jeder Autor arbeitet in seinem Context. Ein neuer Context wird entweder direkt von einem Vater-Context abgeleitet (deriving) oder aber aus mehreren Vater-Contexts zusammengesetzt (merging). Bei der Zusammenarbeit stellen sich verschiedene Probleme: Falls ein Knoten in mehreren Contexts enthalten ist und parallel modifiziert wird, so muss die aktuelle Version des Contexts bestimmt werden können. Als einfache Lösung dieses Problems haben die Designer von Neptun den Begriff der aktuellen Version eines Knotens auf einen Context eingeschränkt. Bei der Ausführung einer expliziten Merge-Operation werden alte Versionen einer Knotens durch aktuelle Versionen aus anderen Contexts ersetzt. Falls bei einem Context-Merging Konflikte auftreten, so werden zur Kollisionsentdeckung und Behebung benutzerdefinierte Heuristiken eingesetzt.

Zur Navigation innerhalb von verschiedenen Contexts werden die Vater-Kind-Beziehungen zwischen den Contexts verwendet. Die Entwickler von Neptun haben sich ausserdem die Frage gestellt, ob Links zwischen verschiedenen Contexts möglich sein sollen. Falls solche Links zugelassen werden, so muss der Link einem Context zugeordnet werden können. Die Entwerfer haben sich deshalb entschieden, Links nur als Anhängsel zu Knoten zuzulassen, so dass jeder Link einem Knoten und damit auch einem Context zugeordnet werden kann.

3 Hypermedia-Datenbank-Anwendungen mit HyperCard

3.1 Einleitung

In diesem anwendungsbezogenen Kapitel sollen an zwei Beispielen die Möglichkeiten von HyperCard für Datenbank-Anwendungen illustriert werden. Ausserdem sollen dem nicht so versierten HyperCard-Anwender an den hier sehr ausführlich beschriebenen Beispielen die HyperCard-Grundlagen erneut vor Augen geführt werden. HyperCard ist vor allem für drei Arten von Datenbank-Anwendungen geeignet:

- Rasche Entwicklung von kleinen Datenbanken

- Multimediale Datenbanken

- Datenbanken mit funktionalen Erweiterungen, z. B erweiterte Spreadsheets

Ausser für die rasche Entwicklung von kleinen Datenbanken ist HyperCard sehr gut geeignet für *multimediale Datenbanken*. Durch die einfachen Integrationsmöglichkeiten von Ton und Bild in einem HyperCard-Stack ist es ohne weiteren Aufwand möglich, z.B. direkt mit einem Scanner Bilder einzulesen, diese als MacPaint-Dokumente abzuspeichern und auf eine Karte eines Bibliotheks-Stacks zu kopieren. Falls der Scanner mit Hilfe des Hyperscan-Stacks von Bill Atkinson[1] gesteuert wird, so kann dieser Vorgang vollautomatisiert durch Anklicken

---

[1] Bill Atkinson gilt unter anderem als der geistige Vater von MacPaint, dem ersten Zeichenprogramm auf dem Macintosh und ist der Entwickler von HyperCard.

eines Buttons im Bibliotheks-Stack ausgeführt werden. (Der Hyperscan-Stack, der den Apple Scanner mit einer Schnittstelle in HyperCard und auf die HyperCard-Kartengrösse optimiert steuert, wird gratis beim Kauf des Apple Scanners mitgeliefert.)

Das erste Programmbeispiel dieses Kapitels illustriert die Verwendung von HyperCard für die rasche Entwicklung von einfachen Datenbanken am Beispiel einer Literatur-Datenbank. Es ist allerdings ein Leichtes, den Inhalt der Felder zu verändern und z.B. mit dem gleichen Grundmuster eine Adress-Datenbank zu erstellen. Zusätzlich zu den einfachen Datenspeicherkarten enthält die hier beschriebene Applikation zwei Funktionskarten: Mit der "Report-Karte" können Karten selektiv nach einem Kriterium abgesucht und die gefundenen Daten in ein Textverarbeitungsprogramm wie z.B. Microsoft Word exportiert werden, um dort weiterverarbeitet und formatiert oder z.B. für Literaturreferenzen in einer wissenschaftlichen Arbeit an ein existierendes Textdokument angefügt zu werden. Mit der "Find-Karte" kann im ganzen Stack nach einem Begriff gesucht werden. Die Kartennummern sämtlicher Karten, auf denen der Begriff gefunden wurde, werden anschliessend in ein Feld geschrieben. Durch Anklicken der Nummer kann direkt auf die entsprechende Karte gesprungen werden.

Für sehr grosse Datenbanken sowie für strukturierte Daten ist HyperCard nicht optimal geeignet. Die HyperCard-"find"-Funktion arbeitet zwar auch in sehr grossen Datenmengen (z.B. auf einem CD-ROM) effizient, führt aber lediglich eine Volltextsuche in der Datenbank durch. Falls mehrere Suchbegriffe mit UND/ODER-Operatoren verknüpft oder falls sogar mehrere Tabellen gemäss dem relationalen Datenbank-Modell miteinander verbunden werden sollen, müssen diese Funktionen in Hypertalk ausprogrammiert werden. Dadurch werden natürlich sowohl die Leistung in der Abfrage vermindert als auch der Implementationsaufwand erhöht. Deshalb empfiehlt sich für solche Anwendungen der Gebrauch einer relationalen Datenbank wie z.B. ORACLE.

Ein weiterer Datenbank-Anwendungsbereich liegt in der Erstellung von multifunktionalen Tabellenkalkulations-Anwendungen (Spreadsheets). Einfache Spreadsheets wie eine Buchhaltung für den privaten Gebrauch werden einfacher mit einem dedizierten Tabellenkalkulations-Programm wie z.B. Multiplan oder Excel entwickelt. Sobald allerdings kompliziertere Funktionen wie z.B. die Integration von Animationen verlangt werden, ist HyperCard sehr gut geeignet. Unter Verwendung von Hypertalk-Event-Handlern, vor allem dem `closefield`-Handler, der auf die Modifikation eines Feldes reagiert, können sehr komplexe Datenbank-Applikationen entwickelt werden.

Das zweite Beispiel dieses Kapitels illustriert an einem Notenverwaltungs-Programm für Lehrer die oben besprochenen Konzepte. Auf den ersten Blick scheint diese Applikation eine konventionelle Spreadsheet-Anwendung zu sein, auf der der Lehrer pro Klasse und Fach eine Notentabelle mit Einträgen für jeden Schüler führt. Zusätzlich wird in dieser Applikation nun aber noch die Konsistenz der Schülernamen pro Klasse vom System nachgeführt. Ausserdem kann der Lehrer automatisch auf Knopfdruck das Zeugnis einer ganzen Klasse erzeugen und dabei den Notendurchschnitt pro Schüler mit der entsprechenden Gewichtung pro Fach berechnen lassen.

3.2   Literatur-Datenbank   (HyperCard-Beispiel)

3.2.1   Überblick

Mit Hilfe des im folgenden beschriebenen Stacks soll die Verwendung von HyperCard für einfache Datenbank-Anwendungen illustriert werden. Am Beispiel einer Literatur-Datenbank, mit der z.B. die Bücherbestände einer Bibliothek erfasst und abgefragt werden können, wird gezeigt, wie einfach "kleine" Datenbank-Anwendungen in HyperCard entwickelt werden können. Die Datenbank enthält im wesentlichen eine Menge von identisch aufgebauten Kartei-Karten (Fig.3.1), mit der je ein Buch erfasst werden kann. Ausserdem ist noch eine Report-Karte, auf der einfache Reports erzeugt und in ein Textverarbeitungsprogramm exportiert werden können (Fig.3.2) und eine Find-Karte, mit der nach gleichartigen Informationen gesucht werden kann (Fig.3.3), dem Stack zugefügt.

3.2.2   Konstruktionsbeschreibung

Background "Karteikarte"

Dieser Background, der von der Home-Card abgeleitet ist (doMenu "New Stack" vom Home-Stack aus), enthält die eigentliche Datenbank (Fig. 3.1)

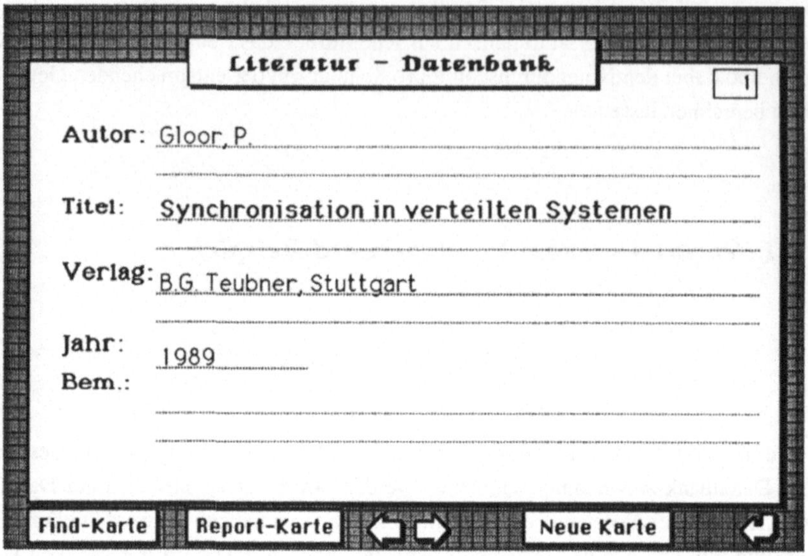

Fig. 3.1 Literatur-Karteikarte

Background Fields:

Pro Karte werden die wesentlichen Informationen für ein Buch abgelegt. Für jeden Eingabe-Parameter ist ein Background Field zu erzeugen, d.h. es hat je ein Background Field "Autor", "Titel", "Verlag", "Jahr" und "Bem.". Während der Dateneingabe kann entweder mit der Tabulatortaste (HyperCard-Standard) oder mit der Return-Taste von einem Feld zum Nächsten gesprungen werden. Damit auch mit der Return-Taste zum nächsten Feld gesprungen werden kann, muss das folgende Scriptfragment dem Background-Script dieses Backgrounds zugefügt werden:

```
on returninfield
  TabKey
end returninfield
```

Das gleiche Verhalten eines Feldes wird erreicht, indem in der "Field Info"-Dialogbox die Option "Auto Tab" angekreuzt wird.

In einem zusätzlichen Feld mit dem Namen "card no" (in der rechten oberen Ecke) wird automatisch vom System die aktuelle Laufnummer dieser Karteikarte innerhalb des Stacks nachgeführt. Dieser Effekt wird mit Hilfe eines `opencard`-Handlers im Background-Script dieses Backgrounds erreicht:

```
on opencard
  put (the number of this card)-2 into bkgnd field ¬
 "card no"
end opencard
```

Um die aktuelle Laufnummer der Karteikarte zu erhalten, müssen von `the number of this card` zwei abgezählt werden, da sich am Anfang des Stacks zwei Karten mit einem anderen Background (Find-Karte und Report-Karte) befinden.

"Gemalter" Background:
Jedes Feld wird direkt auf dem Background der Karte mit einer beliebig gewählten Schriftart links vom Feld beschriftet.

Background Buttons:
Zusätzlich zu den Buttons, mit denen innerhalb des Stacks direkt navigiert werden kann ("next" ⇨ "prev"⇦ und "return" ⤶) gibt es den Button "Find-Karte", mit dem zur "Find-Karte" gesprungen werden kann und den Button "Report-Karte", mit dem zur "Report-Karte" gesprungen werden kann. Mit Hilfe des Buttons "Neue Karte" kann eine neue Karteikarte erzeugt werden:

```
on mouseUp
  go last card of this bkgnd
  domenu "new Card"
  click at (item 1 of the loc of bkgnd field 1),¬
  (item 2 of the loc of bkgnd field 1)-10
end mouseUp
```

Die neue Karte wird am Ende des Stacks den bereits existierenden Karteikarten angehängt (`go last card of this bkgnd`). Die Cursor-Position wird auf den Anfang des ersten Feldes gesetzt (`click at (item 1 of the loc...`), so dass nach dem Erzeugen eines neuen Feldes sofort mit der Dateneingabe beim Feld "Autor" begonnen werden kann.

Background "Report-Karte"

Zusätzlich zur eigentlichen Literatur-Datenbank enthält der Stack zwei Karten, die dem Benutzer die Abfrage und die Erzeugung von Reports erleichtern sollen. Damit soll gezeigt werden, wie einfach es in HyperCard ist, einer existierenden Applikation zusätzliche Funktionalität zuzufügen. Diese beiden Karten können z.B. von diesem Stack kopiert und an beliebige andere Datenbanken angehängt werden, wobei bei der in diesem Abschnitt beschriebenen Report-Karte (Fig. 3.2) ev. geringe Änderungen im Script des Buttons "generate Report" gemacht werden müssen, während die im nächsten Abschnitt beschriebene "Find-Karte" ohne Änderungen für eine andere Datenbank übernommen werden kann.

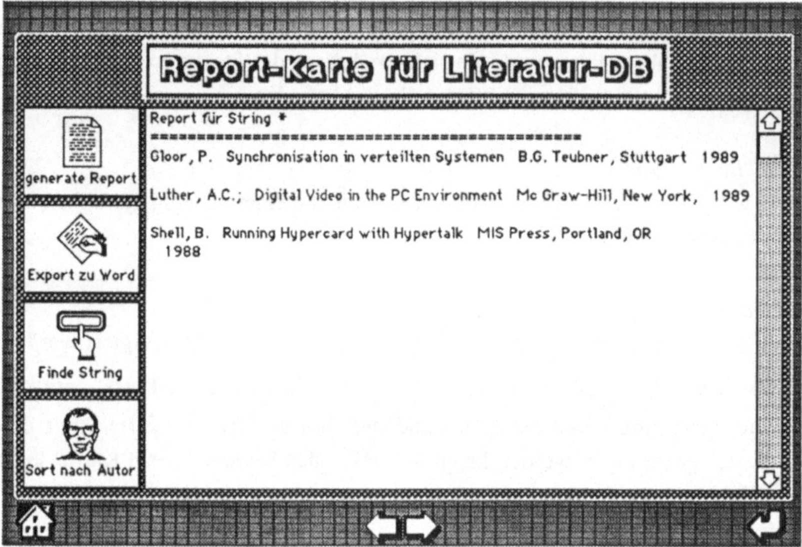

Fig. 3.2 Report-Karte

Card Fields:
Da diese Karte nur einfach vorkommt, können die auf ihr enthaltenen Buttons und Fields als Card-Objekte angelegt werden. Die Karte enthält ein Card Field mit dem Namen "Liste", in das der erzeugte Report abgelegt wird und von dem aus er in das Textverarbeitungsprogramm exportiert wird.

"Gemalter" Background:
Der Titel "Report-Karte für Literatur-DB" wird direkt auf den Background der Karte geschrieben.

Background und Card Buttons:
Zusätzlich zu den generischen Background Buttons, mit denen innerhalb des Stacks direkt

navigiert werden kann ("next" ⇨, "prev" ⇦ und "return" ⤶) gibt es den Card Button "Home" ⌂, mit dem auf die Home-Card gesprungen werden kann.

Die wichtigste Funktionalität dieser Karte steckt im Script des Buttons *"generate Report"*. Auf Anklicken dieses Buttons wird der Benutzer nach dem Suchkriterium gefragt. Default-Antwort ist "*", wobei mit dieser Antwort eine Gesamtliste aller vorhandenen Bücher sortiert nach Autor erzeugt wird. Der erzeugte Report wird in das Card Field "Liste" geschrieben, als Separator zwischen den einzelnen Zeichen wird das Tabulator-Zeichen verwendet und als Ende eines Records wird ein Return-Zeichen zugefügt. Die Tabulator-Formatierung wird allerdings erst im Textverarbeitungsprogramm sichtbar, da Tabulatoren innerhalb von HyperCard Fields keine Wirkung zeigen.

Mit Hilfe des Buttons *"Export zu Word"* wird der im Card Field "Liste" enthaltene Report nach Microsoft Word exportiert:

```
open file "Text File"
write card field Liste to file "Text File"
open "HD-40:HyperCard:Text File" with "Microsoft Word"
close file "Text File"
```

Die absoluten Pfadnamen des "Text File" und der Applikation "Microsoft Word" können der aktuellen Konfiguration angepasst werden, wobei "Microsoft Word" durch ein beliebiges anderes Textverarbeitungsprogramm ersetzt werden kann. Der Button *"Sort nach Autor"* sortiert die Karteikarten neu und der Button *"Finde String"* fragt den Benutzer nach einem Suchbegriff und springt anschliessend unter Verwendung des Hypertalk-Find-Kommandos auf das erste Vorkommen dieses Suchstrings. Weitere Vorkommen des gleichen Begriffs können durch Drücken der Return-Taste angesprungen werden.

Background "Find-Karte"

Die Find-Karte (Fig. 3.3) fügt der Datenbank eine weitere, komfortable Find-Funktion zu. Sie kann gleich wie die Report-Karte von diesem Stack ohne Modifikationen übernommen werden und direkt an andere HyperCard-Datenbank-Stacks angefügt werden.

Fig. 3.3   Find-Karte

Card Fields:

Die Karte enthält ein einziges Card Field mit dem Namen "Report1". In dieses Feld wird
zeilenweise der Suchbegriff und die Nummer der Karte, auf der der gesuchte Begriff
enthalten ist, geschrieben. Auf Anklicken der Kartennummer springt HyperCard direkt auf
die entsprechende Karte. Diese Funktionalität wird durch einen `mouseup`-Handler und die
beiden Funktionen `texthi()` und `isnumeric()` im Script des Card Fields "Report1"
erreicht:

```
on mouseup
  put texthi() into temp
  if isnumeric(temp) then
    push card
    go card id temp
  else
    select empty  -- um Selektion aufzuheben
    beep
  end if
end mouseup
```

Durch Anklicken eines Strings im schreibgeschützten ("locktext" ist "true" gesetzt) Card Field "Report1" wird ein Doppelklick mit der Maus simuliert, um den String auszuwählen. Diese Textauswahl wird durch die Funktion texthi() ausgeführt:

```
function texthi
  -- selektiere den Text
  set locktext of the target to false
  click at the clickloc
  click at the clickloc
  set locktext of the target to true
  put the selection into key
  if the selection is not empty then return key
  else return empty
end texthi
```

Mit Hilfe der Funktion isnumeric() wird überprüft, ob es sich beim mit texthi() angeklickten und ausgewählten String um ein Wort oder eine Zahl handelt. Nur eine Zahl ist als Sprungadresse für den mouseUp-Handler sinnvoll, da die Karte mit Hilfe der ID (Identifikationsnummer) angesprungen wird.

```
function isnumeric string
  -- kontrolliere ob string Zahl oder Character ist
  if string is empty then return false
  repeat with i=1 to the number of chars of string
    put the chartoNum of char i of string into asciiCode
    if asciiCode < 48 or asciiCode > 58 then return false
  end repeat
  return true
end isnumeric
```

Background und Card Buttons:
Zusätzlich zu den Buttons, mit denen innerhalb des Stacks direkt navigiert werden kann ("next" ⇨, "prev" ⇦) hat es auf dieser Karte den Find-Button, dessen Script die eigentliche Find-Prozedur enthält. Diese relativ komplexe Prozedur fragt zuerst nach dem Suchbegriff und durchläuft anschliessend den ganzen Stack, wobei bei jedem Auftreten des Suchbegriffs die Kartennummer in eine temporäre Variable geschrieben wird. Am Schluss werden sämtliche Kartennummern zusammen mit dem Suchbegriff zeilenweise in das Card Field "Report1" geschrieben.

3.2.3   Hypertalk-Scripts

```
Background  "Karteikarte"

Background Script
on openbackground
   if the version < 1.2 then
     beep
     answer "Dieser Stack braucht HyperCard 1.2"
     go Home
   end if
end openbackground

on returninfield
   TabKey
end returninfield

on opencard
   put (the number of this card)-2 into bkgnd field ¬
 "card no"
end opencard

Background Button "Return"
on mouseUp
   visual effect iris close
   pop card
end mouseUp

Background Button "Report-Karte"
on mouseUp
   visual effect zoom open
   go card "Report-Karte"
end mouseUp

Background Button "Find-Karte"
on mouseUp
   visual effect zoom open
   go card "Find-Karte"
```

```
end mouseUp
```

Background Button "Neue Karte"

```
on mouseUp
  go last card of this bkgnd
  domenu "new Card"
  click at (item 1 of the loc of bkgnd field 1),¬
  (item 2 of the loc of bkgnd field 1)-10
end mouseUp
```

Background Button "Prev"

```
on mouseUp
  visual effect wipe right
  go to previous card
end mouseUp
```

Background Button "Next"

```
on mouseUp
  visual effect wipe left
  go to next card
end mouseUp
```

Background "Report-Karte"

Background Button "Next"

```
on mouseUp
  visual effect wipe left
  go to next card
end mouseUp
```

Background Button "Prev"

```
on mouseUp
  visual effect wipe right
  go to previous card
end mouseUp
```

Background Button "Return"

```
on mouseUp
  visual effect iris close
```

```
    pop card
end mouseUp


Card Button "Home"

on mouseUp
   visual effect iris open
   go Home
end mouseUp


Card Button "Sort nach Autor"

on mouseUp
   sort by bkgnd field "Autor"
end mouseUp


Card Button "Finde String"

on mouseUp
   ask "Was soll gesucht werden?"
   if it is empty then exit mouseUp
   put "find characters" && quote & it & quote
   do message
   if the result is "not found"
   then answer "Nicht gefunden!!"
   hide message
end mouseUp


Card Button "Export zu Word"

on mouseUp
   answer "Report in Word exportieren?" ¬
   with "Ja" or "Nein"
   if it is "Nein" then exit mouseup
   put "Text File" into filename
   open file filename
   write card field Liste to file filename
   open "HD-40:HyperCard:Text File" with "Microsoft Word"
   close file filename
end mouseUp


Card Button "generate Report"

on mouseUp
```

```
  ask "Suchkriterium; " & quote & "*" & quote & "für ¬
  Gesamtliste" with "*"
  if it is empty then exit mouseup
  put empty into card field "Liste"
  set the cursor to 4
  set lockscreen to true
  set lockmessages to true
  put empty into temp
  sort by bkgnd field "autor"
  repeat with i= 3 to the number of cards
    go card i
    put false into found
    repeat with j=1 to the number of bkgnd fields
      if (it is in bkgnd field j) OR (it is "*") then
        put "ich arbeite an Karte"&&i&&"von insgesamt"&&¬
        the number of cards&&"Karten." into message
        put bkgnd field 1 &&tab after temp
        put bkgnd field 2 &&tab after temp
        put bkgnd field 3 &&tab after temp
        put bkgnd field 4 &&tab after temp
        put bkgnd field 5 &&tab after temp
        put return after temp
        exit repeat
      end if
    end repeat
  end repeat
  hide message
  go card "Report-Karte"
  set lockscreen to false
  set lockmessages to false
  put "Report für String"&&it&&return into card field ¬
  "Liste"
  put "=========================================" ¬
  &&return after card field "Liste"
  put temp after card field "Liste"
end mouseUp
```

Background "Find-Karte"

```
Background Button "Next"
on mouseUp
  visual effect wipe left
  go to next card
end mouseUp

Background Button "Prev"
on mouseUp
  visual effect wipe right
  go to previous card
end mouseUp

Card Button "Find"
on mouseUp
  ask "Suchbegriff eingeben?"
  if it is empty then exit mouseUp
  put empty into card field "Report1"
  put empty into temp
  put empty into backid
  lock screen
  repeat
    put "find characters" && quote & it & quote
    type return
    put the result into success
    put the short id of this card into newid
    -- "success darf erst jetzt getestet werden, da "newid"
    -- zuerst neu gesetzt werden muss.
    if (success is "not found")  then
      put it &&"nicht gefunden" into temp
      exit repeat
    end if
    if ((newid is in temp) AND (newid is not backid)) ¬
    OR ((newid is backid) AND (the number of lines of ¬
    temp is 1)) then exit repeat
    put it && newid &return after temp
    put newid into backid
    go next card
  end repeat
  go card "Find-Karte"
  hide message
```

```
    put temp into card field "Report1"
    unlock screen
end mouseUp
```

Card Field "Report1"

```
on mouseup
  put texthi() into temp
  if isnumeric(temp) then
    push card
    go card id temp
  else
    select empty  -- um Selektion aufzuheben
    beep
  end if
end mouseup


function texthi
  -- selektiere den Text
  set locktext of the target to false
  click at the clickloc
  click at the clickloc
  set locktext of the target to true
  put the selection into key
  if the selection is not empty then return key
  else return empty
end texthi


function isnumeric string
  -- kontrolliere ob string Zahl oder Character ist
  if string is empty then return false
  repeat with i=1 to the number of chars of string
    put the chartoNum of char i of string into asciiCode
    if (asciiCode < 48) OR (asciiCode > 58) then return false
  end repeat
  return true
end isnumeric
```

3.3   Spreadsheet Notenverwaltung (HyperCard-Beispiel)

3.3.1   Überblick

Das zweite Beispiel dieses Kapitels soll die Anwendung von HyperCard für kompliziertere Tabellenkalkulations-Anwendungen illustrieren. Einfachere Anwendungen werden schneller direkt in einem Spreadsheet-Programm wie Excel oder Multiplan geschrieben. Sobald allerdings im Hintergrund komplexere Funktionen als gerade die eingebauten Standardfunktionen auszuführen sind oder wenn sogar Erklärungskomponenten zugefügt werden sollen, so lohnt sich der zusätzliche Aufwand einer Entwicklung in HyperCard.

Mit der im folgenden beschriebenen HyperCard-Applikation soll ein Lehrer die Noten seiner Schüler verwalten können. Pro Klasse und Semester wird ein HyperCard-Stack verwaltet. Der Stack enthält zwei verschiedene Arten von Cards (d.h. zwei Backgrounds). Für jedes Fach führt der Lehrer eine Karte, auf der er die Noten der Klasse pro Prüfung nachführt. Ausserdem hat es noch eine Auswertungskarte, die nur einmal im Stack vorhanden ist. Auf der Auswertungskarte wird durch Anklicken eines Buttons automatisch das Zeugnis der ganzen Klasse erzeugt. Bei der Berechnung des Notendurchschnitts der Schüler können die einzelnen Fächer durch Einfügen einer Hypertalk-Programmzeile entsprechend den Vorschriften der Schule gewichtet werden.

3.3.2   Konstruktionsbeschreibung

Background "Faecher"

Jedes Fach wird mit einer Karte dieses Typs beschrieben, d.h. pro Fach enthält der Stack eine solche Karte (Fig. 3.4).

Deutsch	2.3	5.4	23.12						L3c
Affentranger, Beatrice	2	2	5	4					3.25
Jacobi, Felix	5.5	4	5	5					4.88
Meier, Willi	4	5	5	6					5
Stolze, Willi	6	5.5	4						5.17
Meienberg, Niklaus	3.5	6	6						5.17
Räber, Corinne	4	3	5.5						4.17
Lederer, Werner	5		4						4.5
Stucki, Rolf		2	4						3
Eckhardt, Regula		3	3						3
Neiditsch, Maja		4	5						4.5
Klinger, Alfred	5	5.5	3.5	6					5
	4.38	4	4.55	5.25					

Fig. 3.4 Fächerkarte

Jede Zeile in der Tabelle, die auf einer solchen Karte dargestellt ist, enthält die Daten eines Schülers. Ganz links wird der Name des Schülers notiert, anschliessend werden die Noten der einzelnen Klausuren festgehalten und am Schluss der Zeile wird der aktuelle Durchschnitt gespeichert.

Background Fields und Buttons (Fig. 3.5):

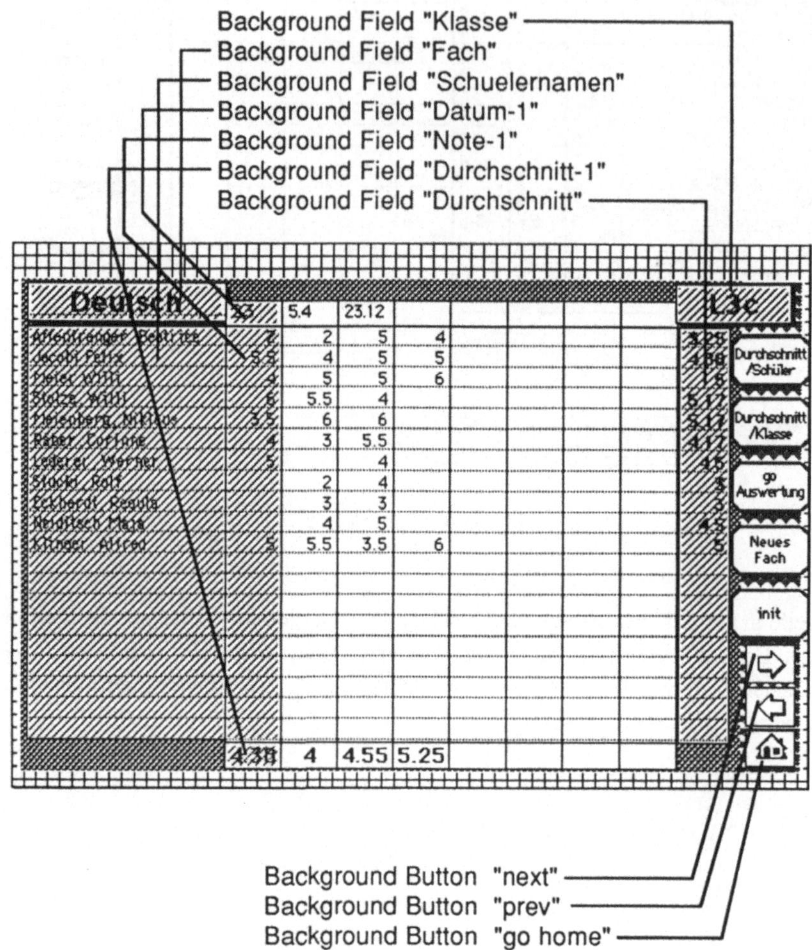

Fig. 3.5 Fächerkarte mit Objektbezeichnungen

Background Field "Schuelernamen":

In diesem Feld werden die Namen der einzelnen Schüler festgehalten. Das Feld hat in diesem Beispiel *zwanzig* Zeilen, so dass eine Klasse maximal zwanzig Schüler umfassen kann. Falls grössere Schulklassen zugelassen werden sollen, so kann bei entsprechender Anpassung der Scripts die Zeilenzahl des Feldes nach oben erweitert werden.

Bei jeder Modifikation dieses Feldes sollen automatisch die Schülernamen auf den anderen Karten ebenfalls nachgeführt werden, da angenommen wird, dass in jedem Fach alle Schüler einer Klasse geführt werden sollen, d.h. dieses Feld soll auf allen Karten die gleichen Daten enthalten. Diese globale Aktualisierung wird mit Hilfe eines `closefield`-Handlers im Script des Feldes vorgenommen:

```
on closefield
  put me into temp
  repeat with i = 1 to the number of cards
    put temp into bkgnd field "schuelernamen" of card i
  end repeat
end closefield
```

Background Field "Klasse":

Dieses Feld wird bei einer Änderung ebenfalls automatisch auf allen Karten nachgeführt und enthält die Bezeichnung der Klasse. Zu diesem Zweck enthält das Script des Feldes ebenfalls einen `closefield`-Handler analog zum Background Field "Schuelernamen".

```
on closefield
  put me into temp
  repeat with i = 1 to the number of cards
    put temp into bkgnd field "Klasse" of card i
  end repeat
end closefield
```

Background Field "Fach":

Dieses Feld enthält die Bezeichnung des Faches, dessen Noten auf der entsprechenden Karte gespeichert werden.

Background Fields "Datum-1" bis "Datum-8":

In diesen *acht* Feldern werden die Daten der Notenvergabe für die maximal acht Notenwerte geführt. Es können auch mehr als acht Klausuren geführt werden, der Bildschirmplatz wird dann allerdings knapp! In diesem Fall müssen entsprechend mehr Felder "Datum-n", "Note-n" und "Durchschnitt-n" (n in{9,10,...}) erzeugt werden Mit acht parallelen Spalten lässt sich ein noch einigermassen befriedigendes Layout auf der (kleinen) HyperCard-Kartenfläche erreichen.

Background Fields "Note-1" bis "Note-8":

In diesen acht Feldern werden die Noten der einzelnen Schüler eingetragen. In jeder

Spalte werden die Noten zu einer Klausur festgehalten. Eine Spalte hat hier zwanzig Zeilen, so dass eine Klasse maximal zwanzig Schüler umfassen kann. Auch diese Begrenzung kann natürlich (entsprechend dem Feld "Schuelernamen") nach oben erweitert werden.

Background Fields "Durchschnitt-1" bis "Durchschnitt-8":
In diese acht Felder wird der durch Anklicken des Buttons "Durchschnitt/Klasse" berechnete Klassendurchschnitt zu der in der obenstehenden Spalte stehenden Klausur eingetragen.

Background Field "Durchschnitt":
In dieses Feld wird der durch Anklicken des Buttons "Durchschnitt/Schüler" berechnete Durchschnitt pro Schüler eingetragen, so dass jederzeit der Stand jedes Schülers im entsprechenden Fach abgelesen werden kann.

Background Button "Durchschnitt/Klasse":
Durch Anklicken dieses Buttons wird der Klassendurchschnitt aller in dieser Karte enthaltenen Klausuren neu berechnet und in die Background Fields "Durchschnitt-1" bis "Durchschnitt-8" eingetragen.

Background Button "Durchschnitt/Schueler":
Auf Anklicken dieses Buttons hin wird der Fächerdurchschnitt der einzelnen Schüler aus den auf dieser Karte enthaltenen Noten neu berechnet und in die Zeilen von Background Field "Durchschnitt" eingetragen. Dazu werden in zwei verschachtelten Repeat-Schlaufen in der äusseren Schlaufe die zwanzig Schüler und in der inneren Schlaufe die acht Spalten durchlaufen und innerhalb der inneren Schlaufe die Summe aller Noten der Spalte durch die Anzahl der Zeilen dieser Spalte, die nicht leer sind, geteilt. Der Name der Spalte, d.h. "Note-xx" und des Feldes, in das der Durchschnitt zu schreiben ist, d.h. "Durchschnitt-xx" werden dynamisch innerhalb der Repeat-Schleife mit Hilfe der Hypertalk-String-Operatoren gebildet:

```
repeat with i= 1 to 8
  -- initialisiere temporäre Feldnamen
  put "Note-"&i into notenname
  if line j of bkgnd field notenname is not empty …
```

In der temporären Variablen notenname ist z.B. für i=2 der String "note-2" enthalten, so dass also im obigen Beispiel die Anzahl Zeilen von Background Field "note-2" angesprochen wären. Das vollständige Script dieses Buttons lautet:

```
on mouseUp
  put empty into bkgnd field "Durchschnitt"
  set the cursor to 4
```

```
repeat with j = 1 to 20 -- für alle Schüler
  put empty into temp
  put 0 into anznoten
  repeat with i = 1 to 8
    -- initialisiere temporäre Feldnamen
    put "Note-"&i into notenname
    if line j of bkgnd field notenname is not empty then
      add line j of bkgnd field notenname to temp
      add 1 to anznoten
    end if
  end repeat
  set the numberformat to "0.##"
  if anznoten is 0 then  -- keine Noten für diesen
                         -- Schüler
    put empty into line j of bkgnd field "Durchschnitt"
  else
    put temp/anznoten into line j of bkgnd field ¬
    "Durchschnitt"
  end if
end repeat
end mouseUp
```

Mit der Anweisung `set the numberformat to "0.##"` wird die Ausgabe des Durchschnittswertes auf zwei Stellen nach dem Komma festgelegt.

Background Button "init":

Die Noten aller Schüler und die alten Durchschnittswerte werden gelöscht.

Background Button "Neues Fach":

Es wird eine neue Fächerkarte zugefügt. In die neu erzeugte Fächerkarte werden die Bezeichnung der Klasse und die Namen aller Schüler der Klasse von der Karte, von der der Befehl aufgerufen wurde, übernommen und auf die neu erzeugte Fächerkarte kopiert.

Background Button "go Auswertung":

Damit kann direkt zur Auswertungskarte gesprungen werden.

Background Buttons "next" und "prev":

Mit diesen Buttons kann innerhalb des Stacks nach rechts bzw. nach links geblättert werden.

Background "Auswertung"

Die Auswertungskarte (Fig. 3.6) ist pro Stack nur einmal vorhanden, d.h. dieser Background enthält nur eine einzige Karte.

Auswertung	Deutsch	Singen	Französisch	Mathematik				L3c	
Affentranger Beatrice	3.25	3	5	3.5				3.79	Durchschnitt /Schüler
Jacobi Felix	4.88	5	3	5				4.39	
Meier Willi	5	6	4.75	5.75				5.29	
Stolze, Willi	5.17	4	3	2.5				3.62	Durchschnitt /Klasse
Meienberg, Niklaus	5.17	4.5	3	3.75				4.05	
Räber, Corinne	4.17	3	4	2				3.33	
Lederer, Werner	4.5	5	4.25	5				4.64	
Stucki, Rolf	3	5.5	4.25	6				4.57	Auswertung
Eckhardt, Regula	3	4.5	3.5	3.5				3.5	
Neiditsch, Maja	4.5	6	4.75	4				4.64	
Klinger, Alfred	5	5	4.5	4				4.57	
	4.33	4.68	4	4.09					

Fig. 3.6 Auswertungskarte

Mit Hilfe der Auswertungskarte kann automatisch sofort das Zeugnis erzeugt werden. Wenn auf der Auswertungskarte gearbeitet wird, so wird vom System vorausgesetzt, dass zuvor auf allen Fächerkarten die korrekten Notenwerte eingetragen und die Durchschnittswerte pro Schüler unter Verwendung der Buttons "Durchschnitt/Klasse" und "Durchschnitt/Schueler" berechnet worden sind. Obwohl diese Karte nur einfach vorhanden ist und deshalb Fields und Buttons als Karten-Objekte angelegt werden könnten, werden diese als Background Fields bzw. Background Buttons erzeugt, um die Scripts des vorhergehenden Backgrounds "Faecher" soweit als möglich unverändert übernehmen zu können.

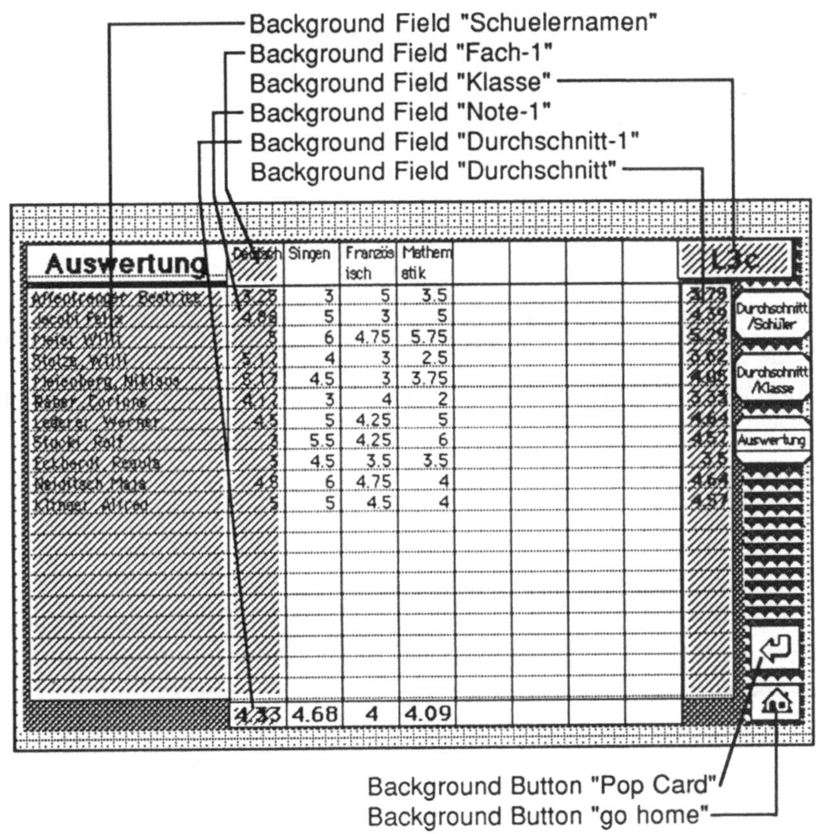

Fig.3.7 Auswertungskarte mit Objektbezeichnungen

Background Field "Schuelernamen":

> Auch hier muss die Zeilenzahl entsprechend der Anzahl Zeilen der Background Fields "Schuelernamen", "Note-n" und "Durchschnitt" gewählt werden. Im hier beschriebenen Beispiel wurde die Anzahl Zeilen auf zwanzig festgesetzt. Das Background Field "Schuelernamen" wurde bereits bei der Eingabe der Schülernamen auf irgend einer Fächerkarte vom System korrekt eingefüllt, kann aber auch auf dieser Karte noch geändert werden, worauf die Änderungen mit Hilfe eines `closefield`-Handlers auf die "Schuelernamen"-Felder im Background "Faecher" übertragen werden.

Background Field "Klasse":

Dieses Feld wird ebenfalls durch einen `closefield`-Handler automatisch nachgeführt, kann aber auch auf dieser Karte noch geändert werden.

Background Fields "Fach-1" bis "Fach-8":

In diese Felder werden automatisch nach Anklicken des Buttons "Auswertung" die Fächernamen der im Stack enthaltenen Fächerkarten eingefüllt. In diesem Beispiel wurde die Anzahl möglicher Fächer auf acht festgelegt, es können aber auch mehr zugelassen werden, falls dafür entsprechend mehr Felder "Fach-n" und "Note-n" (n in {9,10,...}) erzeugt werden.

Background Fields "Note-1" bis "Note-8":

In die Zeilen dieser Felder werden automatisch nach Anklicken des Buttons "Auswertung" die Durchschnittswerte pro Fach der einzelnen Schüler aus den "Durchschnitts"-Feldern der einzelnen Fächerkarten übernommen.

Background Fields "Durchschnitt-1" bis "Durchschnitt-8":

Hier wird der durch Anklicken des Buttons "Durchschnitt/Klasse" neu berechnete Klassendurchschnitt zu den einzelnen Fächern eingetragen.

Background Field "Durchschnitt":

In dieses Feld wird der durch Anklicken des Buttons "Durchschnitt/Schüler" berechnete Gesamtdurchschnitt pro Schüler eingetragen, so dass jederzeit der Stand jedes Schülers abgelesen werden kann.

Background Button "Durchschnitt/Klasse":

Durch Anklicken dieses Buttons wird der Klassendurchschnitt aller in der Auswertungskarte enthaltenen Fächer neu berechnet und in die Background Fields "Durchschnitt-1" bis "Durchschnitt-8" eingetragen. Das Script dieses Buttons kann unverändert vom Button "Durchschnitt/Klasse" des Backgrounds "Faecher" übernommen werden.

Background Button "Durchschnitt/Schueler":

Durch Anklicken dieses Buttons wird der Gesamtdurchschnitt der einzelnen Schüler aus den auf dieser Karte enthaltenen Noten neu berechnet und in die Zeilen von Background Field "Durchschnitt" eingetragen. *Die Gewichtung der einzelnen Fächer muss manuell in das Skript dieses Buttons eingetragen werden:* Im folgenden Script werden die Fächer Mathematik, Französisch und Deutsch doppelt gewichtet. Die temporäre Variable "anznoten", durch deren Inhalt die Summe der gewichteten Noten (in der Variablen "temp" gespeichert) dividiert wird, muss deshalb entsprechend der Gewichtung der einzelnen Fächer berechnet werden. Die innere Repeat-Schlaufe (für einen Schüler) sieht dann folgendermassen aus:

```
repeat with i = 1 to 8
  -- initialisiere temporäre Feldnamen
  put "Note-"&i into notenname
  put "Fach-"&i into fachname
  if line j of bkgnd field notenname is not empty then
    ------------------------------------------------
    -- Bestimmung der Gewichte für einzelne Fächer
    if bkgnd field fachname is "Mathematik" then
      put 2 into gewicht
    else if bkgnd field fachname is "Französisch" then
      put 2 into gewicht
    else if bkgnd field fachname is "Deutsch" then
      put 2 into gewicht
    else
      put 1 into gewicht
    end if
    -- gewicht für sämtliche Fächer bestimmt
    ------------------------------------------------
    add (line j of bkgnd field notenname * gewicht) to temp
    add gewicht to anznoten
  end if
end repeat
set the numberformat to "0.##"
put temp/anznoten into line j of bkgnd field "Durchschnitt"
```

Background Button "Auswertung":

> Mit diesem Button werden automatisch alle Fächerkarten durchgegangen und die entsprechenden Notenwerte in die Auswertungskarte übertragen: Die Fachbezeichnungen werden in die Background Fields "Fach-1" bis "Fach-8" der Auswertungskarte eingetragen und die Durchschnittswerte der einzelnen Schüler spaltenweise pro Fach in die Background Fields "Note-1" bis "Note-8" eingefüllt.

3.3.3 Hypertalk-Scripts

```
Background "Faecher"


Background Field "Schuelernamen"
on closefield
  put me into temp
```

```
      repeat with i = 1 to the number of cards
        put temp into bkgnd field "Schuelernamen" of card i
      end repeat
end closefield
```

Background Field "Klasse"

```
on closefield
  put me into temp
  repeat with i = 1 to the number of cards
    put temp into bkgnd field "Klasse" of card i
  end repeat
end closefield
```

Background Button "Next"

```
on mouseUp
  visual effect scroll left
  go to prev card
end mouseUp
```

Background Button "Prev"

```
on mouseUp
  visual effect scroll left
  go to prev card
end mouseUp
```

Background Button "Durchschnitt/Klasse"

```
on mouseUp
  set the cursor to 4
  repeat with i= 1 to 8
    put "Durchschnitt-"&i into feldname
    put empty into bkgnd field feldname
  end repeat
  repeat with i= 1 to 8
    put empty into temp
    -- initialisiere temporäre Feldnamen
    put "Note-"&i into notenname
    put "Durchschnitt-"&i into durchschnittname
    put the number of lines of bkgnd field notenname ¬
    into anzlines
    if anzlines is 0 then -- leere Notenspalte
```

```
            put empty into bkgnd field durchschnittname
            next repeat
        end if
        put anzlines into anznoten
        repeat with k = 1 to anzlines
            -- falls Leerzeilen zwischen den Noten vorhanden
            -- sind,so sollen diese überlesen werden
            if line k of bkgnd field notenname is empty then
                subtract 1 from anznoten
            else
                add line k of bkgnd field notenname to temp
            end if
        end repeat
        set the numberformat to "0.##"
        put temp/anznoten into bkgnd field durchschnittname
    end repeat
end mouseUp


Background Button "Durchschnitt/Schueler"
on mouseUp
    put empty into bkgnd field "Durchschnitt"
    set the cursor to 4
    repeat with j = 1 to 20 -- für alle Schüler
        put empty into temp
        put 0 into anznoten
        repeat with i = 1 to 8
            -- initialisiere temporäre Feldnamen
            put "note-"&i into notenname
            if line j of bkgnd field notenname is not empty then
                add line j of bkgnd field notenname to temp
                add 1 to anznoten
            end if
        end repeat
        set the numberformat to "0.##"
        if anznoten is 0 then   -- keine Noten für diesen
                                -- Schüler
            put empty into line j of bkgnd field "Durchschnitt"
        else
            put temp/anznoten into line j of bkgnd field¬
            "Durchschnitt"
```

```
      end if
    end repeat
end mouseUp


Background Button "Neues Fach"

on mouseUp
   answer "Wirklich neue Fächerkarte zufügen?" with "Ok"¬
   or "Cancel"
   if it is "Cancel" then exit mouseup
   put bkgnd field "Schuelernamen" into temp1
   put bkgnd field "Klasse" into temp2
   domenu "new Card"
   put temp1 into bkgnd field "Schuelernamen"
   put temp2 into bkgnd field "Klasse"
end mouseUp


Background Button "go Auswertung"

on mouseUp
   push card  -- mit "pop" kommt man zurück
   visual effect iris open to black
   visual effect iris close
   go card "Auswertung"
end mouseUp


Background Button "init"

on mouseUp
   answer "Wirklich alle Noteneinträge löschen?" with
   "Ok" or "Cancel"
   if it is "Cancel" then exit mouseup
   repeat with k = 1 to 8 -- für jede Notenspalte
     -- konstruiere temporäre Feldnamen
     put "Note-"&k into tempnote
     put "Durchschnitt-"&k into tempdurchschnitt
     put "Datum-"&k into tempdatum
     put empty into bkgnd field tempnote
     put empty into bkgnd field tempdurchschnitt
     put empty into bkgnd field tempdatum
   end repeat
end mouseUp
```

Background   "Auswertung"

Background Field "Schuelernamen"
`closefield`-Handler gleich wie in Background "Faecher".

Background Field "Klasse"
`closefield`-Handler gleich wie in Background "Faecher".

Background Button "Durchschnitt/Schueler"

```
on mouseUp
  set the cursor to 4
  put empty into bkgnd field "Durchschnitt"
  repeat with j = 1 to 20 -- für alle Schüler
    put empty into temp
    put 0 into anznoten
    repeat with i = 1 to 8
      -- initialisiere temporäre Feldnamen
      put "Note-"&i into notenname
      put "Fach-"&i into fachname
      if line j of bkgnd field notenname is not empty then
        ------------------------------------------------
        -- Bestimmung der Gewichte für einzelne Fächer
        if bkgnd field fachname is "Mathematik" then
          put 2 into gewicht
        else if bkgnd field fachname is "Französisch" then
          put 2 into gewicht
        else if bkgnd field fachname is "Deutsch" then
          put 2 into gewicht
        else
          put 1 into gewicht
        end if
        -- Gewicht für sämtliche Fächer bestimmt
        ------------------------------------------------
        add (line j of bkgnd field notenname * gewicht) ¬
        to temp
        add gewicht to anznoten
      end if
    end repeat
    set the numberformat to "0.##"
```

```
      if anznoten is 0 then   -- keine Noten für diesen
                              -- Schüler
        put empty into line j of bkgnd field "Durchschnitt"
      else
        put temp/anznoten into line j of bkgnd field ¬
        "durchschnitt"
      end if
  end repeat
end mouseUp
```

Background Button "Durchschnitt/Klasse"
Gleich wie Script von Background Button "Durchschnitt/Klasse" in Background "Faecher".

Background Button "Auswertung"
```
on mouseUp
  put the short id of this card into backid

  -- initialisiere Felder
  put empty into bkgnd field "Durchschnitt"
  repeat with i = 1 to 8
    put "Durchschnitt-"&i into durchschnittname
    put "Fach-"&i into fachname
    put "Note-"&i into notename
    put empty into bkgnd field durchschnittname
    put empty into bkgnd field fachname
    put empty into bkgnd field notename
  end repeat

  -- hole neue Daten
  repeat with i = 1 to the number of cards of bkgnd ¬
  "Faecher"
    if i > 8 then
      answer "Maximal 8 Fächer auswertbar!"
      exit mouseup
    end if
    go card i of bkgnd "Faecher"
    put bkgnd field "fach" into fachbezeichnung
    put bkgnd field "durchschnitt" into notendurchschnitt
    put "note-"&i into notenname
    put "Fach-"&i into fachname
```

```
      go card id backid
      put fachbezeichnung into bkgnd field fachname
      put notendurchschnitt into bkgnd field notenname
   end repeat
end mouseUp
```

4 Hypermedia-Animationen mit HyperCard

4.1 *HyperCard für animierte Präsentationen*

Apple stellt mit HyperCard ein Werkzeug zur Verfügung, das ausgezeichnet für die Erstellung einfacher Animationen geeignet ist. Damit sind mit HyperCard erstellte Animationen sofort auf jedem Macintosh einsetzbar, ohne dass zuerst noch ein teueres und schwer erhältliches Zusatzprodukt erworben werden muss. Es muss allerdings an dieser Stelle betont werden, dass die unter HyperCard erzeugten Bilder im Vergleich mit den Bildern, die auf einer Grafik-Workstation wie einer Apollo oder einer Sun erzeugt werden können, von minderer Qualität sind. HyperCard kann nur einfache Schwarz-Weiss-Bilder ohne Grauwerte bearbeiten. Diese Beschränkung wurde von den HyperCard-Entwicklern bewusst in Kauf genommen, da jede HyperCard-Applikation auch auf dem Macintosh Plus mit Schwarz-Weiss-Bildschirm und mit einem Motorola 68000 Prozessor lauffähig sein muss. Auf dem Monitor des Macintosh II, der mit einem Motorola 68020 ausgerüstet ist, wären, insbesondere bei der maximalen Hauptspeichererweiterung auf 8 Megabyte, (Farb-) Bilder in höherer Qualität möglich gewesen. Diese Funktionalität kann zwar mittlerweile mit Hilfe von external commands (XCMD's) HyperCard zugefügt werden, ist aber noch nicht in HyperCard integriert. Aber auch die Qualität dieser Bilder kann natürlich nicht mit der Qualität von Bildern, wie sie z.B. auf einer Silicon Graphics Iris Workstation erzeugt werden können, verglichen werden. Für die Algorithmen-Animation sind diese Nachteile sekundär, da die Einfachheit in der Manipulation der grafischen Objekte und die Einbindung in eine optimale Benutzerschnittstelle mit integrierter Programmiersprache mehr ins Gewicht fallen als eine optimale Bildqualität.

Die in HyperCard integrierte Programmiersprache Hypertalk ist als (zumindest teilweise) objektorientierte Sprache sehr gut geeignet für Simulationszwecke. Gerade bei komplexeren Algorithmen können die dort verwendeten Objekte in Hypertalk nachgebildet und als aktive Entitäten angesprochen werden. Auch ermöglicht Hypertalk die Verwendung eines "ereignisgesteuerten Programmierstils" (event driven programming), indem die HyperCard-Objekte sowohl auf Systemereignisse als auch auf vom Benutzer definierte Ereignisse durch die Ausführung einer benutzerdefinierten Ereignisbehandlungsroutine reagieren können. Spätestens seit der Definition der klassenbasierten Sprache Simula [Dah70] und dem Einsatz von Smalltalk-80 [Gol83] für Simulationen hat die Verwendung des Event-Begriffs für die Simulation komplexer Vorgänge weite Verbreitung gefunden. Hypertalk ermöglicht die Modellierung von Vorgängen der realen Welt, indem die HyperCard-Objekte in der Lage sind, durch die Ausführung einer Ereignisbehandlungsroutine auf den Eintritt eines Ereignisses zu reagieren. Fig. 4.1. gibt ein einfaches Beispiel für die Bearbeitung von Ereignissen in HyperCard: Auf dem Bildschim ist eine Karte mit einem Button namens "Testbutton" dargestellt. Wenn auf dem Button das Ereignis "MouseUp" ausgelöst wird, d.h. die Maustaste losgelassen wird, so wird die Methode "PaintExample" ausgeführt, die im Script der Karte definiert worden ist. (Für eine ausführlichere Erläuterung von (Fig. 4.1) siehe 2.3.3 "Objektorientierte Programmierung am Beispiel HyperCard" Abschnitt "Ereignisgesteuerte Programmierung".)

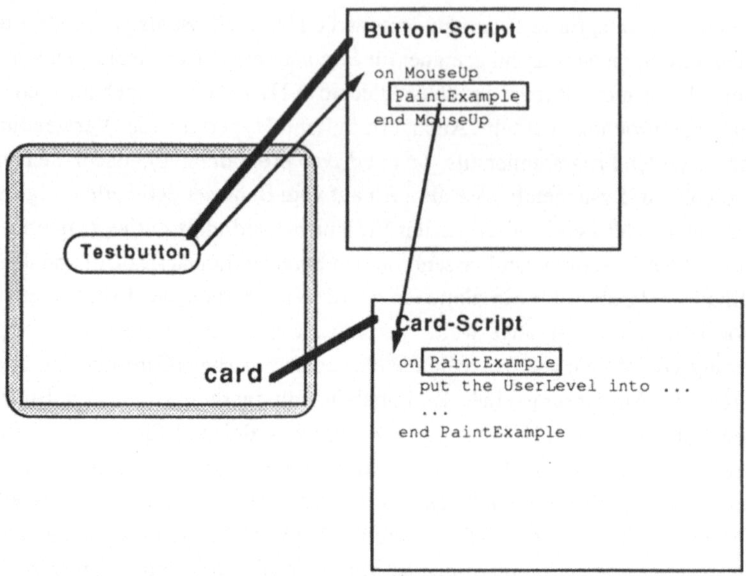

Fig. 4.1 Ereignisbehandlung in HyperCard

Grundsätzlich bietet HyperCard zwei Techniken zur Erstellung von Animationen an. Bei der ersten, konzeptionell einfacheren Möglichkeit, mit der sich aber auch komplexe Animationen realisieren lassen, werden in rascher Reihenfolge eine Menge von vorfabrizierten Bildschirmen (Cards) gezeigt. Für die Animation von Algorithmen ist allerdings die zweite Möglichkeit geeigneter: Mit Hilfe der grafischen Befehle von Hypertalk werden zur Laufzeit die sich auf dem Bildschirm befindenden Objekte manipuliert. Ein Grundsatz von Hypertalk lautet:

> "Alles, was der Benutzer in direkter Interaktion auf dem Bildschirm mit
> Maus und Tastatur tun kann, kann auch im Stapelbetrieb mit Hilfe eines
> Hypertalk-Scriptes ohne Benutzereingriffe erreicht werden."

Da auch die Funktionalität eines Zeichenprogrammes von HyperCard angeboten wird, können sämtliche grafischen Editieraktionen scriptgesteuert ablaufen. Besonders elegant wird allerdings die Animation, wenn die in HyperCard vordefinierten Objekte "Field" und "Button" als auf dem Bildschirm zu bewegende Animationsobjekte benützt werden. Als aktive Entitäten sind sie in der Lage, auf den Eintritt eines Ereignisse zu reagieren, so dass der Algorithmus in Hypertalk nachmodelliert werden kann.

Sowohl für den interaktiven Einsatz im Unterricht als auch für Präsentationen an technischen Konferenzen ist die Echtzeitanimation dem "Abspielen" von vorgefertigten Animationssequenzen vorzuziehen. Damit wird es nicht nur möglich, eine Animation jederzeit abzubrechen und an einem beliebigen Punkt wieder aufzusetzen, sondern es können auch zur Laufzeit Parameter verändert und die Auswirkungen auf den Ablauf des Algorithmus demonstriert werden. Eine solche Simulation kann so nicht nur zur Vermittlung der Konzepte an Drittpersonen, sondern auch vom Algorithmenentwickler selbst als wertvolles Werkzeug beim Testen des Algorithmus verwendet werden [Glo89b].

HyperCard-Animationen können sowohl für Präsentationen von komplexen Systemen unter Verwendung von Simulationen als auch zur Erzielung von "Knalleffekten", um die Aufmerksamkeit des Betrachters auf bestimmte Schwerpunkte zu lenken, eingesetzt werden. Im nächsten Abschnitt werden eine Reihe von einfachen Animationstricks vorgestellt, mit denen mit wenigen Zeilen Hypertalk verblüffenden Effekte in Präsentationen und anderen Hyper-Dokumenten erzielt werden können.

4.2 Einfache Animationen für visuelle Effekte (HyperCard-Beispiele)

Dieser Abschnitt enthält eine Reihe von einfachen Animationstricks. Diese Beispiele können sowohl als "Knalleffekte" in einfachen Präsentationen als auch als Bausteine für komplizertere Simulationen verwendet werden.

4.2.1 Bewegen von Text

Der Button "movefield" lässt das Card Field 1 über den Bildschirm hüpfen, Button "paintmessage" schreibt eine Meldung als "painted text" auf die Karte und Button "Aktienmarkt" schreibt (analog zu einem Börsenschreiber) Meldungen als bearbeitbarer Text in das Card Field 1 (Fig. 4.2).

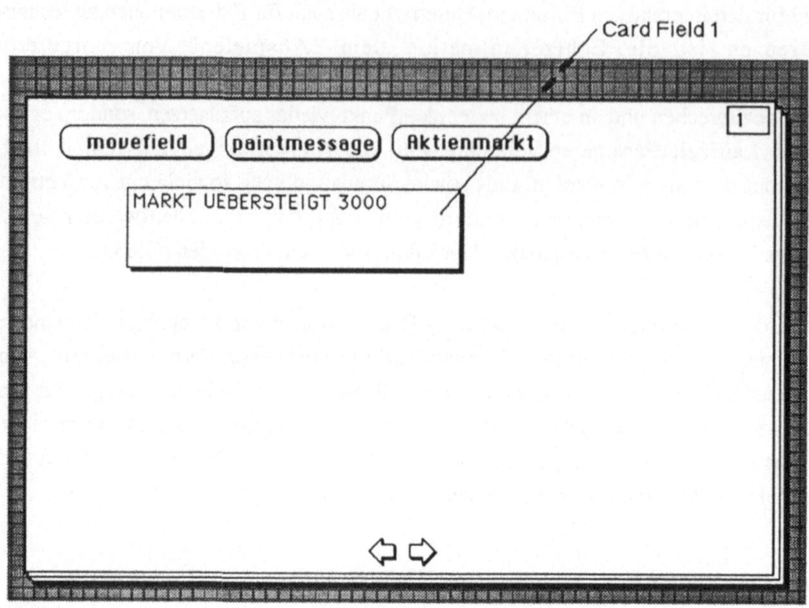

Fig. 4.2 Bewegen von Text

```
Card Button "movefield"
on mouseUp
  get the location of card field 1
  put it into oldloc
  repeat 10
    get the location of card field 1
    add 30 to item 1 of it
    show card field 1 at it
  end repeat
  show card field 1 at oldloc
end mouseUp

Card Button "paintmessage"
on mouseUp
  choose text tool
  set textfont to courier
  set textsize to 14
```

```
   set textstyle to bold
   set textalign to left
   click at 75,271
   type "Die Vorstellung beginnt in 5 Minuten"
   wait 2 secs
   domenu "revert"
   choose browse tool
end mouseUp
```

Card Button "Aktienmarkt"

```
on mouseUp
   select line 1 of card field 1
   type "APPLE 38.5 DEC 91 IBM 119.5"
   wait 120
   select line 1 of card field 1
   type "APPLE 80 DEC 170 IBM 150"
   wait 120
   select line 1 of card field 1
   type "MARKT UEBERSTEIGT 3000"
end mouseUp
```

4.2.2 Bewegen von Buttons

Anklicken des Buttons "changeIcon" verändert einige Male die Ikone von "Button 1" und zieht so die Aufmerksamkeit des Betrachters auf "Button 1". Anklicken von Button "JumpAway" lässt diesen an einen zufällig gewählten anderen Ort davonhüpfen (Fig. 4.3). (Tip: Wenn der Button aus dem Bildschirm gehüpft ist, kann er mit dem Befehl `"set the loc of card button "JumpAway" to 200,200"` wieder auf den Bildschirm gebracht werden.)

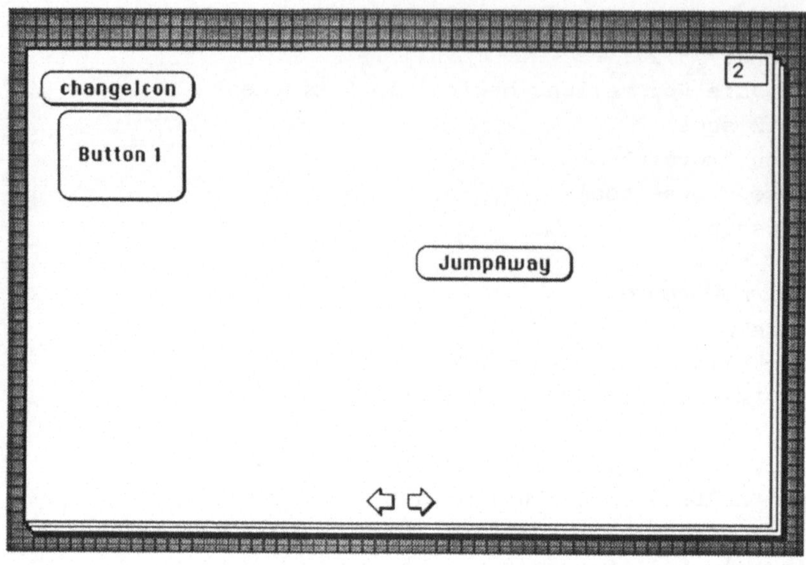

Fig. 4.3 Bewegen von Buttons

```
Card Button "changeIcon"
on mouseUp
  get the icon of card button 1
  repeat 5
    set the icon of card button 1 to 6179
    wait 10
    set the icon of card button 1 to 29484
    wait 10
    set the icon of card button 1 to 19162
    wait 10
    set the icon of card button 1 to 32650
    wait 10
  end repeat
  set the icon of card button 1 to it
end mouseUp

Card Button "JumpAway"
on mouseUp
```

```
show me at the clickH +(-1)^random(2) *random(40),¬
the clickV + (-1)^random(2) * random(40)
end mouseUp
```

4.2.3 Animation von Text

Die drei Buttons "animatetext", "HideAndSeek" und "TheShowGoesOn" illustrieren die
Animation von Textfeldern durch zwischenzeitliche Modifikation der Schriftart (textfont) des
Card Fields und durch die günstige Wahl von visuellen HyperCard-Effekten (Fig. 4.4).

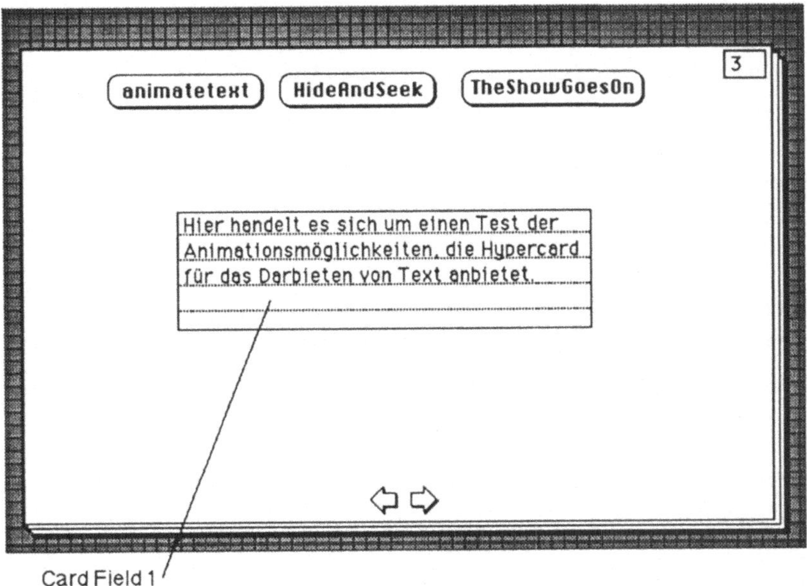

Fig. 4.4 Animation von Text

```
Card Button "animatetext"
on mouseUp
  -- speichere alten Zustand
  put textfont of card field 1 into oldfont
  put textsize of card field 1 into oldsize
  put height of card field 1 into oldheight
  put width of card field 1 into oldwidth
```

```
    put card field 1 into container
    -- Animation
    set height of card field 1 to 120
    set width of card field 1 to 250
    repeat 5
      set textfont of card field 1 to symbol
      set textsize of card field 1 to 18
      put "z" after char 6 of line 1 of card field 1
      put "n" after char 13 of line 1 of card field 1
      put "o" after char 6 of line 2 of card field 1
      put "m" after char 15 of line 2 of card field 1
    end repeat
    -- restauriere alten Zustand
    set textfont of card field 1 to oldfont
    set textsize of card field 1 to oldsize
    set width of card field 1 to oldwidth
    set height of card field 1 to oldheight
    put container into card field 1
end mouseUp
```

Card Button "TheShowGoesOn"

```
on mouseUp
  -- speichere alten Zustand
  put textfont of card field 1 into oldfont
  put textsize of card field 1 into oldsize
  put card field 1 into container
  -- Animation
  repeat 10
    show card button 1
    show card field 1
    hide card button 1
    hide card field 1
  end repeat
  set textfont of card field 1 to Times
  set textsize of card field 1 to 24
  lock screen
  show card field 1
  put "The Show Goes On" into card field 1
  unlock screen with dissolve slow
  wait 1 sec
```

```
  -- restauriere alten Zustand
  show card button 1
  set the textfont of card field 1 to oldfont
  set the textsize of card field 1 to oldsize
  put container into card field 1
end mouseUp
```

Card Button "HideAndSeek"
```
on mouseUp
  -- speichere alten Zustand
  put textsize of card field 1 into oldsize
  put textstyle of card field 1 into oldstyle
  put card field 1 into container
  -- Animation
  hide card field 1
  lock screen
  put "Hide and Seek" into card field 1
  set textsize of card field 1 to 18
  set textstyle of card field 1 to bold
  show card field 1
  unlock screen with barn door open very slow
  wait 1 sec
  -- restauriere alten Zustand
  put container into card field 1
  set textsize of card field 1 to oldsize
  set textstyle of card field 1 to oldstyle
end mouseUp
```

4.2.4 Highlighted Name

Der Button "myNameInLights" lässt einen als Bit-Map abgespeicherten Zeichenstring anwachsen, um so die Aufmerksamkeit des Betrachters auf diesen zu ziehen. Am Schluss der Animation wird der Zeichenstring mit dem Befehl "doMenu "Revert"" wieder auf seine ursprüngliche Grösse zurückgesetzt (Fig. 4.5).

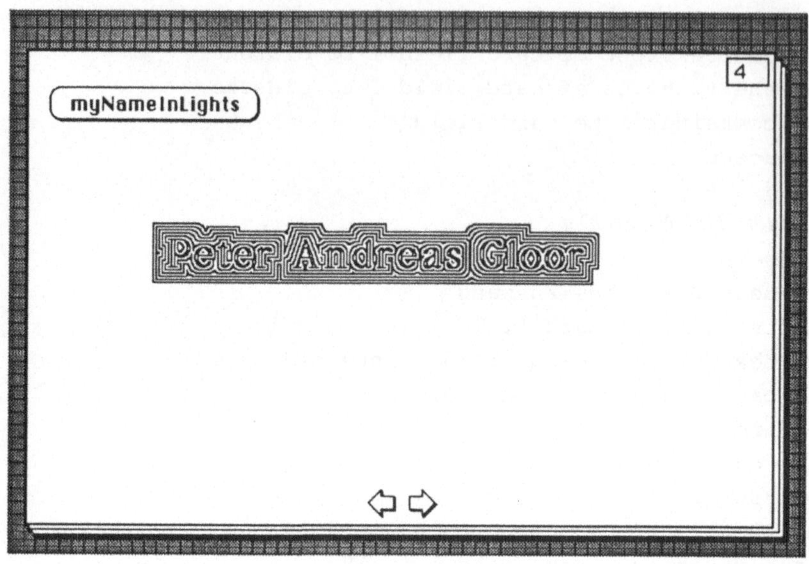

Fig. 4.5 Highlighted Name

```
Card Button "myNameInLights"
on mouseUp
  choose select tool
  domenu "Keep"
  domenu select all
  repeat 10
    domenu "trace edges"
  end repeat
  domenu "revert"
  choose browse tool
end mouseUp
```

4.2.5   Haifisch

Button "Haifisch" zeichnet eine "Haifisch-Flosse", die sich dem Kartenrand entlang bewegt, an den unteren Bildschirm-Rand (Fig. 4.6).

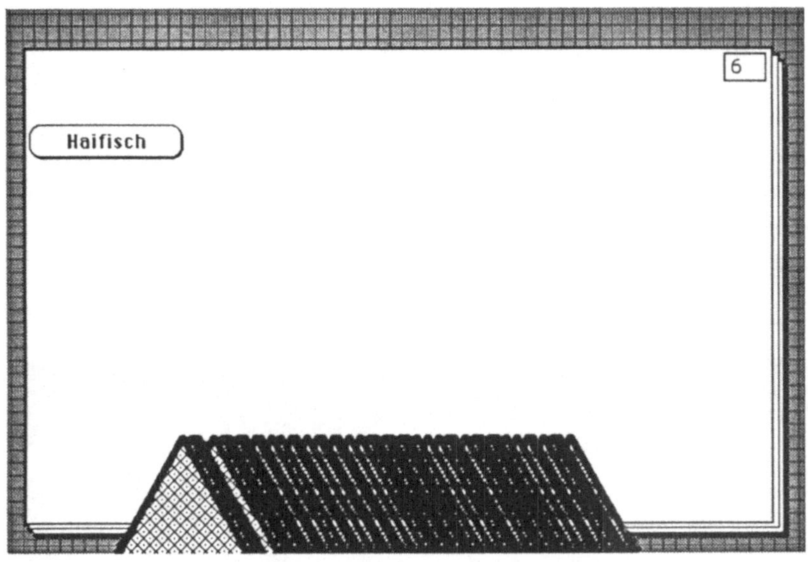

Fig. 4.6 Haifisch

```
Card Button "Haifisch"
on mouseUp
  choose regular polygon tool
  set polysides to 3
  set pattern to random of 40
  set filled to true
  drag from 362,320 to 362,270
  choose select tool
  drag from 306,265 to 420,342
  domenu "copy picture"
  set dragspeed to 200
  play boing tempo 250 "c e c e c e c e"
  drag from 378,283 to 100,283 with¬
  commandkey,optionkey
  domenu "select all"
  domenu "cut picture"
  domenu "revert"
  choose browse tool
end mouseUp
```

4.2.6   Hinter- und Vordergrund-Bilder

Button "picturedemo" illustriert die Überlagerung und Trennung von Background und
Vordergrund-Bildern zur Erzielung von Animationseffekten durch den Gebrauch der
Hypertalk-Befehle {show|hide} {card|background} picture. Damit Card
Button "picturedemo" seine volle Wirkung entfalten kann, wurde auf dem Bild in (Fig. 4.7)
die Karte der USA in den Background gezeichnet, während die Zeitzonen im Vordergrund
der Karte gemalt wurden.

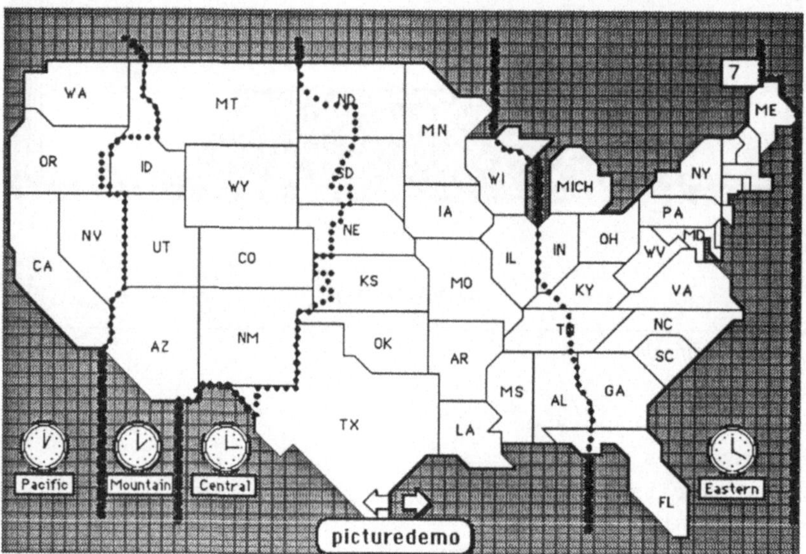

Fig. 4.7 Hinter- und Vordergrund-Bilder

```
Card Button "picturedemo"
on mouseUp
  hide card picture
  hide background picture
  wait 60
  lock screen
  show background picture
  unlock screen with dissolve slow
```

```
wait 60
lock screen
hide background picture
show card picture
unlock screen with checkerboard
wait 60
lock screen
show bkgnd picture
unlock screen with dissolve slow
end mouseUp
```

4.2.7   Langsame Auflösung

Das Script des Buttons "dissolve" zeigt, wie ein Vordergrundbild ganz langsam zum Verschwinden gebracht werden kann.

```
Card Button "slowDissolve"
on mouseUp
   choose select tool
   domenu "select all"
   repeat 50
      domenu "lighten"
   end repeat
   domenu "revert"
   choose browse tool
end mouseUp
```

4.3   Algorithmen-Animationen

Das Verständnis von Informatik-Algorithmen, handle es sich dabei um allgemeine Algorithmen wie z.B. Sortieralgorithmen, aber auch um Algorithmen aus einem Spezialbereich wie Algorithmen zur Synchronisation in verteilten Systemen, bereitet nicht nur dem Studenten, sondern auch dem erfahrenen Informatikspezialisten grosse Mühe. Die Vorteile für das Verständnis solcher Algorithmen durch die Visualisierung mit Hilfe von Animationssequenzen wurden bereits 1981 von Ronald Baecker und David Sherman mit

Hilfe ihres zum Klassiker gewordenen Filmes "Sorting Out Sorting" dem Publikum an der
ACM SIGGRAPH Konferenz in Dallas auf eindrückliche Weise vor Augen geführt.

Im folgenden wird nach einem kurzen Abriss existierender Systeme ein HyperCard-basierter
Ansatz zur Animation von Informatik-Algorithmen vorgestellt.

4.3.1   Existierende Systeme

Marc Brown hat mit seiner Algorithmen-Animationsumgebung **Balsa-II** [Bro88] [Bro88b]
ein System geschaffen, dass allgemein als "state of the art" in diesem Gebiet angesehen wird.
Balsa-II erlaubt es sowohl dem Lehrer als auch dem Studenten, mit vernünftigem Aufwand
eine Animation verschiedenster Algorithmen zu gestalten, die auch auf einer in
Universitätsumgebung zugänglichen Hardware (Macintosh) lauffähig ist. Balsa-II wurde in
Pascal implementiert und gibt dem Animator beträchtliche Freiheit in der Darstellung von
Algorithmen. So können z.B. parallel auf mehreren Bildschirmfenstern verschiedene
Darstellungsformen (Views) des gleichen Algorithmus in ihrem Ablauf beobachtet werden,
um durch verschiedenartige Views des gleichen Algorithmus das Verständnis für den
Algorithmus zu erhöhen. Es ist auch möglich, mehrere verschiedene Algorithmen gleichzeitig
auf dem Bildschirm ablaufen zu lassen, um so z.B. die Effizienz zweier Sortieralgorithmen
für bestimmte Eingabedaten miteinander zu vergleichen. Ein Fenster kann auf dem
Bildschirm in Grösse und Standort modifiziert werden, es kann in das Fenster "gezoomt"
werden, um nähere Details zu erkennen und es können einzelne Bestandteile des Fensters zur
Laufzeit bearbeitet werden, um das Laufzeitverhalten des Algorithmus zu beeinflussen. Der
Ablauf einer Algorithmen-Animation kann mit Hilfe eines "Script-Mechanismus" gespeichert
werden, um so jederzeit wieder abgespielt zu werden, wobei während des Abspielens eines
Scripts am Laufzeitverhalten des Algorithmus erneut Änderungen vorgenommen werden
können.

Die Animation eines in Pascal formulierten Algorithmus erfolgt in Balsa-II in drei Schritten:

- Im ersten Schritt wird das Programm in drei Komponenten aufgeteilt:
    - der Algorithmus selbst
    - die Eingabedaten, die durch den Algorithmus bearbeitet werden
    - die verschiedenen Darstellungsformen (Views) des Algorithmus.

- Im zweiten Schritt werden diese drei Komponenten implementiert, wobei auf eine
  existierende Programmbibliothek z.B. für die Darstellung der Ein- und Ausgabe-
  Ereignisse zurückgegriffen werden kann.

- Im dritten Schritt werden die von Balsa-II zur Verfügung gestellten Views und Eingabegeneratoren mit dem zu animierenden Algorithmus verknüpft.

Solange der Animationsimplementator sich auf bereits existierende Views beschränkt, ist die animierte Darstellung eines neuen Algorithmus einfach. Sobald allerdings nicht Standard-Aglorithmen wie z.B. Synchronisationsprotokolle für verteilte Systeme animiert werden sollen, müssen die Views für diese Algorithmen (mit Hilfe einer Programmbibliothek) in Pascal neu programmiert werden.

Das in den AT&T Bell Labs entwickelte **PARET** [Nic88] soll hier ganz kurz stellvertretend für weitere Simulationsumgebungen für verteilte Systeme erwähnt werden. PARET wurde speziell für die Modellierung von parallelen Systemen entworfen. Im Gegensatz zu Balsa-II soll PARET primär nicht im Unterricht, sondern vom Systemdesigner eines parallelen Systems selbst als Simulationsumgebung eingesetzt werden können. PARET basiert auf einem bestimmten Modell der unterliegenden Hardwarearchitektur und ist in seiner Anwendung auf spezielle Probleme im Zusammenhang mit Mehrprozessorsystemen (multicomputer) eingeschränkt.

Borning und Duisberg haben unter den Bezeichnungen **ThingLab** und **Animus** [Bor81] [Bor86] [Bor86b] sog. constraint-basierte Animationssysteme entwickelt, die auf Smalltalk [Gol83] aufbauen. Bei der Programmierung mit Hilfe von Constraints wird das ganze zu simulierende System mit Hilfe von Konsistenzbedingungen beschrieben, wobei die Einhaltung der Konsistenzbedingungen vom Animationssystem (und nicht vom Programmierer) übernommen wird. Dieses Konzept ist für Simulationen sehr gut geeignet und ermöglicht einen ereignisbasierten Programmierstil (event driven programming), wie er auch in Hypertalk, der zu HyperCard gehörenden Programmiersprache, gepflegt werden kann. Borning und Duisberg beschreiben Anwendungen ihrer Systeme sowohl zur Simulation von physikalischen Systemen (für den Unterricht) als auch zur Simulation eines ganzen Betriebssystems (in der Forschung und Entwicklung).

4.3.2 Didaktische Aspekte

Ziel eines Animationssystems für didaktische Zwecke ist die Veranschaulichung von nicht ohne weiteres einsehbaren dynamischen Vorgängen. Mit Hilfe von Animationen sollen die Zusammenhänge zwischen den einzelnen Komponenten eines Algorithmus sichtbar gemacht werden. Auch können mit einer animierten Darstellung eines Algorithmus Übergänge von einem Zustand in einen anderen erklärt werden.

Das Hauptanliegen des Animationsentwicklers ist das Herausstreichen der relevanten Details und die Vermittlung von Aha-Erlebnissen für den Betrachter der Animation. Durch die Verwendung von dynamischen Effekten müssen diejenigen Punkte des Algorithmus, die besonders schwierig zu verstehen sind, sichtbar gemacht werden. Weitere Schwerpunkte, die sich der Implementator einer Algorithmen-Animation immer vor Augen halten sollte, sind:

- Welche Freiheitsgrade sind trotz der Definition des Algorithmus noch offen?

- Inwieweit ist der Algorithmus eindeutig definiert?

- Wie weit spielt die Dimension der Zeit eine Rolle?

Bei der Entwicklung eines Modells des Algorithmus muss einerseits das Simulationsmodell nach Möglichkeit abstrahiert werden, andererseits müssen aber die schwer verständlichen Punkte im Algorithmus so deutlich wie möglich dargestellt werden. Die auslösenden Faktoren des Algorithmus müssen bei der Modellbildung klar hervorgehoben werden. Der Informationsgehalt der Animation muss so weit reduziert werden, dass der Blick des Betrachters nicht von den relevanten Details abgelenkt wird. Alle vom Wesentlichen ablenkenden Bildschirmzusätze sind wegzulassen. Allgemein gilt das Motto:

"So wenig wie möglich, so viel wie nötig!"

Um ein passendes Modell eines Algorithmus zu finden, soll sich der Animator schrittweise und mit halbgrafischen Mitteln wie z.B. Petrinetzen oder Statusübergangs-Diagrammen den Algorithmus selbst zu veranschaulichen versuchen. Nachdem sich der Animator für ein bestimmtes Modell entschieden hat, muss er sich immer die Frage vor Augen halten, welche "Schnappschüsse" innerhalb des dynamischen Ablaufs des Algorithmus benötigt werden, um dem Betrachter die Möglichkeit zu geben, für ein besseres Verständnis die Animation an diesen Stellen zu unterbrechen.

Da in einem für die Veranschaulichung komplizierter dynamischer Vorgänge gedachten Animationssystem aus didaktischen Gründen mit Vorteil nur eine Bewegung pro Zeiteinheit gezeigt wird, ist das single tasking Betriebssystem des Macintosh in diesem Zusammenhang kein Nachteil.

4.3.3   Realisierung in HyperCard

Bei der Realisation des Systems in HyperCard sind zwei verschiedene Ansätze möglich. Beim einen Ansatz, der z.B. bei Balsa-II gewählt wurde, wird ein allgemein verwendbares Animationssystem implementiert. Bei diesem System werden Views und Algorithmus getrennt, so dass, ausgehend von einer Bibliothek von Views, neue Algorithmen direkt durch Eingabe des Algorithmus in Hypertalk und Auswahl des gewünschten Views animiert werden können. Dieses System wird allerdings relativ schwerfällig, da die Leistungsfähigkeit des Macintosh für das Betreiben einer zusätzlichen Animations-Zwischenschicht zwischen Algorithmus und HyperCard nicht ausreicht (linker Teil von Fig. 4.8). Dies ist zumindest teilweise darin begründet, dass Hypertalk-Code nicht übersetzt, sondern zur Laufzeit interpretiert wird. Auch verliert man durch diese Zwischenschicht ein gewisses Mass an Flexibilität, da auf diese Weise dem Algorithmen-Animator nicht die ganze Funktionalität von HyperCard zur Verfügung steht, sondern nur die im Algorithmen-Animationssystem vorgesehenen Animationseigenschaften.

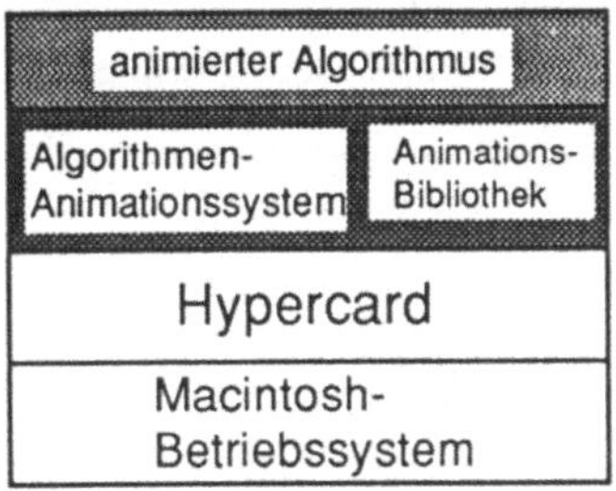
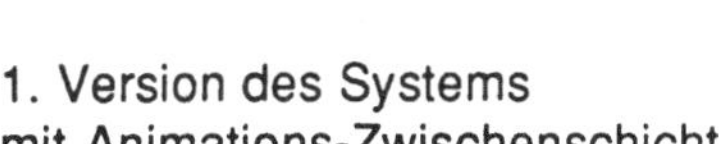
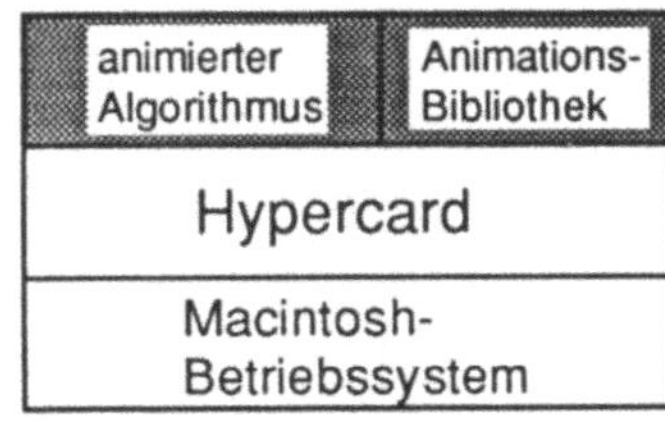

1. Version des Systems
mit Animations-Zwischenschicht

2. Version des Systems
Animation direkt in Hypercard

Fig. 4.8 Aufbau des Animationssystems

Deshalb werden vor allem für einfachere Anwendungen die Animationen besser direkt in Hypertalk implementiert (rechter Teil von Fig. 4.8). Auf einen zusätzlichen Interpreter, der den zu animierenden Algorithmus schrittweise abarbeitet und die gewünschte Animation des Algorithmus vornimmt, wird verzichtet. Der Algorithmus wird in Hypertalk formuliert, wobei die zur Animation notwendigen Befehle mit Hilfe von Bibliothekssubroutinen in den Algorithmen-Code eingefügt werden. Die Trennung zwischen eigentlichem Algorithmus und Animationselementen erfolgt somit an einer klar definierten Schnittstelle. Als durch den Algorithmus zu bewegende Elemente werden die vordefinierten HyperCard-Objekte Button und Field verwendet, deren grafische Erscheinungsform in HyperCard innerhalb gewisser Grenzen frei modifiziert werden kann, indem z.B. die Ikone eines Buttons selbst gezeichnet werden kann. Durch den Verzicht auf die Animationssystem-Zwischenschicht läuft der animierte Algorithmus mit der vollen Geschwindigkeit von HyperCard ab, so dass bei gewissen Algorithmen noch Verzögerungselemente eingebaut werden müssen. Die in diesem

Kapitel beschriebenen Beispiele verwenden alle den zweiten Ansatz. Im Rest dieses Kapitels werden die hier besprochenen Konzepte für die Animation von verschiedenen Informatik-Algorithmen eingesetzt.

4.4 Bubblesort (HyperCard-Beispiel)

Das Standard-Beispiel "Bubblesort" illustriert die bei der Algorithmen-Animation verwendeten Konzepte, indem der Bubblesort-Algorithmus direkt aus einem Lehrbuch wie z.B. [Aho83] entnommen und mit minimalem Aufwand in die Sprache Hypertalk übersetzt werden kann. In [Aho83] wird der Bubblesort-Algorithmus in Pseudocode folgendermassen spezifiziert:

```
for i := 1 to n-1 do
  for j := n down to i+1 do
    if A[j].key < A[j-1].key then
      swap(A[j],A[j-1])
```

Dieser Algorithmus kann nun im einfachsten Fall (es ist eine Liste mit n Zahlen zu sortieren, d.h. die Zahlen selbst sind gerade der Sortierschlüssel) direkt in Hypertalk übersetzt werden (n = 10):

```
repeat with i = 1 to 9
  repeat with j = 10 down to i+1
    if item j of liste > item j-1 of liste then
      swap j, j-1
    end if
  end repeat
end repeat
```

Der Algorithmus wird auf einer HyperCard-Karte animiert dargestellt. Als zu sortierende Elemente werden hier zehn verschieden grosse Card Buttons benützt, die mit Hilfe des Bubblesort-Algorithmus der Grösse nach sortiert werden. Die beiden Animationsprozeduren hilite (für das Anzeigen der auszutauschenden Elemente) und swap (Austauschen eines Elementes) verwenden für die Animation Card Buttons, die in (Fig. 4.9) als hinterlegte Rechtecke dargestellt sind.

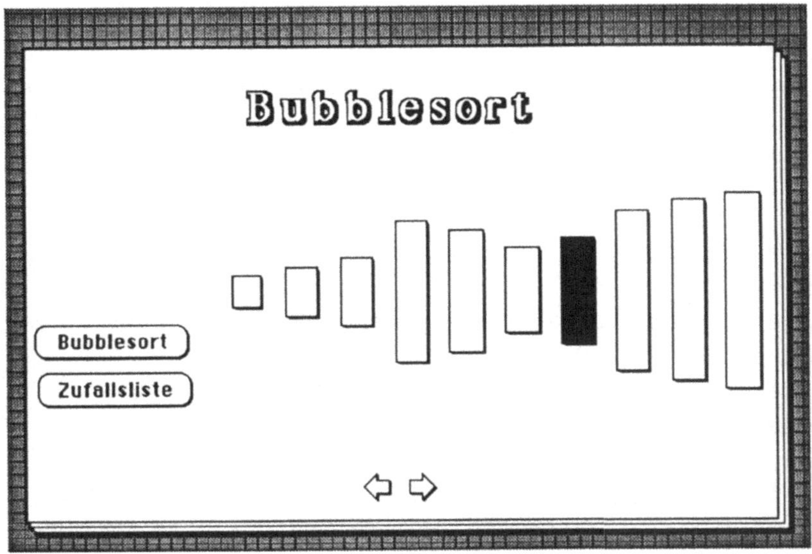

Fig. 4.9 Animierter Bubblesort

Die Animationsprozeduren können direkt in den Hypertalk-Code des Bubblesort-Algorithmus eingefügt werden (siehe Script von Background Button "Bubblesort").

Jedes Mal, wenn die Bubblesort-Karte auf den Bildschirm geholt wird, wird eine neue Zufallsliste erzeugt. Dies geschieht durch den opencard-Handler, der indirekt die Prozedur randomlist aufruft, indem er ein mouseUp-Event an den Background Button "Zufallsliste" sendet. Der Background Button "Zufallsliste" mischt zuerst mit Hilfe der Prozedur randomlist die Indizes der zu sortierenden Elemente neu und ordnet anschliessend die Card Buttons gemäss der neu erzeugten Zufallsliste auf dem Bildschirm an.

```
Script von Card "Bubblesort"
on opencard
   send "mouseup" to card button "Zufallsliste"
end opencard


on randomlist
-- erzeugt neue Zufallsliste
   global liste
```

```
   put "3,4,7,2,6,10,5,1,9,8" into liste
   put the random of 10 into rand
   repeat with i = 1 to 10
     put (((item i of liste)+rand) mod 10)+1 into item i ¬
     of liste
   end repeat
end randomlist
```

Script von Background Button "Bubblesort"

```
on mouseUp
-- hier wird ein gewöhnlicher Bubblesort mit 10 Elementen
-- ausgeführt
  global liste
  repeat with i = 1 to 9
    repeat with j = 10 down to i+1
      hilite j                          -- zur Animation
      if item j of liste > item j-1 of liste then
        swap j, j-1          -- Austausch mit Animation
      end if
    end repeat
  end repeat
end mouseUp


on swap elem1, elem2
-- grafischer Austausch zweier Elemente
  global liste
  play boing
  -- Austausch in der Liste
  put item elem1 of liste into temp1
  put item elem2 of liste into temp2
  put item elem2 of liste into item elem1 of liste
  put temp1 into item elem2 of liste
  -- grafische Animation
  put loc of card button temp1 into loc1
  put loc of card button temp2 into loc2
  set loc of card button temp1 to loc2
  set loc of card button temp2 to loc1
end swap


on hilite elem
```

```
-- zeigt Element schwarz an
  global liste
  put item elem of liste into temp
  set the hilite of card button temp to true
  wait 30 ticks
  set the hilite of card button temp to false
end hilite


Script von Background Button "Zufallsliste"
on mouseUp
  randomlist
  global liste
  repeat with i=1 to 10
    put item i of liste into temp
    set loc of card button temp to 120+35*i,180
  end repeat
end mouseUp
```

4.5   Die Türme von Hanoi (HyperCard-Beispiel)

Die Animation des Spiels "Die Türme von Hanoi" kann als ein weiteres Standard-Beispiel für die HyperCard-Algorithmen-Animation angesehen werden. Die Aufgabenstellung des Spiels "Die Türme von Hanoi" kann mit Hilfe eines rekursiven Algorithmus gelöst werden, der in der Informatik oft zur Illustration des Rekursionsprinzips gebraucht wird.

Spielbeschreibung:
Beim Spiel "Die Türme von Hanoi" werden drei Stapel und eine Menge von verschieden grossen Scheiben verwendet. Bei Spielbeginn befinden sich alle Scheiben der Grösse nach sortiert auf Stapel 1 (Fig.4.10).

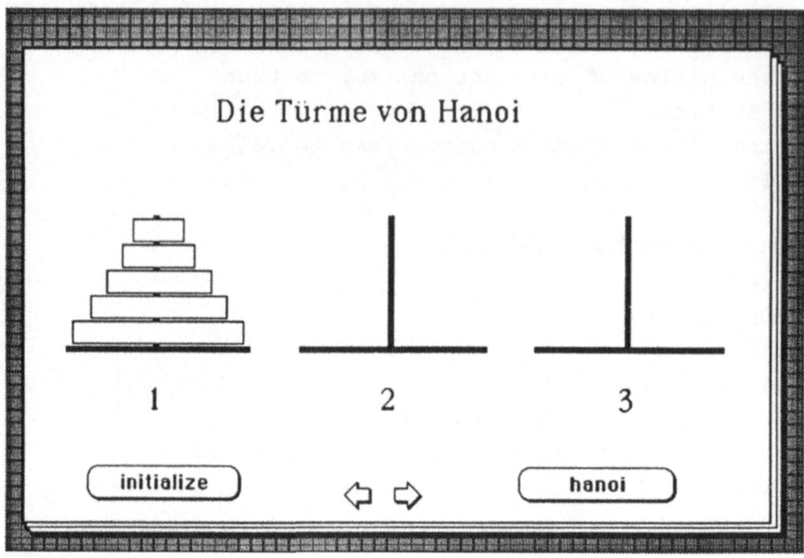

Fig. 4.10 Die Türme von Hanoi

Der Spieler muss nun alle Scheiben der Reihe nach unter Verwendung des Hilfsstapels 3 von
Stapel 1 nach Stapel 2 befördern. Als Einschränkungen darf nie eine grössere Scheibe auf
eine kleinere Scheibe zu liegen kommen und es darf nur eine Scheibe auf einmal bewegt
werden.

4.5.1   Der Algorithmus für "Die Türme von Hanoi"

Das Problem, n Scheiben von Stapel 1 nach Stapel 2 zu befördern, kann durch Aufteilen des
relativ komplexen Gesamtproblems in drei Teilprobleme vereinfacht werden, indem in einem
ersten Schritt die n-1 obersten Scheiben (unter Verwendung des Stapels 2) auf den
Hilfsstapel 3 befördert und in einem zweiten Schritt die unterste Scheibe auf ihren Platz im
Stapel 2 gelegt wird. Im dritten Schritt schliesslich werden die n-1 obersten Scheiben vom
Hilfsstapel 3 (unter Verwendung des Stapels 1) an ihren definitiven Platz auf dem Zielstapel
2 befördert. Damit wurde das Problem aufgeteilt in

- Das alte Problem "Die Türme von Hanoi", aber mit n-1 Scheiben und Ausgangsstapel
  3.

- Das triviale Problem, die unterste Scheibe von Stapel 1 nach Stapel 2 zu befördern.

Genauso kann nun das Problem "Die Türme von Hanoi" mit n-1 Scheiben aufgeteilt werden in die drei Teilaufgaben, (1) die n-2 obersten Scheiben (unter Verwendung des Stapels 2) auf den Hilfsstapel 1 (HilfsSt) zu legen, dann (2) die zweitunterste Scheibe von Stapel 3 (VonSt) nach Stapel 2 zu befördern und schliesslich (3) die n-2 obersten Scheiben vom Hilfsstapel 1 (unter Verwendung von Stapel 3) auf den Zielstapel 2 (NachSt) zu bringen.

Damit sieht das Gerüst des Lösungsalgorithmus, in Pseudocode formuliert, folgendermassen aus:

```
Hanoi(AnzScheiben, VonSt, NachSt, HilfsSt)
    Hanoi(AnzScheiben-1, VonSt, HilfsSt, NachSt)
    BewegeScheibe(AnzScheiben, VonSt, NachSt)
    Hanoi(AnzScheiben-1, HilfsSt, NachSt, VonSt)
```

Die Hilfsprozedur `BewegeScheibe(ScheibenNo, ...)` (siehe (4.5.2)) legt die unterste Scheibe mit der Nummer "ScheibenNo" auf den Zielstapel.

Diese rekursive Auflösung des Problems kann solange fortgesetzt werden, bis sich im Ausgangsstapel nur noch eine Scheibe befindet, welche nun direkt ohne weiteren rekursiven Aufruf auf den Zielstapel gelegt werden kann. In das obige Gerüst des Lösungsalgorithmus muss noch die Abbruchbedingung eingefügt werden, damit der Algorithmus nicht ewig weiterläuft. Als einfachste Abbruchbedingung werden die rekursiven Aufrufe darauf getestet, ob sich noch eine Scheibe auf dem Stapel befindet. Falls der Ausgangsstapel leer ist, werden die rekursiven Aufrufe abgebrochen. Der vollständige Algorithmus hat damit folgende Gestalt:

```
Hanoi(AnzScheiben, VonSt, NachSt, HilfsSt)
    IF (AnzScheiben = 0) THEN EXIT Hanoi
    Hanoi(AnzScheiben-1, VonSt, HilfsSt, NachSt)
    BewegeScheibe(AnzScheiben, VonSt, NachSt)
    Hanoi(AnzScheiben-1, HilfsSt, NachSt, VonSt)
```

4.5.2 Animation in HyperCard

Das Hintergrundbild der Karte, die zur Darstellung dieses Spiels nötig ist, enthält im wesentlichen bloss die drei Stapel (Fig. 4.11).

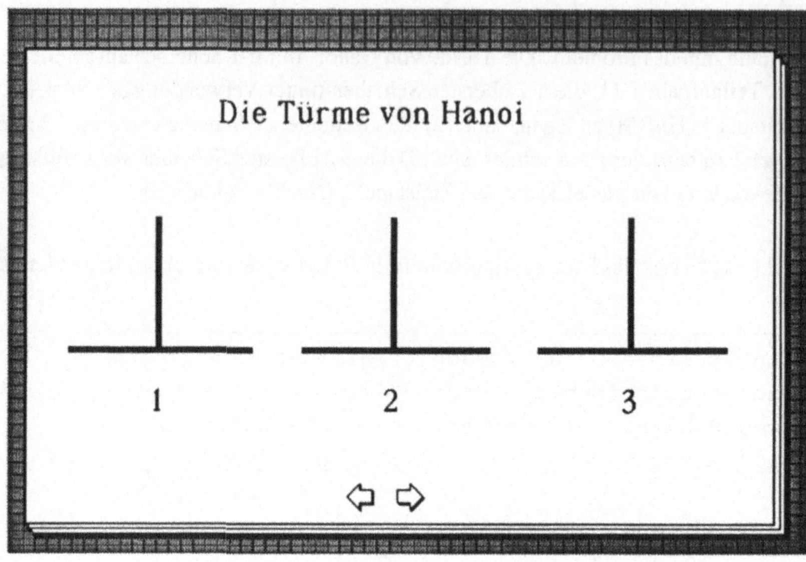

Fig. 4.11 Hintergrundbild für "Die Türme von Hanoi"

Grösstes Problem bei der Animation des Algorithmus ist das Bewegen der Scheiben und die Berechnung des jeweiligen Standortes der Scheiben auf dem Bildschirm. Die Usprungskoordinaten der drei Stapel im Background von (Fig. 4.11) sind:

- Stapel 1: (100, 220)

- Stapel 2: (250, 220)

- Stapel 3: (400, 220)

Der Nullpunkt des Koordinatensystems befindet sich in der linken oberen Ecke, so dass für jede zugefügte Scheibe der Wert der Scheibenbreite von der Y-Koordinate subtrahiert werden muss (Fig. 4.12).

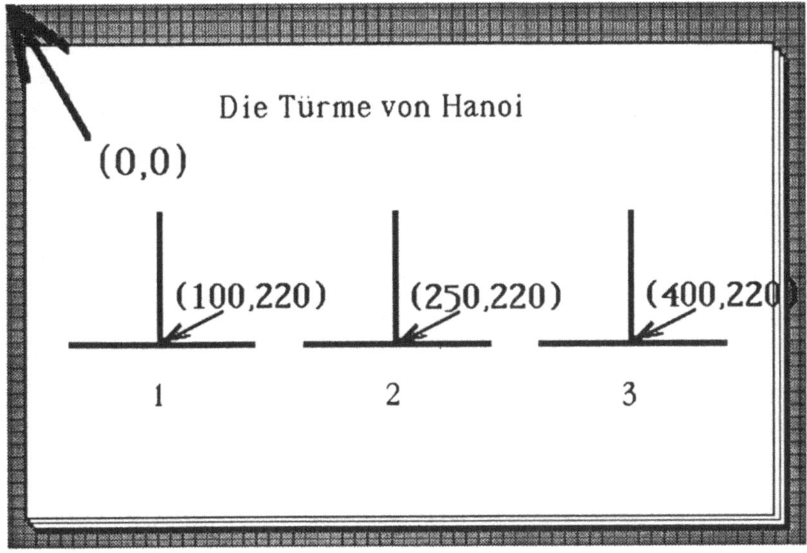

Fig. 4.12 Koordinaten für "Die Türme von Hanoi"

Die Scheiben werden am besten als Card Fields mit Stil *"rectangle"* dargestellt. Wenn die Anzahl der zu bewegenden Scheiben im Hypertalk-Script dynamisch mit dem Hypertalk-Kommando `"the number of card fields"` bestimmt wird, kann die Anzahl der Scheiben auf dem Bildschirm beliebig geändert werden, ohne dass dazu irgendwelche weiteren Modifikationen am Script notwendig sind. Die Scheiben müssen von Hand mit Hilfe des "Field Tools" gezeichnet werden. Eine vernünftige Darstellung für den obigen Background ergibt sich, wenn der endgültige Stapel aus fünf Scheiben besteht.

Der Button "initialize" hat die Aufgabe, die Scheiben sauber auf den Ausgangsstapel 1 aufzuschichten:

```
Script of Card Button "initialize"
on mouseUp
  repeat with i= 1 to number of card fields
    set loc of card field i to 100,220-16*¬
    (number of card fields+1-i)
  end repeat
end mouseUp
```

Damit die Animation des Algorithmus richtig funktioniert, müssen die Scheiben (Card Fields) in der richtigen Reihenfolge auf den Stapel 1 aufgeschichtet werden. Card Field **1** (die grösste Scheibe) kommt zuunterst auf den Stapel zu liegen, Card Field **5** (die kleinste Scheibe) liegt zuoberst auf dem Stapel. Die grösste Scheibe muss also zuerst erzeugt werden, damit die Card Fields in der richtigen Reihenfolge durchnummeriert werden. Falls bei der Erzeugung der Card Fields ein Fehler in der Reihenfolge unterläuft, so kann die Reihenfolge der Card Fields (und damit die Laufnummer der Fields) mit Hilfe der HyperCard-Menu-Befehle `Bring Closer` und `Send Farther` verändert werden.

Ein Durchgang des Spiels wird durch Anklicken des Buttons "hanoi" ausgelöst:

Script of Card Button "hanoi"

```
on mouseUp
  hanoi number of card fields,1,2,3
end mouseUp
```

Der eigentliche Algorithmus, der sich im Script der Karte befindet, besteht aus den drei Prozeduren `BewegeScheibe`, `Hanoi` und `Hanoi1`. Mit der Prozedur `BewegeScheibe` wird eine Scheibe (ein Card Field) vom Stapel `VonSt` zum Stapel `NachSt` befördert. Dabei muss jedesmal bestimmt werden, wieviele Scheiben sich bereits auf dem Stapel befinden, damit die neue Scheibe oben drauf gelegt werden kann. Die Bewegung der Scheiben wird mit dem HyperCard-Kommando `drag` bewerkstelligt.

```
on BewegeScheibe ScheibenNo, VonSt, NachSt
   -- VonSt wird als Argument nicht benötigt, da diese
   -- Information mit der Hypertalk-Funktion "the loc" aus
   -- ScheibenNo ermittelt werden kann[1]
   put 0 into stack
   put item 1 of loc of card field ScheibenNo into xkord
   if NachSt = 1 then
      -- Anzahl Scheiben auf Stapel 1 bestimmen
      repeat with i=1 to the number of card fields
         if item 1 of loc of card field i is 100 then ¬
```

---

[1] Aus didaktischen Gründen wird der in der Spezifikation in Pseudocode benötigte Parameter "VonSt" auch hier in der Prozedur "BewegeScheibe" mitgeführt. Für die Ausführung in HyperCard entstehen daraus keine Konsequenzen.

```
       add 1 to stack
    end repeat
    -- Scheibe auf Stapel 1 legen
    drag from loc of card field ScheibenNo to xkord,120
    drag from xkord,120 to 100,120
    drag from 100,120 to 100,220-16*(stack+1)
  end if
  if NachSt = 2 then
    -- Anzahl Scheiben auf Stapel 2 bestimmen
    repeat with i=1 to the number of card fields
      if item 1 of loc of card field i is 250 then ¬
      add 1 to stack
    end repeat
    -- Scheibe auf Stapel 2 legen
    drag from loc of card field ScheibenNo to xkord,120
    drag from xkord,120 to 250,120
    drag from 250,120 to 250,220-16*(stack+1)
  end if
  if NachSt = 3 then
    -- Anzahl Scheiben auf Stapel 3 bestimmen
    repeat with i=1 to the number of card fields
      if item 1 of loc of card field i is 400 then ¬
      add 1 to stack
    end repeat
    -- Scheibe auf Stapel 3 legen
    drag from loc of card field ScheibenNo to xkord,120
    drag from xkord,120 to 400,120
    drag from 400,120 to 400,220-16*(stack+1)
  end if
end BewegeScheibe
```

Der rekursive Hanoi-Algorithmus wurde aus Leistungs-Gründen in zwei Teile aufgetrennt. In der Prozedur `Hanoi` werden die Parameter richtig gesetzt, während der eigentliche Algorithmus in der Prozedur `Hanoi1` steckt. Mit `dragspeed` wird die Geschwindigkeit bestimmt, mit der die Scheiben über den Bildschirm wandern, ebenfalls wird während der ganzen Animation das *Field Tool* benötigt, das deshalb gleich zu Beginn gewählt wird.

```
on Hanoi AnzScheiben, VonSt, NachSt, HilfsSt
  choose field tool
  set dragspeed to 200
  Hanoi1 AnzScheiben, VonSt, NachSt, HilfsSt
  choose browse tool
end Hanoi
```

Der eigentliche Algorithmus, der in `Hanoi1` steckt, kann direkt aus der Formulierung in Pseudocode in (4.5.1) übernommen werden. Damit zeigt sich auch wieder die Stärke von HyperCard in der Animation von Algorithmen, indem einerseits der eigentliche Algorithmus und die Animation klar getrennt werden können und andererseits die Animation mit minimalem Aufwand direkt in die Umgebung des Algorithmus eingefügt werden kann.

```
on Hanoi1 AnzScheiben, VonSt, NachSt, HilfsSt
  if AnzScheiben is 0 then
    exit Hanoi1
  end if
  Hanoi1 AnzScheiben-1, VonSt, HilfsSt ,NachSt
  BewegeScheibe AnzScheiben, VonSt, NachSt
  Hanoi1 AnzScheiben-1, HilfsSt, NachSt, VonSt
end Hanoi1
```

4.6   Protokollsimulation für verteilte Systeme (HyperCard-Beispiel)

4.6.1   Allgemeine Konzepte

Ausser für Unterrichtszwecke ist die Animation von Algorithmen auch für den Algorithmen-Entwickler selbst sehr hilfreich. Auf diese Weise kann er sich komplexe Vorgänge veranschaulichen und im Algorithmus verborgene Fehler entdecken, die sonst erst bei der tatsächlichen Implementation im Zielsystem zu Tage treten würden. Als weiterer angenehmer Nebeneffekt kann die Animation verwendet werden, um den Algorithmus mit minimalem Aufwand Aussenstehenden begreiflich zu machen. Ähnliche Ziele verfolgen z.B. die Entwickler von Petrinetz-Editoren, die das Petrinetz-Konzept zur Entwicklung und zur Veranschaulichung von komplexen Algorithmen gebrauchen [Dae88]. Dieser Ansatz hat allerdings den Nachteil, dass das nicht unbedingt intuitive Petrinetz-Konzept, das ausserdem vor allem bei Vorgängen, wo die Zeit eine Rolle spielt, gewissen Einschränkungen unterliegt, zuerst vom Algorithmen-Entwickler und dessen Diskussionspartnern verstanden werden muss.

Im folgenden wird eine Simulationsumgebung zur Unterstützung der Entwicklung von Synchronisations-Algorithmen für verteilte Systeme (Computer-Netzwerke) beschrieben. Jeder Knoten innerhalb des Netzwerks von Computern wird dabei als HyperCard-Objekt Background Field definiert. Die Meldungen, die zwischen den einzelnen Knoten ausgetauscht werden, werden mit Hilfe von Card Fields dargestellt. Das Protokoll, das die Erzeugung und die Bearbeitung der Meldungen definiert, kann aus dem Pseudocode, der den Algorithmus spezifiziert, mit minimalen Aufwand in Hypertalk übersetzt werden. Zur Animation und zur Erzielung von visuellen Effekten können die auch im Algorithmen-Animationssystem für den Unterricht gebrauchten Subroutinen verwendet werden.

4.6.2   Anwendung für verteiltes Locking - DSL

In diesem Abschnitt soll am Beispiel der Animation des DSL-Algorithmus, eines Sperrprotokolls für verteilte, statuslose Systeme [Glo89], die Mächtigkeit der Programmiersprache Hypertalk bei der Simulation eines Algorithmus gezeigt werden. In folgenden wird zuerst die Struktur des Algorithmus in Pseudocode beschrieben. Für die anschliessenden Animation in Hypertalk kann der Pseudocode direkt übernommen werden. Die Animationselemente werden durch den Einschub von Bibliotheksroutinen für das Senden einer Meldung (`sendmsg`, `broadcast`), die Beschreibung der momentanen Aktion in einem Statusfeld (`announce`), und das Wiederaufräumen des Bildschirms nach erfolgter Animation (`cleanup`) zugefügt.

Dieses Beispiel soll hier nicht im Detail beschrieben werden, da es eine Lösung zu einem sehr speziellen Netzwerk-Problem anbietet. Vielmehr soll lediglich die Idee durch den Vergleich zwischen der Beschreibung des Lock-Befehls in Pseudocode und dem Hypertalk-Script des Lock-Befehls illustriert werden, indem die Animationselemente nachträglich in den Pseudocode des Lock-Befehls eingebaut werden können. Für die Animation wurde jeder Netzwerk-Client als ein Background Field dargestellt. Die Clienten können mit Hilfe der Prozedur `sendmsg` Meldungen austauschen. Die Meldungen bestehen aus Card Fields, die einen Meldungs-Text enthalten. Jede Meldung wird von Card Field 1 abgeleitet (kopiert). Dazu existiert Card Field 1 von Beginn weg in der Mitte des Broadcast-Kanals (Fig. 4.13).

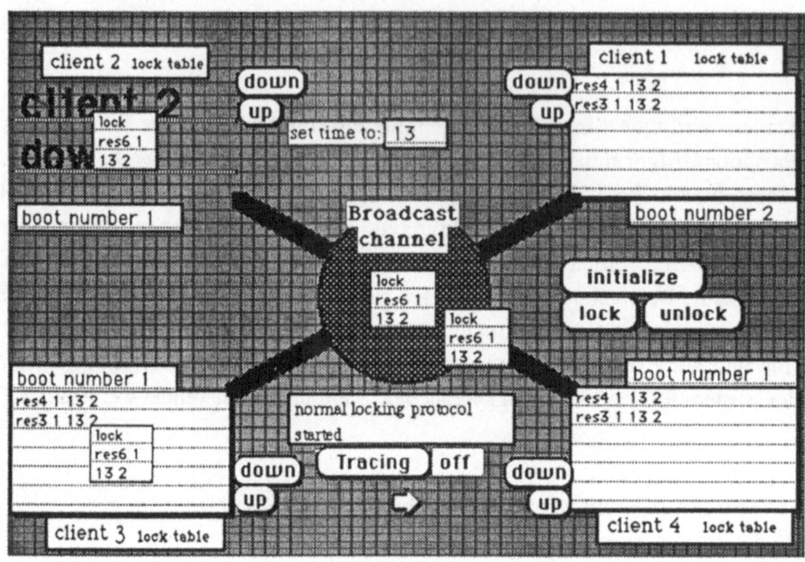

Fig. 4.13 Animation des DSL-Locking-Protokolls

```
Script von Sendmsg
on sendmsg text, from, to
  choose field tool
  set dragspeed to 100
  select card field 1
  domenu "copy field"
  domenu "paste field"
  set loc of card field 2 to loc of bkgnd field from
  put text into card field 2
  drag from loc of bkgnd field from to loc of card field 1
  drag from loc of card field 1 to loc of bkgnd field to
  choose browse tool
end sendmsg
```

```
Beschreibung des Lock-Befehls in Pseudocode
  checklocktable
  if alreadyLocked is true then
    exit
  end if
```

```
  if decayedLock is true then
    send "clientask bootno" to lockholder
 end if
  if (not decayedLock) and (not alreadyLocked)
 then
    broadcast
    update
  end if
```

Hypertalk-Script des Lock-Befehls

```
on mouseUp
  global alreadyLocked, decayedLock, lockHolder,¬
  lockBootNo, resource
  ask "which resource do you want to lock"
  put it into resource
  if it is empty then exit mouseup
  announce "checking lock table"
  -- Kontrolle in Lock-Tabelle, ob Ressource bereits gesperrt
  checklocktable resource,1,bkgnd field 9,word 3 of¬
  bkgnd field 5
  -- Falls Ressource bereits gesperrt, => fertig
  if alreadyLocked is true then
    announce "resource"&&resource&&"already locked ¬
    by client"&&lockholder
    exit mouseup
  end if
  -- Falls Lock abgelaufen, Kontrolle ob sperrender Client
  -- abgestürzt
   if decayedLock is true then
    put lockBootNo into bootno
    announce "timestamp of lock older than decaytime"
    sendmsg"client"&&lockholder&&"with"&&bootno&&¬
    "down??",1,lockholder
    send "clientask bootno" to bkgnd field ¬
    lockholder
  end if
  -- sonst normales Lock-Protokoll ausführen
   if (not decayedLock) and (not alreadyLocked)
  then
    announce "normal locking protocol started"
```

```
    broadcast "lock"&&resource&&1&&bkgnd field 9&&word ¬
    3 of bkgnd field 5,1
    announce "updating locktables"
    update resource,1,bkgnd field 9,word 3 of ¬
    bkgnd field 5
    cleanup "lock"
  end if
  announce empty
end mouseUp
```

4.7   Movie (HyperCard-Beispiel)

Zum Schluss dieses Kapitels sollen noch an einem einfachen Beispiel die "Card-Flipping"-
Möglichkeiten von HyperCard illustriert werden. Im hier beschriebenen Beispiel wurde ein
kurzer Comic, der ein Ereignis in vier Bildern ohne Worte darstellt, mit einem Scanner
eingelesen und die Bilder auf HyperCard-Karten übertragen. Anschliessend wurden die vier
Bilder mit den Grafik-Editier-Fähigkeiten von HyperCard soweit editiert, dass von einem
Bild zum anderen ein stetiger Übergang besteht, d.h. dass alle statischen Elemente der Bilder
(im Beispiel in (Fig. 4.14) im wesentlichen die Wolke) deckungsgleich sind. Durch ein
einfaches Script wird ein Bild nach dem anderen in der richtigen Reihenfolge gezeigt, wobei
für die Bildübergänge von den visuellen Effekten von HyperCard Gebrauch gemacht wird.
Die Bilder können noch mit Musik untermalt werden. Die Musik kann entweder mit Hilfe der
in HyperCard eingebauten Melodieinstrumente (play {boing | harpsichord} ...)
erzeugt werden oder aber wie im Beispielscript unter Verwendung von bereits existierenden
oder mit einem Ton-Digitalisier-Gerät wie dem MacRecorder selbst aufgenommenen
Tonfragmenten als Ganzes in das Script eingebaut werden.

Fig. 4.14 HyperCard-Movie

Das folgende Script lädt zuerst alle Bilder ins RAM (show all cards) und mischt anschliessend die Hintergrundmusik mit den einzelnen Bildern des Comic's. Zum Schluss kehrt der Zuschauer wieder auf die (in (Fig. 4.14) nicht abgebildete) Startkarte zurück. Durch die Verwendung von visual effect barn door open very slow bzw. ...close... wird der Effekt eines sich langsam öffnenden bzw. schliessenden Vorhangs erzielt.

```
-- sounds: hallelujah, bombe, wasser, PWscream,
-- Noces,hallwasser
on mouseup
  play "Noces"
  lock screen
  show all cards
  unlock screen
  wait until the sound is "done"
```

```
visual effect barn door open slow to inverse
go next card
repeat 3
  play "hallelujah"
end repeat
repeat 10
  go next card
  wait 8 ticks
  go prev card
  wait 5 ticks
end repeat
repeat 1
  play "Hallelujah"
end repeat
visual effect dissolve
go next card
wait 5 ticks
visual effect dissolve
go next card  -- wolke und regen
wait until the sound is "done"
repeat 2
  play "hallwasser"
end repeat
play "Wasser"
choose select tool
drag from 0,0 to 370,344
set dragspeed to 30
drag from 100,100 to 160,100
lock screen
domenu "undo"
choose browse tool
go next card
unlock screen with dissolve
wait until the sound is "done"
visual effect dissolve  slow to white
visual effect barn door open very fast to inverse
play "bombe"
go next card
play "PWscream"
wait until the sound is "done"
```

```
   visual effect barn door close slow to black
   go first card
end mouseup
```

5 Navigation im Hyperraum

5.1 *Übersicht*

In diesem Kapitel steht die Verwendung von Hypermedia-Dokumenten als Informationsspeicher im Vordergrund. Der Leser eines Hypermedia-Dokumentes steht ja generell vor dem Problem, sich in der gespeicherten Information zurechtzufinden. Im ersten Abschnitt soll auf die Schwierigkeiten und Lösungsansätze eingegangen werden, die bei der Informationssuche in einem Hyperdokument auftreten. Ein Hypermedia-Dokument aufgefasst als Informationsspeicher ist eine Menge von Knoten, die durch ein Netz von assoziativen Pfaden, auch als "trails" bezeichnet, verbunden werden. Der Leser sucht im Dokument nach einer bestimmten Information, wobei diese Suche so rasch und erschöpfend wie möglich ausfallen soll. Um die Information zu finden, müssen ihm die geeigneten Hilfsmittel zur Verfügung gestellt werden. Als wichtiges Hilfsmittel zur Organisation der Information muss eine geeignete Repräsentation der Wissensbasis gefunden werden. Hilfsmittel können beispielsweise *Übersichtskarten (maps)* sein, die die Struktur der Wissensbasis darzustellen versuchen. Das HyperCard-Help-System beispielsweise weist eine Übersichtskarte auf, die die Verknüpfung der einzelnen Kapitel des ganzen Hyperdokumentes aufzeigt (Fig. 5.1). Durch Anklicken einer Ikone kann das gewünschte Kapitel direkt angesprungen werden. Zusätzlich zeigt die Übersichtskarte den momentanen Standort des Lesers zum Zeitpunkt, als die Übersichtskarte aufgerufen wurde.

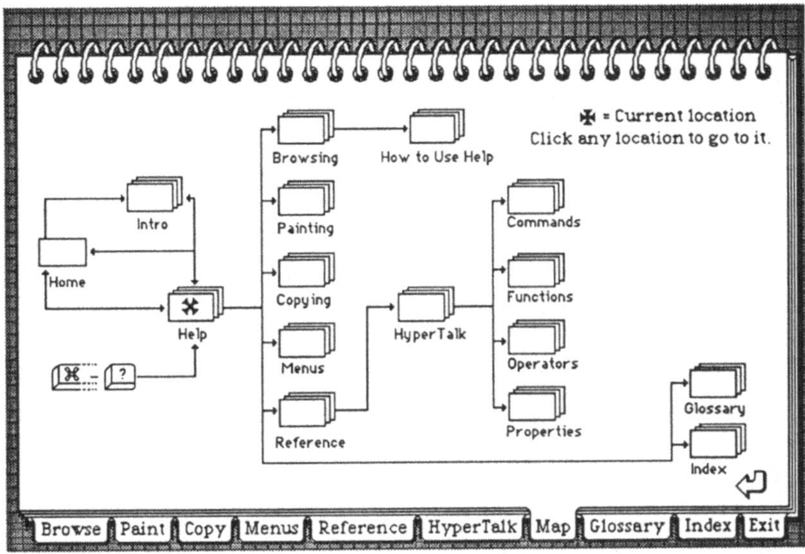

Fig. 5.1 Übersichtskarte des HyperCard Help-Stacks

Ein anderes Hilfsmittel zur Navigation können zusätzliche *Menu-Kommandos* sein, die die möglichen Verzweigungen wie z.B. die einzelnen Kapitel eines Hyperdokumentes innerhalb des Dokumentes auflisten. Einzelne Kapitel können so durch Aufruf eines Menu-Kommandos direkt angesprungen werden.

Ein weiteres Navigationshilfsmittel ist der *Browser*. Dieser ermöglicht die grafische Darstellung einer Untermenge des Netzwerkes. Mit Hilfe eines Browsers können unter anderem nur die Knoten eines bestimmten Typs selektiv durchgesehen werden. Browser werden z.B. im Notecards-System extensiv eingesetzt.

Ein schon sehr fortgeschrittenes Hilfsmittel, das allerdings nicht ohne weiteres einzusetzen ist, sind *fish eye views* [Fur86]. Das Konzept ist sehr einfach, die Realisation dieses Konzeptes für eine konkrete Wissensbasis verlangt allerdings einen hohen Zusatzaufwand. Der Standort des Betrachters innerhalb des Dokumentes wird relativiert: Die unmittelbare Umgebung des Betrachters erscheint deutlich, mit zunehmendem Abstand zum Betrachter wird die Information immer mehr komprimiert.

5.2   Information Retrieval

In diesem Abschnitt geht es um das Auffinden von Information (Information Retrieval) im eigentlichen Sinne. Die allgemeinen Probleme in diesem Zusammenhang sollen hier ganz kurz gestreift werden, um dem in diesem Problemkreis unbeschlagenen Leser die nötigen Grundlagen für die weitere Diskussion zur Verfügung zu stellen. Für eine ausführlichere Diskussion sei der Leser z.B. auf [Sal83] verwiesen.

Beim Information Retrieval geht es darum, die gesuchte Information aufgrund des Informationsgehalts zu finden. Dabei steht die Inhaltsadressierbarkeit eines Systems im Vordergrund. In einer konventionellen Datenbank wird unterschieden zwischen der Adresse der Daten und dem Inhalt der Daten. Die Informationen in der Datenbank werden aufgrund eines zusätzlichen Fremdschlüssels gefunden. In einem inhaltsadressierten System andererseits ist der Dateninhalt mit der Adresse identisch, d.h. der Benutzer eines solchen Systems braucht sich keine Speicheradressen zu merken, sondern die Daten werden vielmehr direkt aufgrund ihres Inhalts abgelegt und wieder gefunden. Wird die Inhaltsadressierbarkeit hardwaremässig implementiert, so spricht man von assoziativen Speichern. In assoziativen Speichern wird auf eine zusätzliche Adressierung der Daten verzichtet.

In Information Retrieval-Systemen will man meist auch verknüpfte Abfragen vornehmen können. Im einfachsten Fall handelt es sich dabei um einfache UND/ODER-Verknüpfungen, es sind aber auch kompliziertere Abfragen möglich. In Hypermedia-Systemen sollen nun diese verküpften Abfragen mit Links verbunden werden können, d.h. beim Verfolgen von Links muss ebenfalls die Verküpfung von Suchbegriffen zugelassen sein. Die (zumindest konzeptionell) einfachste Suche in einem (Hyper)Text-Dokument ist die Volltext-Suche, wo das ganze Dokument nach dem Auftreten einer Zeichenkette abgesucht wird. Die Implementation einer solchen Volltext-Suchmöglichkeit vor allem für grosse Dokumente ist allerdings alles andere als trivial. Ausserdem hat die Volltext-Suche den Nachteil, dass sie häufig zu wenig selektiv ist, d.h. es wird zu viel Information als Resultat ausgegeben. Dieses Problem kann durch die Verwendung von Filtern eingeschränkt werden, indem die ganze Datenbank vor der Volltextsuche nach einem bestimmten Kriterium gefiltert wird, um a priori den Suchumfang einzuschränken.

Die Volltextsuche hat aber noch weitere Nachteile: So kann z.B. ein Wort mehrere Bedeutungen haben. Wenn nach einer "Bank" oder nach einer "Birne" gesucht wird, so wird die Bedeutung des Suchbegriffs erst durch den Kontext, in dem der Begriff steht, eindeutig.

Ein zweites Problem bei der Volltextsuche stellen die Synonyme: Um in einem Dokumente alle fahrradtechnischen Belange aufzufinden, muss sowohl nach "Velo" als auch nach "Fahrrad" gesucht werden. Diese Probleme können durch den Einsatz eines Thesaurus, der solche Begriffe gespeichert hat, entschärft werden.

Um den Suchumfang einzugrenzen, kann der Benutzer seinen Kontext selbst einschränken. Das Konzept von benutzerdefinierten Kontexts wird von verschiedenen Hypermedia-Systemen unterstützt:

- Intermedia kennt die sog. *Webs*. Darunter werden Beziehungsnetze zwischen den einzelnen Knoten eines Hyperdokumentes verstanden, die vom Benutzer selbst geknüpft werden können.

- Die *FileBoxes* von NoteCards dienen ebenfalls der Organisation von Hypertext-Knoten. Jeder Knoten muss in einer FileBox enthalten sein, auch die FileBoxes selbst. Auf dieses Weise wird ein hierarchischer Aufbau des Hyperdokumentes erzwungen.

- Neptun verwendet das Context-Konzept zur Organisation der parallelen Zusammenarbeit mehrerer Autoren am gleichen Hyperdokument (siehe (2.5.2)). Der momentan aktuelle Context wird bestimmt durch den momentan aktiven Knoten.

5.3 Tours

Bei den "Tours" handelt es sich um ein Hilfsmittel für die Navigation, das bei verschiedenen Hypermedia-Systemen eingesetzt wird. Im folgenden werden Implementationen dieses Konzeptes für verschiedene Systeme und Anwendungsgebiete vorgestellt.

5.3.1 Guided Tours und Tabletops (NoteCards)

Im NoteCards-System werden zwei Navigationshilfsmittel für den Aufbau von fest vorgegebenen "Reisen" in einem Hyperdokument verwendet, die in der Form von zusätzlichen Knotentypen implementiert wurden [Tri88].

Eine *Guided Tour* ist ein fest vorgegebener Weg durch ein Hyperdokument. Damit ist sie besonders geeignet für den erstmaligen Leser eines Dokumentes, um ihm Navigationsprobleme zu ersparen. Der Zugang zu den Guided Tours erfolgt über eine graphbasierte Schnittstelle. Jede Haltestelle in einer Guided Tour ist eine Menge von NoteCards oder Knoten. Eine Guided Tour wird selbst als ein NoteCards-Knoten abgelegt.

Ein *Tabletop* ist eine "Haltestelle" einer Guided Tour. Das Tabletop-Konzept, so wie es in NoteCards verwendet wird, macht nur Sinn, wenn mehrere Knoten gleichzeitig auf dem Bildschirm zu sehen sind, da ein Tabletop das Layout mehrerer Knoten auf dem Bildschirm fixiert. Mehrere Tabletops können gleichzeitig aktiv sein und sich z.B. auf dem Bildschirm gegenseitig überlagern. Ein Tabletop kann sich über mehrere Hyperdokumente erstrecken und Knoten mehrerer Hyperdokumente enthalten. Tabletops bilden damit die Bausteine für die Guided Tours (Fig. 5.2). Sie können als Hilfsmittel sowohl für online Demonstrationen als auch für offline (hardcopy) Bildschirmausdrucke verwendet werden.

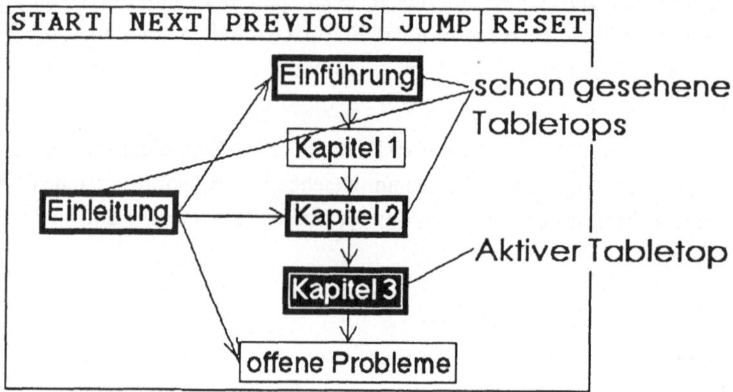

Fig. 5.2 Konstruktion von Guided Tours mit Tabletops

Eine Guided Tour wird aus vorgefertigten Tabletops zusammengestellt. Tabletops wiederum werden aus Knoten bereits existierender Hyperdokumente aufgebaut. Bei diesen beiden Konzepten handelt es sich also lediglich um Hilfsmittel für die einfache Navigation, die nachträglich als zusätzliche Schicht auf bereits existierende Hyperdokumente aufgepfropft werden kann.

5.3.2 Selbsterklärende Hypertext-Dokumente

Der Autor nicht nur eines Hypertext-Dokuments steht generell vor dem Problem, wie er seine Ideen dem Leser vermitteln soll. Mehr noch als der normale Buch-Autor muss der Hypertext-

Autor dem Leser den Zugang zur Information so einfach wie möglich gestalten. Das Ziel des Hypertext-Autors muss es sein, seine Dokumente selbsterklärend zu halten. Das heisst, dass die kognitive Zusatzbelastung des Lesers so klein wie möglich sein soll, was wiederum bedeutet, dass im momentanen Kontext nicht relevante Informationen auszublenden sind. Hilfsmittel dazu können sein:

- Kontext-abhängige Links, d.h. Links, die sich je nach Kontext unterschiedlich verhalten.

- Eine Einschränkung der sichtbaren Links auf einen Teil-Kontext, der z.B. sein kann:
  - vergangener Kontext
  - gegenwärtiger Kontext
  - zukünftiger Kontext

- Vorgefertigte Standard-Bedienungserklärungen

- In Guided Tours werden Verzweigungen vorgesehen, die auf ein heterogenes Zielpublikum ausgerichtet sind, so dass je nach Interessen und Fähigkeiten des Lesers verschiedene "Wege" in der Guided Tour vorhanden sind.

- Der Autor baut Fragen an den Benutzer ein, um die Fähigkeiten und Interessen des Benutzers zu erkennen und sieht eine anschliessende Verzweigung in der Guided Tour vor.

- Der Autor behält die Kontrolle über die Dynamik innerhalb einer Guided Tour. (Der Autor bestimmt beispielweise die Lesereihenfolge innerhalb eines Tabletops oder den Zeitpunkt für den Ablauf einer Animation.)

5.3.3 Tours in einer Lernumgebung

Tours sind speziell geeignet für den Einsatz in Unterrichtsprogrammen (siehe auch Kapitel 7 "Unterrichtsprogramme"). Beim Aufbau einer Tour müssen bereits bei der Konstruktion die zukünftigen Benutzer berücksichtigt werden. Bei einer Tour in einer Lernumgebung handelt es sich dabei um Autoren, Instruktoren und Studenten. Grundlegender Baustein für die Tour ist immer der Knoten, der in (Fig.5.3) als Würfel dargestellt ist.

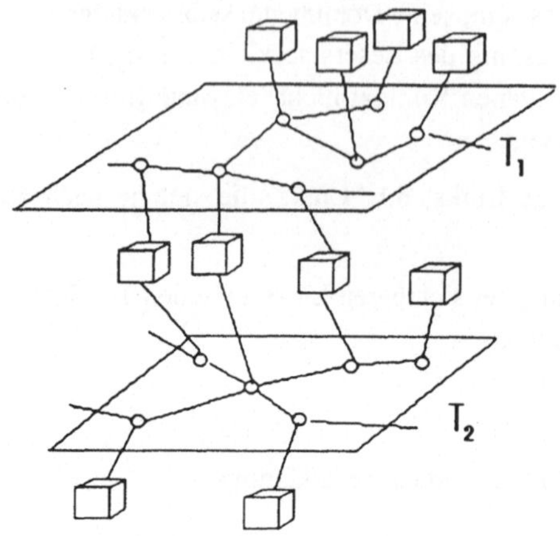

Fig. 5.3 Verknüpfung mehrerer Tours

Mehrere Tours können zu einer neuen Tour verknüpft werden, wie es in (Fig. 5.3) mit den Tours T_1 und T_2 gemacht wurde. So können neue Tours aufgebaut werden sowohl aus dem Verknüpfen von bestehenden Tours als auch dem Zusammenfügen von einzelnen Knoten. (Für die besonderen Anforderungen beim Aufbau eines Hyperdokumentes an ein Unterrichtsprogramm siehe Kapitel 7.)

5.4   Ferienreise-Metapher

Eine besondere Art einer Tour wurde von [Ham88] vorgeschlagen. Er fand, dass besonders für Schüler-Unterrichtsprogramme eine sehr einfache Metapher als Navigationshilfsmittel benötigt wurde. Als einfach zu lernende Benutzerschnittstelle führte er deshalb die "travel holiday metapher" ein. Diese sollte dem Hypermedia-Autor zwei Arten von Kontrolle ermöglichen:

- Die Kontrolle über die Reihenfolge der Darbeitung des Unterrichtsmaterials

- Die Kontrolle über die Art der Darbietung. Der Autor soll beispielsweise entscheiden können, ob er das Material in Form von Frage und Antwort oder als reines Tutorial anbieten will.

Baustein einer Ferienreise ist ein Knoten. Jeder Hypertext-Knoten (in einfachen Systemen gleichzusetzen mit einem Bildschirm) entspricht einem zu besuchenden, sehenswerten Ort auf einer Ferienreise. Um einen sehenwerten Ort zu besuchen, werden zwei Zugriffswerkzeuge zur Verfügung gestellt: Der *Reiseweg* und das *Reisefahrzeug*. Ausserdem werden in eine Ferienreise noch Multiple Choice Quize integriert, die eine Verzweigung aufgrund von Benutzerantworten ermöglichen. So ist es beispielsweise möglich, das Verständnis eines Lesers an einer bestimmten Stelle innerhalb der Reise zu überprüfen und je nach Antwort den gleichen Stoff nochmals zu präsentieren bzw. zu neuem Stoff überzugehen. Leserantworten werden ausserdem vom System gespeichert und können jederzeit abgerufen werden. Als weitere Navigationshilfsmittel in dem von [Ham88] beschriebenen System werden ein Index mit Direktzugriff, eine Übersichtskarte, ein Quiz und in das Dokument eingestreute Querverweise für weiteren, interessierenden Stoff (further reading) angeboten.

Grundsätzlich kann ein Leser ein mit Hilfe der Ferienreise-Metapher aufgebautes Dokument auf zwei Arten lesen:

* *got-it-alone travel*
  Hier "reist" der Leser auf eigene Faust im Dokument. Er entdeckt die Information ungeführt mit Hilfe von Index, Übersichtskarte und Querverweisen.

* *guided tour*
  In einer guided tour wird der Leser vom System geführt. Die Reihenfolge der zu lesenden Knoten wird vom System vorgegeben. Eine guided tour entspricht vom Aufbau her also einem Buch, das von vorne nach hinten durchgelesen wird. Wie bei einem Buch kann auch die guided tour jederzeit verlassen bzw. an einer beliebigen Stelle wieder aufgenommen werden. Im Gegensatz zu einem Buch aber können in die guided tour Exkursionen eingebaut werden, nach deren Durchführung der Leser sich wieder am Ausgangspunkt der Exkursion innerhalb der guided tour befindet.

Der Übersichtskarte wurde von den Entwerfern des "travel holiday metapher" -Systems grosse Bedeutung zugemessen. Die Übersichtskarte soll einen grafischen Überblick sowohl über das ganze Netzwerk von Knoten als auch über Teilbereiche des Netzwerkes ermöglichen. Von der Übersichtskarte aus muss der direkte Zugriff auf jeden Knoten möglich sein und es soll angezeigt werden, welche Knoten bereits besucht wurden und von welchem Knoten aus die Übersichtskarte aufgerufen wurde.

Die Entwerfer des "travel holiday metapher"-Systems führten eine Auswertung ihres Systems durch, um die Brauchbarkeit ihrer Konzepte für verschiedene Teilaufgaben in einem Hypertext-Netzwerk zu überprüfen (Fig. 5.4).

Aufgabe	Am besten geeignet 1. Wahl; 2. Wahl
Browsing	Übersichtskarte, Index
Informationssuche	Index, Links
Repetition von Stoff	guided tour, Link
Referenz-Suche	Index, Links
Studium von unbekanntem Stoff	guided tour, Index
Studium v.teilweise bekanntem Stoff	Übersichtskarte, Index
Studium von bekanntem Stoff	Links, Index

Fig. 5.4 Evaluation des Travel Holiday Systems

Wie in der Tabelle von (Fig. 5.4) zum Ausdruck kommt, ist die guided tour hauptsächlich für das Studium von unbekanntem Stoff und für Repetitionszwecke geeignet. Für das Studium von zumindest teilweise bekanntem Stoff und für die Suche nach einem bestimmten Begriff sind Übersichtskarte und Index effizienter.

5.5   Bilder und Labels als Navigations-Hilfsmittel

In diesem Abschnitt geht es um die Frage, ob der Einsatz von Bildern das Problemlösen und das Gedächtnis unterstütze. Diese Problemstellung soll speziell im Hypermedia-Umfeld bei den in diesem Bereich typischen Problemen der Informationssuche und der Navigation untersucht werden.

Bei den in diesem Abschnitt beschriebenen Experimenten [Egi88] wurde von der Annahme ausgegangen, dass der Mensch Bild-Informationen schneller als Text-Informationen verarbeite sowie von der Tatsache, dass Bilder im menschlichen Gehirn sehr lange gespeichert bleiben. Unter diesen Voraussetzung wurde die folgende Versuchsanordnung verwendet:

In einem elektronischen Lexikon wurde der Einsatz von Bildern und von textlichen Kapitelüberschriften (Labels) untersucht. Es wurde eine hierarchisch strukturierte Bilddatenbank mit auf Videodisk gespeicherten Bildern der Vogel- und Meereswelt der USA eingesetzt (Fig. 5.5).

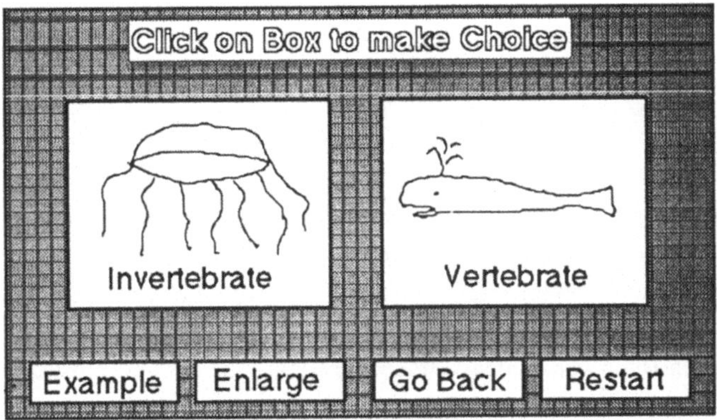

Fig. 5.5 Benutzerschnittstelle des Versuchsprogramms

Die Versuchspersonen hatten die Aufgabe, aufgrund eines Fotos ein Bild im Lexikon zu finden. Dabei wurden drei Varianten der Benutzerschnittstelle eingesetzt:

- Navigation im Lexikon mit Hilfe von Bildern

- Navigation im Lexikon mit Hilfe von Labels

- Navigation im Lexikon mit Hilfe von Bildern und Labels.

Als Mass für den Erfolg wurden einerseits die Anzahl Suchschritte, die gebraucht wurden, bis das Bild gefunden wurde und andererseits die gesamthaft benötigte Zeit bis zum Auffinden des Bildes gemessen. Die Auswertung der Messdaten ergab ein eindeutig besseres Abschneiden für die Versuchspersonen, die mit Labels gearbeitet hatten als für diejenigen, die mit Bildern gearbeitet hatten. Die Kombination von Bildern mit Labels erbrachte nur eine geringfügige Verbesserung gegenüber den blossen Labels.

Daraus kann geschlossen werden, dass für den direkten Einsatz als Navigationshilfsmittel nur Bilder in Ikonenform nicht ideal geeignet sind. Ein günstig gewählter Schlüsselbegriff zeigt dem Leser besser, wo er die gesuchten Informationen findet. Wenn Bilder zur

Navigation eingesetzt werden, so ist die Wahl der Bilder von grundlegender Bedeutung. Wenn der Zugang zu gewissen Informationen mit Ikonen ermöglicht werden soll, so müssen z.B. diese Ikonen den für diese Informationen gängigen Metaphern entsprechen. Weiter ist ebenfalls zu berücksichtigen, *wie* ein Bild eingesetzt wird: Ein Beispiel-Button, mit dem ein Beispiel eines gesuchten Begriffes (z.B. eines gesuchten Tieres) angezeigt werden kann, vereinfacht die Suche nach dem Begriff.

5.6 *Browsing*

Unter dem Begriff *Browsing* wird im Information Retrieval eine von Zufälligkeiten abhängende Informationsfindungs-Strategie verstanden, die besonders gut geeignet ist für schlecht definierte und strukturierte Probleme in einem Bereich, der dem Leser neu ist. In einem Buch oder in einem Lexikon kann unter Browsing etwa das erforschende Herumblättern im Buch verstanden werden. Beweggründe für den Einsatz von Browsing können sein:

- Das Suchziel kann nicht genau definiert werden. Da der Leser keinen exakten Suchbegriff hat, muss er solange im Dokument herumblättern, bis er auf die gesuchte Information trifft.

- Der intellektuelle Aufwand für Browsing ist geringer als für eine analytische, vorgeplante Suche. Browsing kann damit die richtige Suchtechnik für Leute mit eingeschränkten analytischen Fähigkeiten sein, da das Herumblättern in einem Dokument keine grossen Anforderungen an den Intellekt stellt.

- Das Informationssystem ist für die Browsing-Suchtechnik ausgelegt. Falls das Herumblättern in einem Dokument nicht ausreichend unterstützt wird, indem z.B. die Zugriffszeit um von einer Seite zu nächsten zu blättern zu gross ist, so wird besser eine direktes Suchverfahren angewendet.

Das Gegenstück zu Browsing bildet *Indexing*, eine direkte Suche mit Hilfe eines Inhaltsverzeichnisses und eines Stichwortverzeichnisses. Damit Indexing überhaupt möglich ist, muss das zu durchsuchende Dokument a priori indexiert werden. Damit dieses Suchverfahren überhaupt möglich ist, muss also eine beträchtliche Vorarbeit geleistet werden. Für eine Zusammenfassung der verschiedenen manuellen und automatischen Indexierungsverfahren siehe z.B. [Sal83].

Im folgenden sollen die beiden Verfahren *Indexing* und *Browsing* miteinander verglichen werden, wobei der Schwerpunkt auf das zufällige Lernen beim Einsatz der beiden Verfahren gelegt wird. Im Speziellen soll untersucht werden, bei welcher der beiden Suchformen vom Leser mehr Kontext-Wissen aufgenommen wurde. Dazu wurde in einem von Marchionini und Shneiderman durchgeführten Experiment [Mar88] eine indizierte Bibliothek von Hyperdokumenten zur Verfügung gestellt, in der der Leser entweder mit Hilfe von Browsing oder von Indexing navigieren konnte. Der Leser hatte die Aufgabe, mit Hilfe der Bibliothek das folgende Problem zu lösen:

"Wie schnell nimmt die Kohlendioxid-Konzentration in der Atmosphäre zu?"

Es wurden Vergleiche in drei verschiedenen Versuchsanordnungen vorgenommen:

- Es wurden zwei gleichermassen in der Literaturrecherche erfahrene Benutzergruppen miteinander verglichen, wobei die eine Gruppe als Navigationshilfsmittel nur Browsing einsetzen durfte, während die andere Gruppe auf das Indexing eingeschränkt wurde. Dabei zeigte es sich, dass die Gruppe mit Indexing die besseren Resultate erzielte. Der erfahrene Benutzer arbeitet also effizienter mit Indexing.

- In der zweiten Versuchanordnung wurde in der Literaturrecherche erfahrene Benutzer mit unerfahrenen Benutzern verglichen. Als Hilfsmittel zur Suche stand beiden Gruppen lediglich Browsing zur Verfügung. Bei der Auswertung der Resultate zeigte es sich, dass zwischen den beiden Gruppen kein signifikanter Unterschied festzustellen war. Bei der Browsing-Suche kann also der Leser seine Sucherfahrung nicht einsetzen.

- In der dritten Versuchsanordnung wurden zwei in der Literaturrecherche gleichermassen unerfahrene Gruppen miteinander verglichen, wobei die eine Gruppe mit Browsing suchte, während der anderen ein Index zur Verfügun stand. In diesem Versuch wurden mit Browsing die besseren Resultate erzielt, d.h. der unerfahrene Benutzer sucht mit Browsing effizienter als mit Hilfe von Indexing. Ein Grund wurde von Marchionini und Shneiderman in der Tatsache gesehen, dass es häufig schwierig ist, vom Indexeintrag auf den Inhalt eines Hypertext-Knotens zu schliessen.

Anschliessend an die oben beschriebenen Experimente, bei denen die beiden Suchstrategien direkt im Bezug auf ihre Effizienz miteinander verglichen wurden, wurde mit Hilfe eines Post-Tests das Mass des zufälligen Lernens bei den verschiedenen Benutzergruppen ermittelt. Dabei zeigte es sich, dass der zufällige Lerneffekt bei den Index-Benutzern generell etwa 40 Prozent besser war als bei den Browsing-Benutzern. Marchionini und Shneiderman sehen dieses Resultat vor allem in der Tatsache begründet, dass durch den Gebrauch von Index und Inhaltverzeichnis die globalen Zusammenhänge aufgezeigt werden, woraus ein besseres Verständnis des Schülers für das ganze Stoffgebiet resultiert. Aus diesem besseren Verständnis wiederm resultiert auch eine bessere Speicherung der Tatsachen im Gedächtnis des Schülers.

Dieses Experiment betont erneut die Bedeutung, die dem konsistenten Einsatz von Links und dem konsistenten Aufbau des Index zukommt. Diese Konsistenz muss über die ganze Bibliothek von Hyperdokumenten erhalten bleiben, da z.B. die inkonsistente Vergabe von Indexeinträgen über mehrere Dokumente für den nach Informationen suchenden Leser höchst verwirrend ist.

5.7   Erleichterung der Navigation durch das   Datenmodell

In diesem Abschnitt soll die Bedeutung des unterliegenden Datenmodells auf die Benutzerschnittstelle untersucht werden. Es soll der Frage nachgegangen werden, wie weit eine passende Wahl des Datenmodells die Navigationsaufgabe des Lesers vereinfachen kann [Aks88b].

Im allgemeinen ist ein Hyperdokument als eine mehrstufige Hierarchie von Knoten aufgebaut. Die mehrdimensionale Natur des Hyperdokumentes muss nun auf ein zweidimensionales Bildschirmfenster abgebildet werden. Dabei muss die räumliche Natur der Knoten berücksichtigt werden. Im folgenden werden einige Punkte diskutiert, die für ein Datenmodell, das die Navigation im Hyperraum erleichtert, von Bedeutung sind.

- *Einheitlicher Knotentyp*
  Die Zahl möglicher Knotentypen ist für das Design eines Hypertext-Dokumentes von grundlegender Bedeutung. Wenn das System den Hypertext-Autor a priori dazu zwingt, sich mit einem möglichen Knotentyp zufrieden zu geben, so ist es sicher einfacher, ein homogenes Dokument zu erstellen. Auch ist die Beherrschung des Systems für den Autor einfacher, da er z.B nur die Bedienung eines Editor für den einzigen Knotentypen erlernen muss. Die Zahl der zur Navigation nötigen Kommandos wird durch die Einschränkung auf einen Knotentyp begrenzt. Andererseits kann die Tatsache, dass mehrere Knotentypen zugelassen sind, auch als Navigationshilfsmittel eingesetzt werden, indem Knoten des gleichen Typs zusammen gruppiert und miteinander vernetzt werden. Ausserdem werden natürlich durch die Zulassung mehrerer Knotentypen die Flexibilität und die Einsatzmöglichkeiten des Systems erweitert. Es gilt hier generell, dass für einfache Systeme, die leicht erlernbar sein sollen, die Einschränkung auf einen Knotentyp sinnvoll ist, während für komplexe und entsprechend umfassende Systeme die Zulassung verschiedener Knotentypen vorzuziehen ist.

- *Richtiger Wahl der Link-Endpunkte*
  Ähnlich der obigen Frage ist auch hier wieder zu unterscheiden zwischen einfach zu erlernenden und einfach zu bedienenden Hypertext-Systemen und komplexeren Systemen mit grösserem Umfang. Bei einfachen Systemen kann der Link-Endpunkt mit dem ganzen Knoten gleichgesetzt werden. Wird grössere Flexibilität gewünscht, so müssen Links auf einzelne Worte oder sogar auf Substrings von Worten zugelassen werden. Es gilt aber auch hier, dass diese zusätzliche Flexibilität wieder mit zusätzlicher Komplexität erkauft wird.

- *Unterscheidung zwischen hierarchischen und nicht-hierarchischen Links*
  Diese Unterscheidung ist gleichzusetzen mit der Unterscheidung zwischen hierarchisch und nicht-hierarchisch aufgebauten Hyperdokumenten. Eine implizite hierarchische Substruktur eines Dokumentes vereinfacht die Navigation sowohl für den Leser als auch für den Autor des Dokumentes. Bei der Verwendung von hierarchischen Links bilden die Link-Endpunkte im Text die Titel der nächsttieferen Knoten-Hierarchiestufe. Das Editieren von hierarchischen Dokumenten ist ausserdem besonders einfach, da ganze Teilbäume durch das Umhängen eines Wurzelknotens verschoben werden können.

- *Fixierte Knotengrösse*
  Die Einschränkung auf eine fixierte Knotengrösse bringt verschiedene Vorteile. So kann z.B. das ergonomisch zweifelhafte "Scrolling" eliminiert werden. Auch ist der Autor gezwungen, seine Ideen Hypertext-gerecht in Knoten zu strukturieren. Ausserdem ist die Ermöglichung einer befriedigerenden Leistung des ganzen Systems einfacher und der parallele Zugriff mehrerer Benutzer auf das gleiche Dokument kann auf Knotenebene synchronisiert werden. Es gilt hier aber sicher auch wieder die bereits oben gemachte Feststellung, dass durch die Zulassung einer flexiblen Knotengrösse das ganze System zwar flexibler, aber auch komplizierter bedienbar wird.

5.8 Strukturierung von Hyper-Wissensbasen

Nachdem im vorhergehenden Abschnitt die Stuktur des unterliegenden Datenmodells besprochen wurde, soll in diesem Abschnitt die Strukturierung des Wissensmodells, also der oberen Ebene in der Hypertext-Architektur, zur Sprache kommen.

Wissen ist ja bereits implizit strukturiert:

Wissen kann in einem Konzept-Netzwerk in Form eines *semantischen Netzes* strukturiert werden (Fig. 5.6). Die häufigsten Linktypen im semantischen Netzwerk sind die "is-a"-Links und die "has-part"-Links, mit denen (gemäss der objektorientierten Sprechweise) Unterklassen-Beziehungen festgehalten werden.

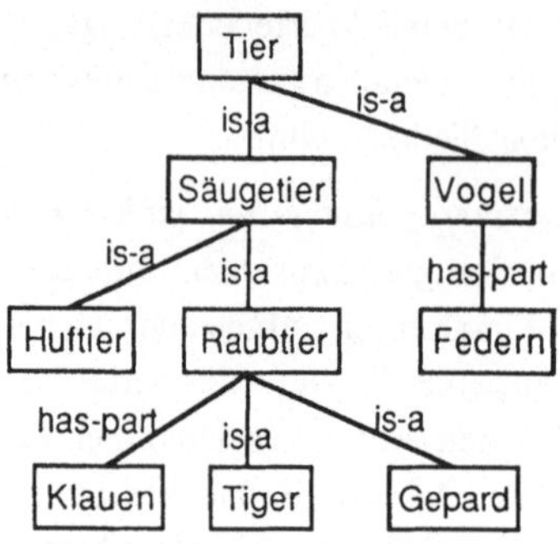

Fig. 5.6 Beispiel eines semantischen Netzes

Wissen kann je nach Standpunkt in verschiedenen Netzen dargestellt werden. So kann z.B. das Netz von (Fig. 5.6) strukturiert werden nach der Funktion, die die Tiere ausüben, wie Raubtiere, Wiederkäuer, etc., aber auch nach dem Lebensraum der Tiere, d.h. z.B. Savannenbewohner, Wüstenbewohner, etc..

Semantische Netze werden schwer verständlich, wenn die strikte Hierarchie aufgelöst wird. Falls die Auflösung der strikten Hierarchie nötig wird, so kann mit Hilfe einer sog. "facet analysis" [Dun89] eine Aufteilung des gesamten Wissensbereichs in Teilgebiete vorgenommen werden. Diese Aufteilung wird erhalten, indem der Wissensbereich von verschiedenen Standpunkten her betrachtet wird. Im Hyperdokument kann diese Aufteilung durch eine Erweiterung der Knoten mit Attributen vorgenommen werden. Falls sich diese Attribute auf funktionale Eigenschaften der Knoten beziehen, so sind sie gleichbedeutend mit einer Typisierung der Knoten, so wie sie im vorhergehenden Abschnitt besprochen wurde. Um hierzu vollständige Klarheit zu schaffen, sollen die beiden möglichen Klassifizierungen von Knoten nochmals gegenübergestellt werden:

- Inhaltsbezogene Klassifizierung:
  Hier wird eine Klassifizierung der Knoten gemäss ihrem Inhalt vorgenommen. So kann z.B. unterschieden werden zwischen Produkt-Knoten, Teil-Knoten, Prozess-Knoten, etc.

- Funktionsbezogene Klassifizierung:
  Diese Unterteilung, weiter oben auch als Typisierung bezeichnet, unterteilt die Knoten gemäss ihrem Aufgabenbereich. Knoten können z.B. in Text-Knoten, Inhaltsverzeichnis-Knoten, Steuerknoten für externe Geräte, etc. unterteilt werden.

Neben den Knoten können auch die Links klassifiziert werden. Eine mögliche Gruppierung von Links in 7 Kategorien ist in (Fig. 5.7) dargestellt [Dun89].

Link-Gruppe	Beispiel
being	A is a B (Mengenbeziehung)
showing	A is an example of B A demonstrates B
causing	A causes B B is a result of A
using	A uses B A can be used by B
having	A has B
including	A includes B A consists of B
similarity	A is similar to B A can replace B

Fig. 5.7 Gruppierung von Links in sieben Kategorien

6 Hypermedia für elektronische Handbücher

6.1   Motivation

Im technischen Bereich hat der Informationsüberfluss ein Mass angenommen, das mit den traditionellen Medien nicht mehr bewältigt werden kann. So ist z.B. eine Boeing 747, die alle Handbücher, die zu ihrer Wartung nötig sind, an Bord genommen hat, wegen Übergewicht nicht mehr zu einem Start fähig. In diesem Kapitel soll untersucht werden, inwieweit Hypertext und Hypermedia einen Ausweg aus diesem Dilemma bieten können.

Durch den Einsatz von elektronischen Medien sollen Kostenersparnisse im Informations-entstehungs- und Verteilungsprozess realisiert werden. Durch einen verbesserten Informationszugriff soll die Produktivität erhöht werden. Der Informationszugriff kann vor allem durch die folgenden drei Faktoren verbessert werden:

- Nicht-serielle Datenorganisation
  Durch Zufügen von elektronischen Inhaltsverzeichnissen und Schlagwortregistern wird der Direktzugriff auf die gesuchte Information ermöglicht.

- Hypertext-Links
  Die Vernetzung des eigentlichen Textes gestattet durch die Verwendung von Hypertext-Links das nicht sequentielle Lesen des Dokumentes und das Verfolgen von Informations-Pfaden.

- Benutzerfreundliche Schnittstellen
  Durch benutzerfreundliche Hypermedia-Schnittstellen wird der Zugang zur Information erleichtert. Einerseits wird die Zugriffszeit reduziert, andererseits kann

die Erklärungskomponente durch die Integration weiterer Medien wie Animation und Ton ausgebaut werden.

Aufgrund der obigen Gründe ist der Einsatz teurer Workstations alleine als Informations-verwaltungs-Maschinen sogar in Fertigung und Produktion gerechtfertigt.

Elektronische Dokumentationen finden Einsatz bei

- Ersatzteilkatalogen

- Service-Handbüchern

- Referenzhandbüchern

- Benutzerhandbüchern

- Troubleshooting-Handbüchern

- etc.

Der Übergang zu Expertensystemen ist in diesem Bereich fliessend. Einerseits können beispielsweise für die Fehlersuche (Troubleshooting) direkt Expertensysteme eingesetzt werden, wie dies z.B. bei Digital Equipment mit XCON, einem Expertensytem für die Installierung von Vax-Computern, getan wird. Die Erklärungskomponente dieser Expertensysteme kann mit Hypertext-Links erweitert werden. Andererseits können Hypertext-Systeme eingesetzt werden, bei denen für das Verfolgen von Links Expertensytem-Komponenten zwischengeschaltet werden.

6.2 Voraussetzungen für die Entwicklung elektronischer Dokumentationen

In diesem Abschnitt soll der Frage nachgegangen werden, wie das ideale elektronische Dokumentationssystem aufgebaut sein soll. Ein solches System muss Werkzeuge für die

- Text-Kreation

- Text-Presentation

- Text-Austausch

- Text-Annotation

integriert haben. Im folgenden sollen die einzelnen Teilkomponenten eines elektronischen Dokumentationsystems kurz besprochen werden.

Für die Kreation von neuem Text kommt trivialerweise ein Text-Editor zum Einsatz. Häufig kann allerdings von bereits existierender Information in Papierform ausgegangen werden. Die hier möglichen Konversionsverfahren werden im nächsten Abschnitt ausführlich besprochen. Bei der Spezifikation der elektronischen Dokumentation muss die *Art der benötigten Daten* festgelegt werden. Es wird unterschieden zwischen Text, Tabellen, "line art", (d.h. ein Bit tiefer schwarz-weisser Grafik) "grayscale" Bildern, (d.h. Bildern mit Grauwerten) Farbbildern und Animationen. Je nach Art der benötigten Daten muss die entsprechende Hardware beschafft werden. Als weiteres Problem bei der Spezifikation der elektronischen Dokumentation muss das Navigationssystem festgelegt werden. Als Navigationsphilosophie gilt der Grundsatz "so einfach wie möglich". Dem Benutzer muss zu jedem Zeitpunkt der momentane Standpunkt innerhalb des Hyperdokumentes bekannt sein. Auch müssen die zusätzlichen Fähigkeiten des Computers ausgeschöpft werden, indem dem Benutzer zu jedem Zeitpunkt der Zugang zu allen Daten ermöglicht wird und ein Inhaltsverzeichnis und ein Index geführt werden.

Bei der Übernahme vom Papier darf die Dokumentenstruktur nicht a priori übernommen werden. Vielmehr muss den besonderen Fähigkeiten des Computers angepasst eine neue Struktur geschaffen werden, die z.B. Links zwischen den verschiedenen Dokumenten vorsieht und diese dort, wo es sinnvoll ist, bereits fest eingebaut hat. Falls Animationen in das elektronische Dokument eingefügt werden, so muss für diese ein einheitlicher Standard verwendet werden. Schliesslich muss auch die Interaktion mit "dem Rest der Welt" bereits vorgesehen werden, indem die entsprechenden Drucker- und Modem-Anschlüsse vorgesehen werden.

Um das elektronische Handbuch immer auf dem neuesten Stand zu halten, muss die passende Aufdatierungsstrategie bereits bei der Erstellung des Handbuches vorgeplant werden. Das Speichermedium wird durch die Frequenz der Aufdatierungen bestimmt. Falls täglich bis wöchentlich Modifikationen vorzunehmen sind, so empfiehlt es sich, die Daten on-line auf einem Rechner mit entsprechender Massenspeicherkapazität zu verwalten. Falls die Daten z.B. für einen Ersatzteilkatalog monatlich ändern, so können als Speichermedium Disketten in Betracht gezogen werden. Für grosse Datenmengen, die relativ beständig sind, wie etwa Service-Handbücher, die in halbjährlichem Turnus auf den neuesten Stand gebracht werden, empfiehlt sich die Verwendung von CD-ROM's (siehe (1.9.2)).

6.3 *Konversion vom Papier zum Bildschirm*

Im einfachsten Fall ist die in das elektronische Handbuch zu integrierende Information bereits in digitaler Form. Die Portierung in das Dokumentationssystem wird in diesem Fall idealerweise über ein Netzwerk vorgenommen. Im allgemeine Fall muss leider meist von einer Dokumentation in schriftlicher Form auf Papier ausgegangen werden. In diesem Abschnitt sollen die Methoden und Verfahren besprochen werden, die bei der Konversion vom Papier zum Computer zum Einsatz kommen.

Im folgenden wird der Prozess der Informationsverarbeitung vom Papier bis zum abfragebereiten, fertig formatierten Computerdokument in vier Schritte unterteilt:

- Optical Character Recognition (OCR)

- Vektorisierung

- Deklarative Formatierung

- On-line Retrieval

Diese vier Schritte sollen nun einzeln betrachtet werden.

6.3.1 Optical Character Recognition (OCR)

Im ersten Schritt geht es darum, die auf dem Papier geschriebenen Buchstaben in maschinenlesbare Form zu bringen. Falls man sich entscheidet, den Text nicht von neuem einzutippen, muss ein Scanner eingesetzt werden. Der Scanner alleine ist lediglich in der Lage, das Bitmuster eines Textes, nicht aber die im Text enthaltene Information zu erkennen. Mit Hilfe eines Lasers liest der Scanner das Bitmuster der Seite und speichert es in maschinenlesbarer Form. Wenn es sich bei dem zu lesenden Dokument um ein Bilddokument handelt, so muss das Bild beim Scan-Vorgang entsprechend seiner Beschaffenheit und entsprechend der vorhandenen Hardware weiter verarbeitet werden. Bei Farbbildern muss grundsätzlich entschieden werden, ob diese in Farbe oder schwarz-weiss erfasst werden sollen. Aber auch schwarz-weiss Bilder können verschieden verarbeitet werden. Bei der technisch einfachsten Möglichkeit werden die Bilder lediglich als schwarze und weisse Bildschirmpunkte gespeichert. Unterschiedliche Grauwerte können nur durch eine Mischung von schwarzen und weissen Bildschirmpunkten erreicht werden, ein Verfahren, das als *halftoning* bezeichnet wird. Bei luxuriöseren Bildschirmen können an einem einzigen Bildschirmpunkt verschiedene Grauwerte bzw. Farbtöne erzeugt werden. Diese Bildschirme benötigen allerdings in der Regel eine zusätzliche Videokarte zur Verarbeitung der Zusatzinformation pro Bildschirmpunkt.

Um das vom Scanner aufgenommene Bitmuster in maschinenlesbaren Text umzuwandeln, wird ein sog. OCR (Optical Character Recognition)-Programm eingesetzt. Dieses vergleicht die Bitmuster mit vorgespeicherten Musterbuchstaben. Sobald allerdings ein Dokument verschiedene Schriftgrössen oder sogar mehrere Schriftarten enthält, gerät ein einfaches OCR-Programm in Schwierigkeiten. Leistungsfähigere OCR-Programme verfügen über eingebaute Lernfähigkeiten, d.h. sie sind in der Lage, neue Schriftarten in Interaktion mit dem Benutzer, der den Bitmustern Bedeutung zuweisen kann, zu erlernen und so ein Dokument mit sinkender Fehlerrate zu bearbeiten. In einem mit einem OCR-Programm eingelesenen Dokument können zwei Arten von Fehlern auftreten: Im ersten harmloseren Fall werden vom OCR-Programm nicht erkannte Zeichen im Text markiert und müssen anschliessend vom Benutzer manuell nachbearbeitet werden. Schlimmer ist die zweite Fehlermöglichkeit, wo das Programm Buchstaben falsch erkennt. Bis zu einem gewissen Grad können solche Fehler mit Hilfe eines Rechtschreibe-Programms (spelling checker) erkannt werden. Die manuelle Nachbearbeitung eines mit einem OCR-Programm eingelesenen Dokumentes ist allerdings bei den heutigen OCR-Programmen unumgänglich.

6.3.2   Vektorisierung

Gleich wie Buchstaben-Bitmuster durch OCR-Programme in Buchstaben umgewandelt werden, können grafische Bitmuster wie Kreise, Ovale, Polygone etc. in die entsprechenden grafischen Objekte umgewandelt werden. Unter dem Begriff Vektorisierung wird in diesem Zusammenhang die Konversion von Bitmap-Grafiken zu objektorientierten Grafiken verstanden. Im Rahmen dieses Umwandlungsprozesses müssen grafische Formen erkannt und entsprechend abgespeichert werden, so dass sie in der Folge anstatt mit einem Pixel-Editor mit einem objektorientierten Grafik-Editor nachbearbeitet werden können. Grafische Objekte können einfacher bearbeitet und skaliert werden als Bitmaps sowie auf dem Bildschirm und auf dem Drucker in besserer Qualität dargestellt werden.

6.3.3   Deklarative Formatierung

Das ideale OCR-Programm wäre in der Lage, zusätzlich zur reinen Text-Information auch noch die Formatanweisungen eines Dokumentes zu erkennen. Da solche OCR-Programme heute erst in Ansätzen existieren, muss anschliessend zur reinen Texterfassung noch eine manuelle Formatierung des erfassten Textes vorgenommen werden. Es gibt zwei verschiedene Formatierungsverfahren:

- Bei der *prozeduralen Formatierung* sagt der Benutzer, *wie* das Dokument aussehen soll. An jeder Stelle innerhalb des Textes werden die momentanen Formatanweisungen festgelegt. Die WYSIWYG-Editoren folgen diesem Prinzip. Ein weiteres Beispiel einer prozeduralen Formatierungssprache ist das unter UNIX laufende troff.

- Im Gegensatz dazu spezifiziert der Benutzer einer *deklarativen Formatierungssprache* den gewünschten Inhalt, worauf das System selber die passende Repräsentation auswählt. Ein Beispiel einer deklarativen Sprache bilden die in Microsoft Word möglichen "styles", mit denen z.B. die Kapitelüberschriften generell einmal (zu Beginn) festgelegt werden, worauf weitere Kapitelüberschriften bloss noch als solche kenntlich zu machen sind. Ein deklaratives Formatierungsprogramm basiert in der Regel auf einer prozeduralen Formatierungssprache, wie dies z.B bei den UNIX ms- und mm-Makros, die auf troff aufbauen, der Fall ist. Wie im nächsten Abschnitt besprochen wird, kann deklarative Formatierung das on-line Retrieval unterstützen.

6.3.4 On-line Retrieval

Im letzten Konversionsschritt zum on-line Dokument müssen in das nun maschinenlesbare Dokument noch die für das Retrieval nötigen Erweiterungen eingebaut werden. In erster Linie handelt es sich um die Erzeugung von Inhaltsverzeichnis und Stichwortlisten. Dazu muss das ganze Dokument indexiert werden. Falls ein Dokument mit einer deklarativen Formatierungssprache formatiert wurde, so können die deklarativen Formatanweisungen für diesen Index gebraucht werden, da so z.B. bereits Titel, Autoren etc. innerhalb des Dokumentes kenntlich gemacht wurden und nun direkt nach diesen gesucht werden kann. Um raffiniertere Formen von Retrieval zu ermöglichen, muss das Dokument weiter bearbeitet werden. So können z.B. Proximitäts- und Cross-Reference-Listen erzeugt werden, mit denen Abfragen wie "locate 'language' within 10 paragraphs of 'ideas'" möglich werden. Eine andere Idee besteht in der Verwendung eines "Sieb"-Dokumentes, mit dem ein Prototyp des gesuchten Dokument-Fragmentes erzeugt werden kann.

In dieses Kapitel gehört auch der Einbau der passenden Links in das Dokument. Da dieses Problem allerdings nicht so einfach behandelt werden kann, soll es hier ausgeklammert und an späterer Stelle separat behandelt werden.

6.4 Designfragen für elektronische Handbücher

In diesem Abschnitt sollen einige Punkte, die für das Design eines elektronischen Handbuches von Bedeutung sind, betrachtet werden. Bevor mit dem Entwurf eines elektronischen Handbuches begonnen wird, muss der Entwickler sich im klaren darüber sein, von welchem Typ das von ihm zu erstellende elektronische Handbuch sein wird. Mögliche Typen sind beispielsweise:

- Unterstützung interaktiver Aufgaben

- Referenz-Material

- Tutorial

- Bedienungsanleitung

- System- und Fehlermeldungen.

Im folgenden soll eine Liste von Punkten, die beim Entwurfsprozess eines elektronischen Handbuches von Bedeutung sind, aufgestellt und die einzelnen Punkte im Detail beleuchtet werden.

- *Berücksichtigung des Benutzers*
  Dieser an erster Stelle aufgeführte Punkt bedarf keiner weiteren Erläuterung! Sämtliche weiteren Punkte haben lediglich die Erfüllung dieser ersten Forderung zum Ziel.

- *Überwindung einer Lernkurve*
  Der Einstieg in ein neues elektronisches Handbuch muss dem Benutzer möglichst leicht gemacht werden. Das bedeutet, dass z.B. Guided Tours und andere Einstiegshilfen einzubauen sind, um dem Benutzer möglichst bald den produktiven Einsatz des Handbuches zu ermöglichen.

- *Wie will der Leser mit der Information interagieren?*
  Es muss für den Leser die passende Interaktionsform gewählt werden. Je nach Zielpublikum und Typ des Handbuches kann z.B. zwischen Dokument in reiner Tutorialform oder Dokument in Referenz-Handbuchform unterschieden werden. Auch muss die für das Zielpublikum und den Handbuchtyp passende Hardware gefunden werden. Es muss z.B. über den Einsatz eines separaten Bildplattenspielers für das Abspielen von Filmsequenzen entschieden werden.

- *Frühe Kontaktnahme Schreiber-Techniker*
  Dieser Punkt ist für das erfolgreiche Gelingen eines Handbuchprojektes von zentraler Bedeutung. Falls Handbuchschreiber und Techniker verschiedene Personen sind, kann der Handbuchschreiber vielmals sogar dem Techniker inhaltsbezogene Kritiken und Verbesserungsvorschläge machen. Auf jeden Fall muss der Schreiber über ein genügendes Verständnis für das von ihm zu bearbeitende Stoffgebiet verfügen.

- *Bildschirm-Layout*
  Dieser Punkt wurde bereits in Kapitel (2.1 "Sieben Punkte der Hypermedia-Software-Entwicklung") an verschiedenen Stellen besprochen. Die dort aufgestellten Forderungen und Grundsätze wie "Halte den Bildschirm so einfach wie möglich!" gelten natürlich auch hier.

- *Storyboarding*
  Diese aus der Filmindustrie stammende Technik kann auch bei der Entwicklung elektronischer Dokumentationen eingesetzt werden. Das Storyboard beschreibt die Techniken, Interaktionen, Textart, etc. des endgültigen Produktes und wird eingesetzt, um das definitive Produkt zu planen. Mit Hilfe eines Storyboards kann die endgültig benötigte Information zusammengetragen werden. So kann z.B. festgestellt werden, wo grafische Erläuterungen eingefügt werden müssen oder wo die kognitiven Anforderungen an den Endbenutzer zu hoch sind. Auch Fragen wie "soll der Help-Text den normalen Bildschirm überlagern?" oder "kann der Help-Text weiterverwendet werden?" können mit Hilfe des Storyboards geklärt werden. Ein Storyboard kann also im Sinne eines Prototyps für das Austesten des endgültigen Handbuch-Produktes verwendet werden.

- *Zusammenwirken mit "echtem" Programm*
  Falls das Handbuch für ein Computerprogramm eingesetzt werden soll, so müssen Übergange vom Programm in das Handbuch z.B. für ein on-line Help-System vorgesehen werden.

6.5 Drei Stufen der Entwicklung von Hyper-Handbüchern

In diesem Abschnitt sollen stellvertretend für viele weitere Zwischenformen drei mögliche Varianten von Hyper-Handbüchern vorgestellt werden. Ausgehend von einer ersten Form, die sich noch stark an konventionelle sequentielle Dokumente anlehnt, soll eine schrittweise Entwicklung bis hin zum expertensystem-erweiterten Hypermedia-System aufgezeigt werden.

6.5.1   1. Stufe: Pseudo-Hypertext

Die erste Stufe eines elektronischen Dokumentes unterscheidet sich vom gedruckten Buch lediglich durch den Einsatz des Computers als Hilfsmittel für die Suche nach Schlüsselbegriffen. Ein solches Pseudo-Hypertext-Dokument wird in einer Vorverarbeitungsphase indexiert und das invertierte Index-File für den Direktzugriff auf die Schlüsselbegriffe verwendet. Ein solchermassen bearbeitetes Dokument kann sowohl ein Inhaltsverzeichnis mit Direktzugriff als auch einen Index, von dem aus direkt auf die im Index referenzierten Textstellen zugegriffen werden kann, umfassen. Das Dokument kann beispielsweise gemäss dem Kapitelaufbau hierarchisch strukturiert sein. Weitere Hilfsfunktionen können eine Volltext-Suchmöglichkeit und die Ermöglichung der Verwendung Bool'scher Suchoperatoren anbieten. Ein solches Dokument hat aber in der Regel noch keine eigentlichen Hypertext-Links und Querverweise integriert.

6.5.2   2. Stufe: "Individuelle Views" und Benutzer-Feedback

Ein Hypertext-Dokument der zweiten Stufe weist eine explizite Hypertext-Struktur auf. Die Navigation im Dokument erfolgt primär mit Hilfe von Links. Weiter ermöglicht das System eine Individualisierung des Dokumentes. Dem einzelnen Leser ist es möglich, Stellen im Dokument zu markieren sowie individuelle Pfade (trails) im Dokument sowohl anzulegen als auch anderern Lesern zugänglich zu machen. Damit kann ein solches Dokument zur Unterstützung von verschiedenen Benutzergruppen verwendet werden. Durch verschiedene Linkstrukturen kann das gleiche Dokument z.B. für Techniker, Ausbildner, Manager und Verkäufer eingesetzt werden. Der Leser kann selbst dem Index weitere Schlüsselbegriffe zuordnen und für spätere Direktzugriffe speichern.

Fortgeschrittene Dokumente der zweiten Stufe beinhalten sogar einen Benutzer-Feedback: Das System sammelt statistische Daten über das Benutzerverhalten, die sowohl für weitere Sitzungen mit dem Benutzer als auch vom Designer für einen neuen Release des Dokumentes verwendet werden können. Systeme der zweiten Stufe können z.B. mit HyperCard implementiert werden. Die meisten Anforderungen, die an ein solches System gestellt werden, erfüllt z.B. Intermedia unter Verwendung des Web-Konzepts (siehe (1.7.1)).

6.5.3   3. Stufe: Annäherung an das Expertensystem

Ein System der dritten Stufe hat sowohl Hypermedia- als auch Expertensystem-Funktionen und Eigenschaften integriert. In einem solchen System ist es möglich, eine bereits gestellt Abfrage zu vertiefen. Auch werden erweiterte Navigationsmöglichkeiten angeboten. Solche Systeme haben z.B. das "Fish Eye View"-Konzept [Fur86] integriert und verknüpfen das Verfolgen von Links mit der Abarbeitung von Regeln. Ein solches System kann direkt in die normale Arbeitsumgebung integriert werden, so dass am Arbeitsplatz in der normalen Umgebung vom on-line Handbuch Hilfe angeboten wird, falls das System diese für nötig erachtet. Schliesslich können an ein solches System, ähnlich einem Expertensystem, direkt Fragen gestellt werden, d.h. die Verknüpfungsmöglichkeiten von Suchbegriffen gehen über die blossen Bool'schen Operatoren hinaus. Als ein Beispiel eines solchen Systems wird im letzten Abschnitt dieses Kapitels ein System vorgestellt, das fähig ist, in natürlicher Sprache gestellte Fragen zu verstehen und ausgehend von einer gespeicherten Wissensbasis die gestellten Fragen zu beantworten.

6.6   Ein Stil für on-line Help

In diesem Abschnitt soll auf eine mögliche Variante eines elektronischen Handbuches detaillierter eingegangen werden: On-line Help-Systeme stellen an den Entwickler eines on-line Systems ganz besondere Anforderungen, die im folgenden näher untersucht werden sollen.

Ein erstes Problem, das der Entwickler eines solchen Systems lösen muss, ist die Herstellung eines Bezuges zur realen Welt. Bei on-line Help-Systemen sollen nach Möglichkeit funktionale Beschreibungen wie z.B. die Beschreibung eines Befehls ergänzt oder sogar ersetzt werden durch Anwendungsbeispiele, indem z.B der Befehl direkt im System ausprobiert werden kann. Dazu müssen die schon oben angesprochenen Übergange vom Help-System in das tatsächliche System vorgesehen werden.

Das ebenfalls schon häufig angesprochene Problem der Bildschirmgestaltung ist auch beim Aufbau eines Help-Systems von zentraler Bedeutung. So muss der Einsatz von Animationen zur Erläuterungen von komplizierten Konzepten geprüft werden. Es muss generell eine Ermüdung des Lesers zumindest eingeschränkt werden, indem der Bildschirm abwechslungsreich gestaltet wird. Trotzdem müssen die verschiedenen Bildschirme zueinander passend zusammengestellt werden. Schliesslich müssen die eingesetzten Bilder zum Text passen. Die schönsten Animationen und Grafiken sind von geringem Nutzen, wenn sie innerhalb des Dokumentes isoliert ohne sichtbaren Zusammenhang zum Text stehen. Diese Problematik setzt sich auch auf der grafischen Ebene fort. Bild und Text müssen nicht nur inhaltlich, sondern auch ästethisch zusammenpassen. Dies fängt bei der Grösse der Bilder im Text an und kann bis zur Wahl der Schriftart für Beschriftungen im Bild gehen[1].

Ein weiterer Schwerpunkt liegt in der sorgfältigen Formulierung des Textes. Mehr noch als beim gedruckten Dokument steht, gerade bei einem Help-System, auf dem Computerbildschirm die Kürze und Prägnanz des Textes im Vordergrund. Der Text muss so kurz wie möglich gehalten werden, ohne aber kryptisch zu wirken. D.h. dass meist kurze, aber ausformulierte Sätze zu verwenden sind. Bei Stichwortlisten und mehr noch bei Abkürzungen ist die Gefahr gross, dass der Leser ohne zusätzliche Informationen nicht mehr in der Lage ist, den Bildschirmtext zu erfassen. In diesen Bereich fällt auch die Gefahr der Verzettelung der logischen Informationsorganisation. In der Informationspräsentation kann eine gewisse Redundanz durchaus angebracht sein, indem mit Links die gleiche Information an verschiedenen Stellen präsentiert wird. Der Leser muss einen logischen Pfad klar als solchen erkennen können, um sich z.B. ausgehend von einem kurzen Help-Text weitere Informationen zu einem bestimmten Sachgebiet holen zu können. Dazu muss ihm auch jederzeit der momentane Standort innerhalb des Help-Systems bekannt sein. Dieser Überblick kann beispielsweise mit Hilfe einer Übersichtskarte gewährleistet werden, aber auch nur schon eine durchstrukturierte Überschrift des momentanen Bildschirms kann ihm bei dieser Aufgabe behilflich sein. Eine durchgehende Metapher (wie z.B. in 5.4 "Ferienreise-Metapher" beschrieben) kann den Leser ebenfalls bei seiner Navigation innerhalb des Help-Systems unterstützen.

Die nun folgenden konzeptionellen Schwerpunkte sind weniger vom Aufbau des Help-Dokumentes selbst als vielmehr von den Möglichkeiten des unterliegenden Autorensystems, mit dem das Help-Dokument erstellt wird, abhängig: Der Entwickler des Help-Systems muss den Grad der Kontrolle, den der Endanwender über das Help-System erhalten kann, vor der Implementation des Systems festlegen. Am einen Ende des Spektrums stehen die systemgeführten Systeme, wo dem Benutzer jede Navigation innerhalb des Help-Systems abgenommen wird, indem das System das Unterstützungsbedürfnis des Endandwenders zu ermitteln versucht und diesem die benötigten Informationen präsentiert. Am anderen Ende

---

[1]Für ein einfaches HyperCard-Beispiel, das die gleichen Probleme wie die hier besprochenen in einem verwandten Einsatzgebiet löst, siehe 8.9 "Wissensvermittlungs-Unterrichtsprogramme und Tutorials".

des Spektrums stehen Systeme wie das UNIX-on-line-Handbuch, das dem Benutzer zwar zur Verfügung steht, wo dieser aber bereits über eine gewisse Sachkenntnis verfügen muss, um die gewünschte Unterstützung für sein Problem durch den Aufruf der entsprechenden Handbuchseite mit Hilfe des man-Kommandos zu erhalten.

Der Help-System-Entwickler muss den Grad der Modifizierbarkeit und Erweiterbarkeit des Help-Systems beim Design des Systems festlegen. Idealerweise sollte ein Leser sich mit der Zeit seine personifizierte Kopie des Help-Dokumentes anlegen können, die mit persönlichen Anmerkungen und Erweiterungen sowie mit selbst angebrachten Links erweitert wird. Leider sind solche Systeme mit wenigen Ausnahmen bis heute erst als Forschungsprototypen vorhanden. Die Erweiterbarkeit eines Systems ist unter anderem auch von handfesten technischen Randbedingungen abhängig. So ist es z.B. unmöglich, auf einem auf CD-ROM verteilten Handbuch direkt persönliche Erweiterungen abzulegen. Für ein solches Help-System müsste beispielsweise ein Lesegerät (Computer) mit einer lokalen Harddisk vorgesehen werden, wobei die persönlichen Erweiterungen auf der Harddisk getrennt vom Help-Dokument abgespeichert würden.

Ein letztes Problem, das auch primär von der verfügbaren Hardware und von der Betriebssystem-Software abhängig ist, ist die gleichzeitige Benutzung des Systems von mehreren Benutzern. Um eine parallele Benutzung zu ermöglichen, muss das Betriebssystem multitaskingfähig sein. Ein ideales Help-System ermöglicht aber noch weitere Formen der Kooperation als bloss das parallele Lesen des gleichen Dokumentes: Ein Leser sollte die Möglichkeit haben, seine persönlichen Erfahrungen und Erkenntnisse sowohl mit dem Help-System als auch mit dem durch das Help-System beschriebenen Zielsystem an die anderen Benutzer weiterzugeben. Solche Systeme zur Zusammenarbeit sind aber bis heute noch nicht über die Forschungslabors herausgekommen. (Für einen Überblick über diese Systeme siehe Kapitel 7 "Hypermedia-Groupware".)

6.7 Offene Fragen

In diesem Abschnitt sollen ganz kurz einige Probleme dargestellt werden, deren Lösung bis heute auf sich hat warten lassen:

- *Modularisation:*
  Eine Unterteilung eines grossen Wissensbereiches in Teilmodule muss bis heute manuell durchgeführt werden. Diese Unterteilung stellt an den Autor des Hypertext-Dokumentes hohe Anforderungen im Bezug auf das Verständnis des zu erfassenden Wissensbereiches. Eine Modularisation kann nur vorgenommen werden, wenn der

Autor erstens das zu erfassende Dokument verstanden hat und zweitens ein Experte im Wissensbereich ist. Um diese Modularisation zu automatisieren, können Expertensystem-Techniken eingesetzt werden, indem mit Wissen zum betreffenden Wissensbereich ausgestattete Expertensysteme eine Unterteilung des Dokumentes in Teilmodule vornehmen.

- *Knotengrösse:*
  Die optimale Knotengrösse der oben angesprochenen Teilmodule ist bis heute noch nicht gefunden worden. In der Hypertext-Literatur ist man sich einig, dass die Knoten idealerweise auf eine Idee begrenzt werden [Hal88]. Diese eine Idee kann nun aber entweder sehr knapp oder aber sehr ausführlich dargestellt werden. Auch kann es sich unter Umständen um eine sehr komplexe Idee handeln. Ist der Informationsgehalt eines einzelnen Knotens zu gering, so besteht das ganze Hypertext-Dokument aus sehr vielen Knoten. Dadurch kann der Zugang zu einem bestimmten Knoten sowohl sehr kompliziert als auch sehr lang werden, was wiederum die Navigationsproblematik verschärft.

- *Grammatik des Hypertextes:*
  Dieses Problem möchte ich an dieser Stelle ohne Lösungsvorschlag in den Raum stellen. Ein konventioneller Text wird in Sätze und Abschnitte untergliedert. Als Gliederungshilfsmittel für Hypertext-Dokumente steht uns bis heute lediglich das Knoten-Konzept zur Verfügung. Offensichtlich ist dieses Konzept für eine umfassende Gliederung eines Hyperdokumentes noch nicht ausreichend. Verschiedene Lösungsansätze wurden im vorhergehenden Kapitel 5 "Navigation im Hyperraum" vorgestellt, doch vermögen sie die angeschnittenen Probleme noch nicht befriedigend zu lösen.

6.8   Das Verständnis natürlicher Sprache

In letzten Abschnitt dieses Kapitels soll ein Gebiet vorgestellt werden, das nur am Rande mit Hypermedia zu tun hat. Das maschinelle Verständnis natürlicher Sprache ist ein Ziel, an dem, seit es Computer gibt, gearbeitet wird. In Information-Retrieval-Systemen möchte man Fragen in natürlicher Sprache formulieren können und auch die Antwort wieder in natürlichsprachiger Form zurückerhalten. Dieses Ziel ist nicht nur auf Hypermedia-Systeme beschränkt, sondern besteht in gleicher Form für die verschiedensten Systemumgebungen. Als einen möglichen Lösungsansatz, (der nicht direkt aus dem Hypermedia-Umfeld stammt) wird im folgenden das START-System [Kat88] vorgestellt, das am MIT als sogenanntes Fragen-Beantwortungssystem (question answering system) entwickelt wird. Das START-System versucht, aus einer natürlichsprachigen Abfrage mit Hilfe einer internen

Wissensbasis eine korrekte Antwort zu generieren. Das START-System soll ebenfalls zur Steuerung von Robotern verwendet werden können, so dass der Computer als Folge einer in natürlicher Sprache eingegebenen Kommandosequenz eine korrekte Aktion ausführt.

Die in (Fig. 6.1) vorgestellte Architektur eines natürlichsprachigen Abfragesystems stammt vom START-System, kann aber ohne weiteres als stellvertretend für weitere ähnliche Systeme genommen werden.

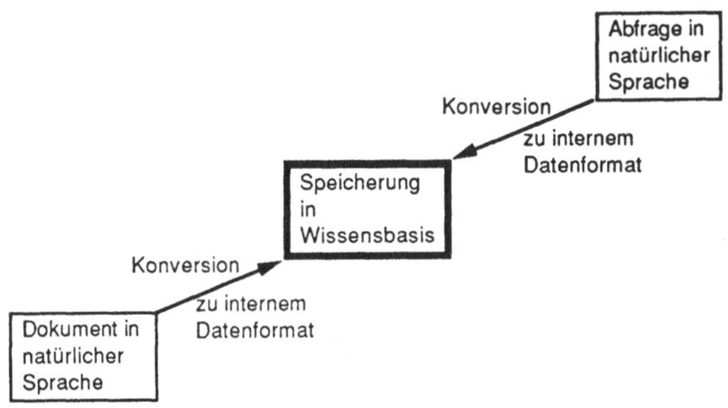

Fig. 6.1 Verständnis natürlicher Sprache

Eine Wissensbasis, die in einem systeminternen Datenformat gespeichert ist, enthält eine Menge von (ursprünglich) natürlichsprachigen Dokumenten, die in einem automatischen Konversionsprozess vom System in das interne Datenformat umgewandelt worden sind. Natürlichsprachige Abfragen der Wissensbasis müssen ebenfalls in das interne Datenformat konvertiert werden. Nach der Durchführung der Abfrage wird die Antwort wieder in natürlichsprachige Form gebracht.

Das START-System unterteilt die Informationsverarbeitung in drei Schritte:

- Parsen

- Indizieren (Speichern)

- Auffinden (Retrieval)

Unter dem Begriff "Parsen" wird die Zerlegung des Dokumentes/Abschnitts/Satz gemäss grammatikalischen Strukturen verstanden. Das START-System kennt im wesentlichen drei Bausteine, um einen gegebenen Text zu zerlegen:

- noun-template(NT) = [preposition determiner modifier adjective* auxiliary, noun]

- verb-template(VT) = [aux1 negation aux2 aux3 verb]

- adverb-template(AT) = [mod adverb]

Die obige Syntax-Beschreibung ist folgendermassen zu lesen: Die noun-template, abgekürzt (NT), besteht aus einer preposition[1], im folgenden abgekürzt prep, gefolgt von einem determiner, gefolgt von einem modifier, gefolgt von keinem, einem, oder mehreren adjectives (*), gefolgt von einem auxiliary, gefolgt vom noun (Substantiv). Die hier eingeführte Zerlegung soll an einem Beispiel illustriert werden: Der Satzteil "after a very long flight" wird vom START-System folgendermassen zerlegt:

```
NT = [(prep after)(det a)(mod very)(adj long)(noun
flight)
```

Der geparste Satz muss nun in der internen Wissensbasis gespeichert werden. Dazu wird er zuerst indiziert. Zur Speicherung des Informationsgehaltes eines geparsten Satzes verwendet START sog. ternäre Ausdrücke (ternary expressions) oder t-expressions. Diese sind als

```
<Subject Relation Object>
```

Tripel aufgebaut. Eine t-expression, die in die interne Wissensbasis eingetragen wird, heisst t-entry. Ein t-entry kann damit als eine vorverarbeitete Zusammenfassung der syntaktischen Struktur englischsprachiger Sätze verstanden werden. Verschiedene Sätze können zum gleichen t-entry führen. Ein Beispiel soll dies verdeutlichen: Die drei Sätze

```
Jane will recognize Paul tomorrow.
Yesterday Jane would have recognized Paul.
Paul wasn't recognized by Jane
```

führen alle drei zum t-entry

---

[1] Die hier gebrauchten englischen Wortarten lassen sich nur eingeschränkt auf die in der deutschen Grammatik üblichen Wortarten übertragen und werden deshalb im folgenden in Englisch belassen.

```
<Jane recognize Paul>.
```

Zur Unterscheidung der drei obigen Sätze kommen nun die im Parsing-Schritt gespeicherten Satzbestandteile prep, det, mod, etc. ins Spiel, indem zusätzlich zum gemeinsamen t-entry für jeden der drei Sätze eine zusätzliche history page geführt wird, die die zusätzlichen Attribute der einzelnen Sätze festhält.

Ein weiteres Problem für ein Spracherkennungssystem liegt im Erkennen des Subjektes. Das System muss erkennen, welches Substantiv (noun) das Subjekt ist und es muss ein Gültigkeitsbereich für dieses Subjekt innerhalb des Dokumentes festgelegt werden. Dieser Gültigkeitsbereich wird in START als *name environment E* bezeichnet. In den folgenden zwei Sätzen muss START erkennen, dass zwei verschiedene Subjekte auftreten. START löst dieses Problem durch die Erzeugung zweier verschiedener Subjekte *friend-1* und *friend-2* im t-entry:

```
Jane's good friend from Boston recognized Paul
⇒ t-entry: <friend-1 recognize Paul>


Miriam's good friend from Pasadena …
⇒ t-entry: <friend-2 … >
```

START muss in der Lage sein, verschiedene Transformationen des gleichen t-entrys zu erkennen bzw. sogar rückgängig zu machen. So muss z.B. zusätzlich zum t-entry in den folgenden vier Sätzen die Transformationsart erkannt werden:

```
The probe reached Venus
Did the probe reach Venus
Didn't the probe reach Venus
Wasn't Venus reached by the probe
```

Die Regeln für Transformationen können auch zur Erkennung und Verarbeitung von zusammengesetzten Sätzen gebraucht werden. Dazu wird eine spezielle Art von Transformationsregeln eingesetzt, die als konnektive Transformationen bezeichnet werden. Jeder zusammengesetzte Satz wird in zwei Teile aufgeteilt: die *Matrix-Klausel* und die *eingebettete Klausel*. Die folgenden zwei Sätze illustrieren die Erzeugung von t-entrys aus einfachen zusammengesetzten Sätzen:

```
Spock wanted the computer to print the message
⇒ t-entry: <Spock want <computer print message>>
```

```
For Spock to ignore the command would anger Kirk
⇒ t-entry: <<Spock ignore command> anger Kirk>
```

Lexikalische Mehrdeutigkeiten wie Wörter, die sowohl als Adjektiv, Verb oder Substantiv auftreten können, stellen ein maschinelles Spracherkennungsprogramm vor grosse Probleme. Zur Erkennung solcher Fehlermöglichkeiten wurde bei START in den Parser ein sog. error feedback zur Behebung von lexikalischen Mehrdeutigkeiten eingebaut. Der folgende Satz ist aus diesen Gründen für den Computer sehr schwer richtig zu zerlegen:

```
The gangsters can supply uniform alibis but the policeman
found the uniform in the supply can.
```

Weiter müssen ("fast gleiche") Sätze mit unterschiedlicher Struktur, aber gleichem Inhalt wie z.B.

```
Jane presented Paul with a gift
⇒ t-entry: <<Jane present Paul> with gift>
```

```
Jane presented a gift to Paul
⇒ t-entry: <<Jane present gift> to Paul>
```

erkannt und richtig verarbeitet werden. So muss im obigen Beispiel erkannt werden, dass der Informationsgehalt der beiden Sätze identisch ist. Dazu wurde START um die sog. S-Regeln erweitert (das "S" steht für Syntax und Semantik). Darunter wird ein regelbasiertes System zur Transformation fast gleicher Sätze in identische t-expressions verstanden. Für das Verb "present" wird beispielsweise die folgende S-Regel verwendet:

```
IF <<subject PRESENT object1> WITH object2>
THEN <<subject PRESENT object2> TO object1>
```

Um einen englischen Satz zu verstehen, braucht START ein gewisses morphologisches, syntaktisches und semantisches Wissen über die Worte, welche im Satz enthalten sind.

Dieses Wissen wird in einem Lexikon gespeichert. So können zum Beispiel Synonyme für die Spezifikation von S-Regeln abgefragt werden. Eine Klasse *emotional-reaction* kann z.B. folgende Worte enthalten: {amuse, anger, disappoint, embarass, frighten, ...}. Falls nun ein Verb in der Klasse emotional-reaction ist, kann mit Hilfe von S-Regeln eine Transformation ausgelöst werden.

Nachdem unter Verwendung der oben beschriebenen Verfahren aus den natürlichsprachigen Texten eine Wissensbasis aus t-entrys und history pages angelegt worden ist, soll nun die Wissensbasis natürlichsprachig abgefragt werden können. Im einfachsten Fall muss dazu lediglich die Fragetransformation rückgangig gemacht werden.

```
What did Spock the computer want to print
erzeugt die Frage-t-expression <Spock want <computer print ●>>
```

Um die Frage zu beantworten, wird in der internen Wissensbasis nach einer Entsprechung der Lücke ● gesucht. Wenn eine Übereinstimmung mit einer t-expression gefunden wird, so wird aus der t-expression wieder eine englischsprache Antwort erzeugt. Analog können auch Antworten zu Why-, When-, Where-, Yes/No-, etc. Fragen gefunden werden, wobei in einem solchen Fall die Frage zuerst noch transformiert werden muss.

7 Hypermedia-Groupware

7.1 Einleitung - NLS/Augment

Unter dem amerikanisch-englischen Begriff "groupware" werden computerunterstützte Systeme zur Zusammenarbeit verstanden, ein Gebiet, das auch als *Computer Supported Cooperative Work (CSCW)* bezeichnet wird. Die Designer der ersten computerbasierten Hypertext-Systeme sahen ihren hauptsächlichen Einsatzbereich in diesem Gebiet. In diesen Bereich fallen *Ideen-Strukturierungssysteme* wie die sog. *Outliner*, mit denen einzelne Ideen erfasst, strukturiert und gruppiert werden können, Systeme zur Unterstützung der *direkten Teamarbeit bei Konferenzen* und Meetings, aber auch *elektronische Meldungsübermittlungs-Systeme* und Telekonferenzsysteme sowie *Versionen-Verwaltungssysteme* zur Unterstützung der Software-Entwicklung in der Gruppe. Versionenverwaltungssysteme wurden bereits in Kapitel 2.5 "Hyper-Versionenverwaltungssysteme" besprochen. In diesem Kapitel sollen sog. *"intelligente" Projekt-Verwaltungssysteme,* deren Anwendung nicht nur auf die Software-Entwicklung beschränkt ist, nochmals zur Sprache kommen.

NLS/Augment

Aus historischen Gründen soll an erster Stelle eines der ersten Hypertext- und Hypermedia-Systeme besprochen werden, nämlich NLS[1]/Augment von Douglas Engelbart. Engelbart, einer der Hypertext-Pioniere, begann bereits in den frühen sechziger Jahren am Stanford Research Institute (SRI) mit der Entwicklung eines Hypertext-Systems unter dem Namen

---

[1]NLS steht für oN Line System.

NLS, das hauptsächlich bei der Unterstützung der Teamarbeit Verwendung finden sollte.
Erste Publikationen von Engelbart datieren bereits aus 1963; 1968 demonstrierte er sein
System mit grossem Erfolg an der IFIP Joint Fall Computer Conference in San Francisco.
Als Ziel seines Systems hatte sich Engelbart eine "augmentation of the human intellect"
gesetzt. Er wollte Unterstützungswerkzeuge für die Zusammenarbeit von Intellektuellen
("support tools for the collaboration of knowledge workers") entwerfen und implementieren.
Dabei war er einer der Ersten, der die damals (natürlich ausschliesslich zeichenorientierten)
Video-Bildschirme und Tastaturen im Gegensatz zu den damals üblichen Schreibmaschinen-
Terminals einsetzte. Als ein Unterstützungswerkzeug, das vor allem das Arbeiten mit
Hypertext enorm erleichtert, erfand Engelbart die Computermaus sowie das Fünf-Finger-
Keyset, eine Art Tastatur, mit der eine am Computer arbeitende Person mit der einen Hand
alphanumerischen Zeichen eingeben konnte, so dass die andere Hand für die Maus frei war.

NLS, an dem unter der Bezeichnung NLS/Augment bis heute weitergearbeitet wird, ist als
kommerzielles Produkt verfügbar. NLS/Augment soll eine Umgebung anbieten, die die
Komposition, Modifikation und das Studium von strukturiertem Text-Material ermöglicht.
Dazu sind die Knoten grundsätzlich hierarchisch organisiert, Querbeziehungen sind aber
jederzeit mit Hilfe von Hypertext-Links möglich. NSL/Augment verfügt weiter über einen
integrierten Ideenprozessor in Form eines Outliners. Bereits auf dem ursprünglichen NLS
waren bis zu acht Bildschirmfenster auf dem gleichen Bildschirm möglich. Engelbart
experimentierte unter anderem auch mit dem sog. Journal, einem Mail-Log mit Hypertext-
Fähigkeiten. Ausserdem bietet NLS die Möglichkeit, ein Dokument gemeinsam auf mehreren
Bildschirmen parallel zu editieren, eine Eigenschaft, die beispielsweise bei Telekonferenzen
Verwendung findet. NLS verfolgt kein striktes WYSIWYG-Konzept, da dies bei Hypertext-
Systemen unmöglich ist (Hypertext-Dokumente können nicht direkt auf Papier abgebildet
werden).

7.2   *Informationsverteilung in Organisationen*

In diesem Abschnitt sollen Anforderungen an ein elektronisches Mailsystem zur Beförderung
hauptsächlich von Textmeldungen aufgestellt und ein möglicher Lösungsansatz unter
Verwendung von sog. *semistrukturierten Meldungen* vorgestellt werden. Im nächsten
Abschnitt wird dann ein multimediales Mailsystem beschrieben, das auch die Übertragung
weiterer Medien wie Ton- und Animations-Dokumente gestattet. Das im folgenden
beschriebene Informationsverteilungs-System [Mal88] kombiniert Konzepte aus dem KI-
Bereich wie regelbasierte Agenten mit Hypertext-Ideen.

In einer Büroumgebung kann zwischen Wissen in strukturierter Form wie einer Formularverwaltung oder einem elektronischen Kalender und nicht strukturiertem Wissen wie der elektronischen Post (electronic mail), Telekonferenzen oder Hypermedia-Präsentationen unterschieden werden. Malone hat am MIT ein elektronisches Meldungsübermittlungssystem mit dem Namen *Information Lens* und eine erweitere Fassung unter der Bezeichnung *Object Lens* entwickelt, die gegenüber konventionellen Systemen erheblich erweitert worden sind [Mal88]. Eine wichtige Erweiterung von Object Lens sind die sog. semistrukturierten Meldungen (Fig. 7.1), mit denen ein breiter Wissensbereich abgedeckt werden kann.

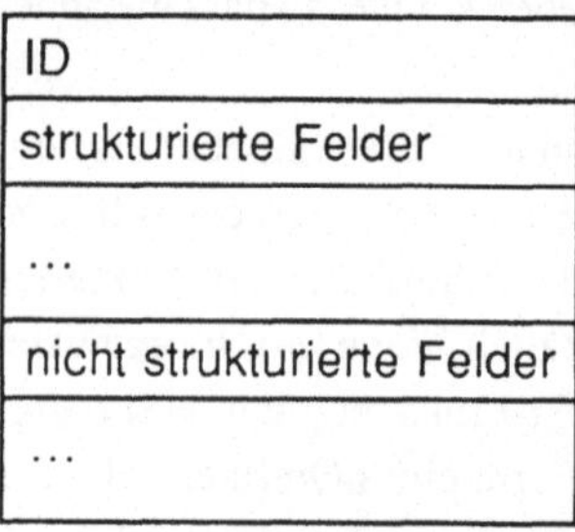

Fig. 7.1 Semistrukturierte Meldung

Semistrukturierte Meldungen sollen eine vereinfachte Form der Verarbeitung natürlicher Sprache ermöglichen. Sie sind überflüssig, falls die natürliche Sprache direkt verarbeitet werden kann. Semistrukturierte Meldungen haben verschiedene Vorteile:

- Sie decken einen breiten Informationsbereich ab.

- Sie sind in der Lage, auch Nicht-Routine-Meldungen eine strikte Struktur zu geben.

- Viele Meldungen des täglichen Lebens, wie z.B. Seminarankündigungen, sind semistrukturiert.

- Auch ohne Computer ist ein semistrukturiertes Formular hilfreich.

- Semistrukturierte Meldungen können inkrementell erweitert und angepasst werden.

- Semistrukturierte Meldungen können unter Verwendung von objektorientierten Konzepten in einer Vererbungshierarchie organisiert werden (Fig. 7.2).

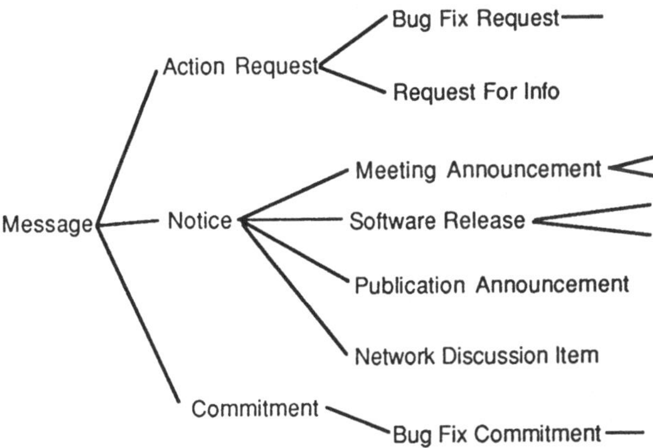

Fig. 7.2 Vererbungshierarchie für semistrukturierte Meldungen

Semistrukturierte Meldungen können mit Hilfe eines regelbasierten Interpreters bearbeitet werden. Damit können z.B. einkommende Meldungen nach bestimmten Kriterien gefiltert und die Auslösung weiterer Aktionen gesteuert werden. (Fig. 7.3) zeigt ein einfaches Beispiel einer Regel, die mit einem Regel-Editor bearbeitet wird: Falls eine Meldung zu dem Thema "CISR Lunch" eintrifft, soll sie in das Verzeichnis "CISR Lunch" abgelegt werden.

```
Rule   Editor

IF
To:
From:
cc:
Subject:  CISR Lunch
...

THEN
Move To:  CISR Lunch
...
```

Fig. 7.3 Regel-Editor für semistrukturierte Meldung

Weitere Beispiele einfacher Regeln zur Bearbeitung von semistrukturierten Meldungen können z.B. lauten:

```
If Message type: Action Request
  Action deadline: Today, tomorrow
Then Move To Urgent


If Message type: NYT Article
  Article date: < Today
  Characteristics: Not MOVED
Then Delete
```

Anwendungen, für die semistrukturierte Meldungen eingesetzt worden sind, umfassen Computer-Konferenzsysteme, ein elektronisches Kalender-Verwaltungssystem und ein Projekt-Verwaltungssystem.

7.3   Multimedia-Mailsysteme

Nachdem im vorhergehenden Abschnitt auf textbasierte Meldungsübermittlungssysteme eingegangen worden ist, sollen in diesem Abschnitt multimediale Mailsysteme besprochen werden. Im folgenden wird exemplarisch für weitere multimediale Mailsysteme das *Diamond*-System vorgestellt, das von den BBN Laboratories in Cambridge, MA, entwickelt wird [For88]. Diamond unterscheidet sechs Klassen von Meldungen (Fig. 7.4).

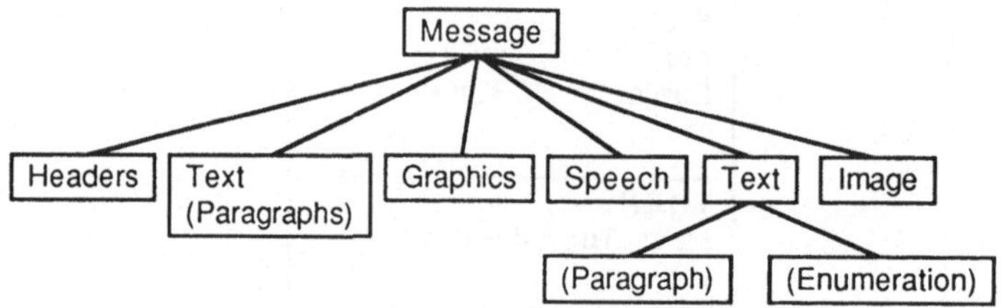

Fig. 7.4 Diamond-Mail-Klassen

Der Zugang zu einem multimedialen Meldungsübermittlungssystem kann nur über Workstations mit audiovisueller Zusatzausrüstung geschehen. Die Zusatzausrüstung muss die Verarbeitung der folgenden Medien gestatten:

- Text:
  Sicher muss es möglich sein, blosse Textmeldungen zu verarbeiten, wobei idealerweise die Substruktur der Meldungen bei der weiteren Verarbeitung beachtet wird. So sollte z.B. erkannt werden, wo sich Abschnittsgrenzen, Aufzählungen, Kommentare zu einem anderen Dokument etc. innerhalb des Dokumentes befinden.

- Grafik:
  Die Hard- und Software muss die Verarbeitung sowohl von objektorientierten als auch von Bit-mapped Grafiken zulassen.

- Bilder:
  Um in das Meldungsübermittlungssystem Bilder eingeben zu können, muss ein Scanner oder eine digitale Kamera in das System integriert sein. Zur weiteren Bearbeitung der Bilder muss das System über einen integrierten Multimedia-Editor verfügen.

- Stimme (Ton):
  Zur Speicherung und für das Abspielen von Ton verwendet Diamond ein Gerät namens Vocoder. Der Vocoder digitalisiert den Ton bzw. spielt den digital gespeicherten Ton wieder ab. Ein Tonfragment wird innerhalb eines Multimedia-Dokumentes durch eine Ikone erkenntlich gemacht, durch Anklicken der Ikone mit der Maus wird das Tondokument wieder abgespielt.

- Spreadsheet:
  In Diamond werden Spreadsheet-Tabellen separat als zweidimensionale Arrays abgelegt und können zeilenweise manipuliert werden.

Um eine Meldung zu erstellen, wird ein Multimedia-Editor eingesetzt. Dieser erstellt aus Dokumentfragmenten, die mit Hilfe von Tastatur, Maus, Vocoder oder Scanner eingegeben worden sind, eine Multimedia-Meldung. Da solche Multimedia-Meldungen sehr gross werden können (siehe Fig.7.5), müssen zur Speicherung spezielle Techniken eingesetzt werden.

Text-Seite	38 KB
gesprochene Text-Seite	288KB - 7 MB
Bitmap-Seite	786 KB

Fig. 7.5 Dokumentengrösse von Multimedia-Meldungen

Dazu werden mehrere Mail-Workstations zu sog. Clustern zusammengefasst und eine Meldung pro Cluster nur einfach gespeichert. Innerhalb eines Clusters erhält der Empfänger einer Meldung nur einen Link zur Meldung und liest die Meldung aus dem Massenspeicher des Senders. Damit dies mit befriedigender Leistung funktioniert, muss das Netzwerk zwischen Sender und Empfänger natürlich genügend leistungsfähig sein. Der Dokumentenspeicher basiert auf einer objektorientierten Datenbank, wobei Daten zwischen verschiedenen Dokumenten bzw. (soweit sinnvoll) zwischen verschiedenen Medientypen gemäss dem /Cut/Copy/Paste-Paradigma beliebig kopiert werden können.

Das ganze Meldungsübermittlungssystem basiert auf einer verteilten System-Architektur. Jeder Mail-Benutzer verfügt über eine persönliche Workstation, die mit Hilfe eines Hochgeschwindigkeits-Netzwerkes mit den anderen Workstations verbunden ist. Zur Speicherung der umfangreichen Multimedia-Meldungen stehen geteilte Server-Hosts zur Verfügung. Für eine globale Vernetzung der einzelne Cluster ist auch die Kommunkation über Internet-Gateways vorgesehen (Fig. 7.6).

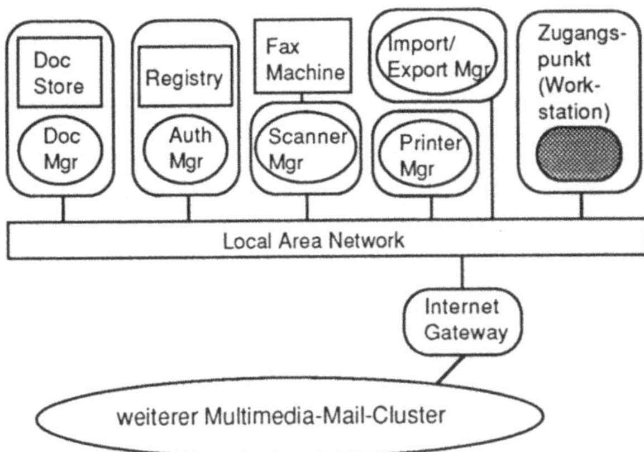

Fig. 7.6 System-Architektur von Diamond

7.4   Intelligente Projekt-Verwaltungssysteme

Nachdem in Kapitel 2.5 *Hyper-Versionen-Verwaltungssysteme* hauptsächlich für die
Verwaltung verschiedener Programmversionen besprochen wurden, sollen in diesem
Abschnitt sog. *"intelligente" Projekt-Verwaltungssysteme,* deren Anwendung nicht auf die
Software-Entwicklung beschränkt ist, sondern die generell der Verwaltung von Aktivitäten
dienen, zur Sprache kommen. Sathi et al. [Sat88] gliedern ein intelligentes Projekt-
Verwaltungssystem in drei Teilbereiche:

- Aktivitätenverwaltung

- Produkt-Konfigurations-Verwaltung

- Ressourcen-Verwaltung

In ihrem Projekt-Verwaltungssystem namens Callisto werden vier Elemente der
Aktivitätenverwaltung unterschieden:

- Planung:
  In der Planungsphase werden die einzelnen Aktivitäten definiert und anschliessend
  spezifiziert.

- Scheduling:
  Nachdem die einzelnen Aktivitäten gefunden und beschrieben worden sind, müssen sie in den zeitlichen Rahmen gestellt werden. Es muss festgelegt werden, welche Aktivität zu welchem Zeitpunkt durch wen ausgeführt werden muss.

- Chronicling:
  In dieser Phase werden Abweichungen vom vorgesehenen Plan entdeckt und analysiert.

- Analyse:
  Die Schlussphase umfasst die Analyse und Auswertung der drei ersten Phasen Planung, Scheduling und Chronicling.

Neben der Verwaltung der Aktivitäten muss auch das zu entwickelnde Produkt verwaltet werden, eine Tätigkeit, die unter dem Begriff *Produkt-Konfigurations-Verwaltung* zusammengefasst wird. Diese Tätigkeit kann weiter in zwei Teilbereiche unterteilt werden:

- Produkt-Verwaltung, d.h. die Verwaltung der verschiedenen Versionen eines Produktes.

- Änderungs-Verwaltung, d.h. die Verwaltung von Änderungsvorschlägen für Abänderungen am Produkt. In diesen Teilbereich fällt auch die Zuweisung des für die Änderungen nötigen Personals.

Die dritte Komponente eines Projekt-Verwaltungssystems bildet die *Ressourcen-Verwaltung*, die die folgenden Teilbereiche umfasst:

- Ermitteln und Beschaffen der für das Projekt benötigten Ressourcen. Diese Ressourcen können z.B. aus Personal und Computern, aber auch aus Räumlichkeiten bestehen.

- Zuweisen von Verantwortung für die geeignete Benützung der Ressourcen. (Zum Beispiel: wer darf wann welchen Computer benützen.)

- Verwaltung- und Adminstration der Ressourcen. In diesen Bereich fällt z.B. die Administration der Computer.

In [Sat88] wird die Realisation der oben skizzierten Konzepte am Beispiel des Projekt-Verwaltungssystems Callisto beschrieben. Dieses System implementiert mit Hilfe von Konzepten aus der künstlichen Intelligenz wie regelbasierten Interpretern und Hypertext-Techniken eine Umgebung, mit der die oben beschriebenen Aufgaben weitgehend automatisch wahrgenommen werden können. Für eine detailliertere Beschreibung von Callisto sei auf die einschlägige Literatur verwiesen [Sat88].

7.5 Teamarbeit bei der Software-Entwicklung

Die in diesem Abschnitt besprochenene Ideen bilden eine logische Weiterführung der im vorhergehenden Abschnitt besprochenen Konzepte, die bei der Verwaltung eines komplexen Projektes eingesetzt werden können. An dieser Stelle werden Mechanismen vorgestellt, die funktionsbezogen die Zusammenarbeit bei der Entwicklung von komplexen Software-Paketen erleichtern sollen. Die hier beschriebenen Konzepte basieren auf der Annahme von Kedzierski [Ked88], dass in einer Gruppe tätige Personen Kommunikationstätigkeiten (Communication Acts, ACTs) wie

- Fragen

- Anzweifeln

- Planen

- Verlangen

- Informieren

etc. ausführen. Kedzierski hat eine Taxonomie von einfachen ACTs aufgestellt (Fig. 7.7).

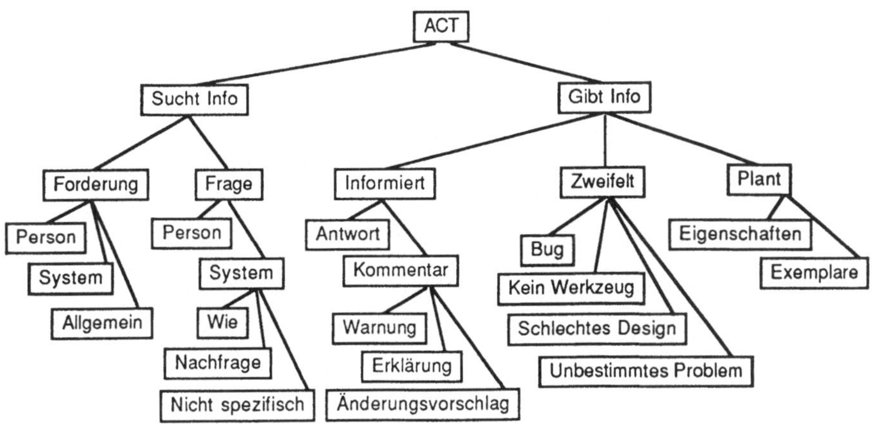

Fig. 7.7 Einfache Taxonomie von ACTs

Bei der Entwicklung von komplexen Software-Systemen stellen sich in diesem Zusammenhang zwei grundsätzliche Fragen:

1. In welchen Aktivitäten engagieren sich Leute bei der Entwicklung eines Software-Systems?

2. Wo entstehen die grössten Probleme bei der System-Entwicklung?

Beide Fragen können mit einem einzigen Wort beantwortet werden: *Kommunikation!* Kedzierski hat mit einer empirischen Untersuchung den Zeitverbrauch eines Software-Entwicklers in einzelne Teiltätigkeiten aufgegliedert. Diese Aufgliederung führte auch zur Taxonomie in (Fig. 7.7).

Interaktionstyp	% Entwicklerzeit
Fragen	27%
Informieren	25%
Beschweren	13%
Planen und Diskutieren	14%
Programmieren	21%

Wie der obigen Darstellung entnommen werden kann, wird lediglich 21% der Entwicklerzeit wirklich produktiv für die Entwicklung des neuen Systems eingesetzt. Der Grossteil der Entwicklerzeit wird für Kommunikationsaufgaben verbraucht, d.h. durch den Einsatz von geeigneten Kommunikationswerkzeugen können grosse Produktivitätssteigerungen erreicht werden.

Das folgende Beispiel illustriert die Verwendung eines automatischen ACT-basierten Systems für die Unterstützung der Software-Entwicklung:

Der Benutzer macht die folgende Feststellung (ACT: Gibt Info):

"Die Funktion PR muss PRINT anstatt MAPC enthalten"

Diese Feststellung löst die folgenden Systemaktivitäten aus:

1. Das System verifiziert, dass die Funktion PR bekannt ist. (Falls es so ist →)

2. Der Autor von PR wird ermittelt.

3. Das System fragt den Benutzer, ob der Autor von PR benachrichtigt werden soll.

4. Das Problem wird als erkannter Programmfehler (Bug) gespeichert.

5. Das Problem wird an die anderen Benutzer von PR weitergemeldet.

Neben der direkten Unterstützung der Kommunikation enthält das von Kedzierski beschriebene Software-Entwicklungssystem ein Projekt-Verwaltungssystem, das über ähnliche Eigenschaften wie das im vorhergehenden Abschnitt 7.5 beschriebene Callisto verfügt. Das Projekt-Verwaltungssystem ist z. B. in der Lage, mit dem Benutzer den folgenden Dialog zu führen:

Benutzer: Welche Aufgaben von Projekt XXX sind noch ungelöst?

System: (1.) Implementiere Modul X. (2.) Schreibe einen "Dumper".

Benutzer: Sind die Aufgaben von anderen Teammitgliedern von (1.) oder (2.) abhängig?

System: Ja, Tom und Susan können ihre Aufgabe erst beenden, wenn der Dumper existiert.

7.6 Computerunterstützte Meetings

Im letzten Abschnitt dieses Kapitels sollen Systeme zur Unterstützung der eigentlichen Gruppenarbeit beschrieben werden. Diese computerbasierten Werkzeuge sollen Diskussionen und das gemeinschaftliche Erarbeiten von neuem Wissen in einem (kleinen) Team unterstützen. Im folgenden werden die am Xerox Parc entwickelten elektronischen Hilfsmittel vorgestellt [Ste88], die im sog. *Colab*, einem mit Workstations und einem grossen Bildschirm ausgerüsteten Gruppenarbeitsraum eingesetzt werden sollen. Das Colab enthält unter anderem die folgenden drei Systeme für die Zusammenarbeit:

- Boardnoter

- Cognoter

- Argnoter

die anschliessend einzeln vorgestellt werden. Um die Zusammenarbeit unter Verwendung mehrerer Bildschirme zu vereinfachen, haben die Colab-Entwickler das WYSIWIS (What You See Is What I See)-Konzept geprägt: Alle dem System angeschlossenen Benutzer sollen den gleichen Anblick des Systems haben, d.h. es sollen alle Bildschirme identisch sein und auf einem Bildschirm gemachte Änderungen sofort auf alle anderen Bildschirme übertragen werden. Striktes WYSIWIS, das allen Benutzern den gleichen Anblick des Bildschirms garantiert, hat sich aus praktischen Gründen als zu einschränkend erwiesen. Man hat sich deshalb im Colab für das *relaxed WYSIWIS* entschieden, das es den einzelnen Benutzern

ermöglicht, zwischen öffentlichen und privaten Bildschirmfenstern zu unterscheiden und die
Position der Bildschirmfenster individuell festzusetzen.

7.6.1 Boardnoter (Mit HyperCard-Beispiel)

Dieses einfachste Werkzeug für die Teamarbeit soll die Funktionalität der Wandtafel mit
elektronischen Mitteln anbieten. Damit ist es möglich, mit ähnlichen Werkzeugen wie auf
einer Wandtafel Objekte zu zeichnen, zu löschen, zu beschriften oder zu wählen. (Fig. 7.8)
zeigt eine einfache Einbenutzer-Implementation des Boardnoters in HyperCard.

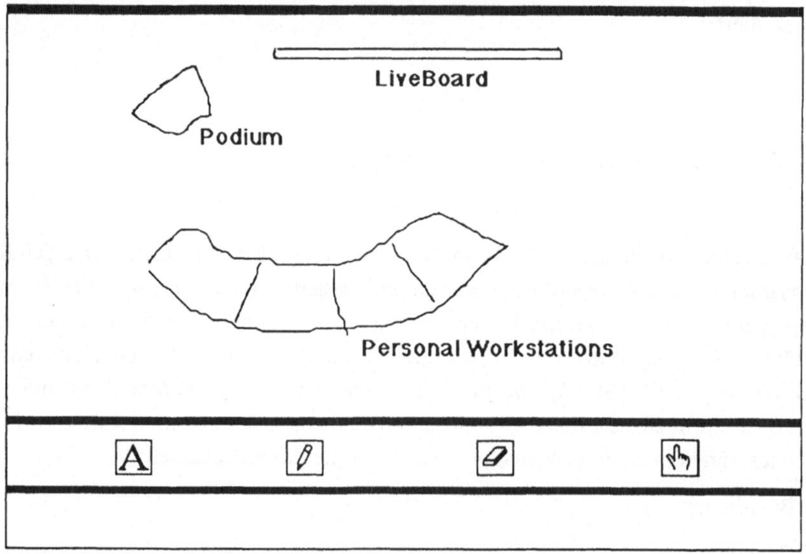

Fig. 7.8 HyperCard-Version von Boardnoter

Drei der vier in Boardnoter möglichen Aktivitäten werden mit Hilfe der HyperCard
Werkzeuge text tool (beschriften "A"), line tool (zeichnen "") und
eraser tool (löschen "") simuliert. Durch Anklicken der entsprechenden Buttons
wird das gewünschte Werkzeug angewählt. Nachdem eines der drei Werkzeuge angewählt
wurde, muss mit der Maus ohne Drücken der Maustaste an den gewünschten Ort gefahren
werden. Anschliessend wird solange im gewünschten Modus gearbeitet, bis die Maustaste

wieder losgelassen wird. Um auf dem Bildschirm eine Beschriftung mit Hilfe des "A"-Werkzeugs anzubringen, muss der Text zuerst in die Message Box geschrieben werden.

Unmittelbar nachdem der "A"-Button angeklickt wurde, muss auf dem Bildschirm der gewünschte Erscheinungsort des Textes angeklickt werden, worauf der in der Message Box enthaltene Text mit Hilfe des `text tools` auf den Bildschirm geschrieben wird.[1]

Um auf dem Bildschirm etwas zu zeigen, wird ein zusätzlicher Hilfs-Button "Zeiger" mit der Ikone "⬅" verwendet. Wenn der Button "Zeigen" "☞" angeklickt wird, so wird der Cursor unsichtbar gemacht (`set the cursor to "none"`) und dann solange am momentanen Standort der Maus der Card Button "Zeiger" "⬅" gezeigt (`set the loc of card button "Zeiger" to the mouseloc`), bis das nächste Mal mit der Maus geklickt wird (`repeat until the mouseclick`).

```
Script of Card Button "Beschriften"  A
on mouseUp
   set the cursor to 3
   wait until the mouse is down
   choose text tool
   put the mouseloc into oldmouse
   click at the mouseloc
   repeat with i = 1 to the number of chars in the message box
      get char i of the message box
      type it
   end repeat
   choose browse tool
   hide the message box
end mouseUp

Script of Card Button "Zeichnen"  ✎
```

---

[1]Eine direktere Eingabe von Text wäre nur unter Verwendung von XCMD's möglich, indem z.B. mit Hilfe des "Inkey"-XCMD's die Tastatur laufend abgefragt und jeder eingetippte Buchstabe sofort auf dem Bildschirm angezeigt wird. In HyperCard selbst ist es nicht möglich, die Tastatureingabe während der Ausführung von Event-Handlern abzufragen.

```
on mouseup
  set the cursor to 2
  wait until the mouse is down
  choose line tool
  put the mouseloc into oldmouse
  repeat until the mouse is up
    put the mouseloc into newmouse
    drag from oldmouse to newmouse
    put newmouse into oldmouse
  end repeat
  choose browse tool
end mouseup
```

Script of Card Button "Löschen"

```
on mouseUp
  set the cursor to 3
  wait until the mouse is down
  choose eraser tool
  put the mouseloc into oldmouse
  repeat until the mouse is up
    put the mouseloc into newmouse
    drag from oldmouse to newmouse
    put newmouse into oldmouse
  end repeat
  choose browse tool
end mouseUp
```

Script of Card Button "Zeigen"

```
on mouseup
  set the cursor to "none"
  set the loc of card button "Zeiger" to the mouseloc
  show card button "Zeiger"
  repeat until the mouseclick
    set the loc of card button "Zeiger" to the mouseloc
  end repeat
  hide card button "Zeiger"
end mouseup
```

7.6.2 Cognoter

Cognoter ist ein Colab-Werkzeug, das für die kollektive Erstellung von Präsentationen und Abhandlungen gedacht ist. Es weist Ähnlichkeiten mit anderen sog. Outlinern und Ideen-Prozessoren wie MORE oder ThinkThank auf, ist aber im Gegensatz zu allen anderen Systemen für die gemeinsame Zusammenarbeit mehrerer Personen gedacht. Der Strukturierungsprozess hin zu einem fertigen Artikel oder einer Präsentation wird bei Cognoter in drei Teile unterteilt:

- Brainstorming

- Organisation (Linken)

- Evaluation (Gruppieren)

Cognoter ist flexibler als ein blosser Outliner, da der Denkprozess in Teilstufen zerlegt wird und so den verschiedensten Bedürfnissen und Anwendungen angepasst werden kann. Im folgenden wird an einem Beispiel die Verwendung von Cognoter für die gemeinsame Erstellung eines wissenschaftlichen Papiers illustriert:

In der ersten sog. Brainstorming-Phase werden die einzelnen Ideen zum Artikel "Beyond the chalkboard" [Ste88] gesammelt (Fig 7.9). Zu den einzelnen Ideen können Hypertext-Erläuterungen zugefügt werden, wie dies in (Fig. 7.9) für den Begriff "Liveboard" getan wird.

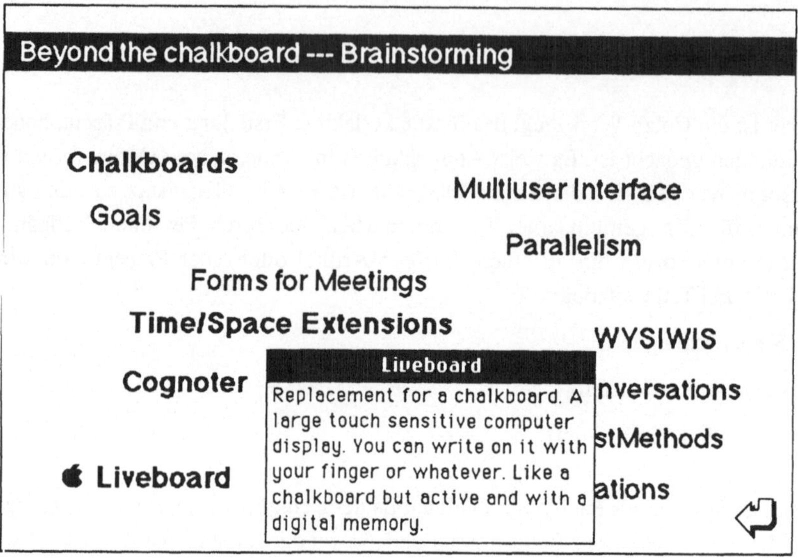

Fig. 7.9 Brainstorming mit Cognoter

In der zweiten sog. Organisations-Phase werden Zusammenhänge zwischen den einzelnen Ideen gesucht und festgehalten (Fig. 7.10).

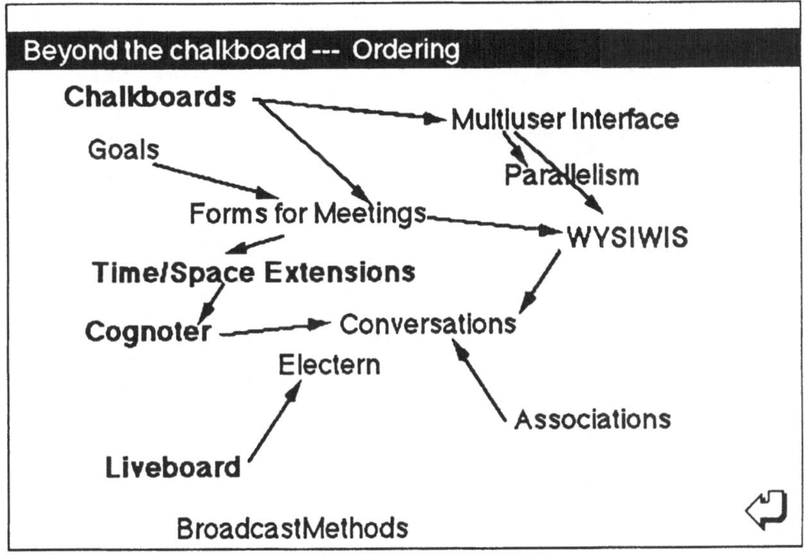

Fig. 7.10 Organisation mit Cognoter

In der dritten sog. Evaluations-Phase werden die Ideen gruppiert (Fig. 7.11). Die in der ersten Phase zugefügten Hypertext-Erläuterungen zu einzelnen Begriffen sind natürlich weiterhin durch blosses Anklicken mit der Maus zugänglich.

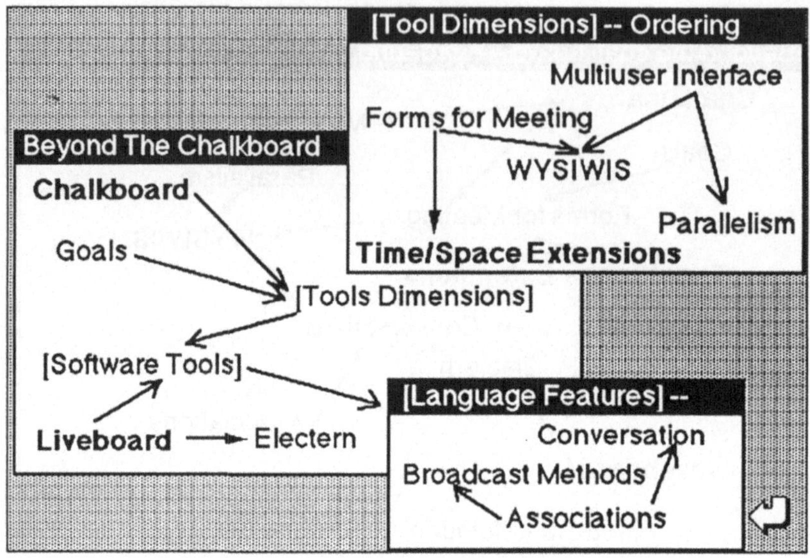

Fig. 7.11 Evaluation mit Cognoter

7.6.3   Argnoter

Im Gegensatz zu Cognoter, einem Werkzeug für die Ideenstrukturierung zu inhaltlich
fixierten Wissensgebieten, soll Argnoter für noch nicht gefestigte Wissensgebiete, d.h. vor
allem für die Evaluation und Präsentation von Vorschlägen eingesetzt werden. Im Vergleich
zu Cognoter musste deshalb vor allem die Diskussionskomponente ausgebaut werden. Das
Arbeiten mit Argnoter erfolgt in drei Phasen:

- Proposing

- Argumentation

- Evaluation

In der *Proposing*-Phase können die einzelnen Vorschläge eingegeben werden. Um die
Vorschläge zu formalisieren, werden sog. proposal forms verwendet, die je ein eigenes
Bildschirmfenster erhalten.

Während der *Argumentations*-Phase werden die einzelnen Vorschläge (proposals) akzeptiert oder verworfen. Den Vorschlägen können Feststellungen (statements) zugefügt werden und Vorschläge können abgeändert werden.

In der *Evaluations*-Phase wird ein sog. "argumentation spreadsheet" eingesetzt, das zwar nicht den Inhalt der Vorschläge und Argumente versteht, aber zwischen den Vorschlägen und den Argumenten Vergleiche zieht und versucht, eine Summe über die verschiedenen Vorschläge zu ziehen. Die Argnoter-Entwickler haben sich in diesem Bereich eine explizite Darlegung der Argumentstruktur zum Ziel gesetzt, indem das System z.B. alle Argumente unter gegensätzlichen Standpunkten (z.B. "konservativ" versus "liberal"; "marketingorientiert" versus "entwicklungsorientiert") durchgehen kann.

7.6.4 Synchronisation des parallelen Zugriffs

Im Gegensatz zu allen anderen vergleichbaren Systemen mit ähnlicher Funktionalität sind die oben beschriebenen Systeme primär für den Mehrbenutzer-Einsatz konzipiert. Diese Mehrbenutzerfähigkeit stellt an die Implementation dieser Systeme hohe Anforderungen. So soll z.B. die Informationsverteilung zu den Workstations der einzelnen Teilnehmer einer Sitzung in Mikrosekunden erfolgen, Informationsänderungen auf dem Bildschirm müssen anschliessend in Sekundenbruchteilen angezeigt werden. Die zur Informationsverwaltung der verteilten Daten verwendete Datenbank soll gegen den konsistenten Zustand konvergieren und stabil sein sowohl im Hinblick auf einzelne Fehlmanipulationen als auch im Fall von Maschinenzusammenbrüchen.

Zur Erfüllung dieser Anforderungen wurden verschiedene Ansätze geprüft. Ein erste Variante verwendete eine zentrale Datenbank. Eine verbesserte Version speichert die Daten in einem lokalen Zwischenspeicher und verwendet zur Synchronisation des parallelen Zugriffs eine zentrale Lock-Vergabe. In einer anderen Fassung wird ein *kooperatives Modell* eingesetzt, bei dem jede Maschinen alle Daten speichert und auf Locks generell verzichtet wird, indem jede Änderung durch einen Broadcast an alle anderen Maschinen weitergegeben wird. Diese Variante entspricht einem *statuslosen System*.[1] Mit einem busy-Signal wird den anderen Maschinen gemeldet, dass ein Objekt schon im Gebrauch ist. Ein weiteres Modell, das sog. *Dependency-Detection Modell*, das versucht, Abhängigkeiten zwischen den einzelnen Locks

---

[1]Zur Thematik der *statuslosen Systeme* siehe z.B. [Glo89c].

zu erkennen, ordnet jedem Lock eine Marke (stamp) zu. Locks für die gleiche Dateneinheit müssen die gleichen Marken aufweisen. Ein letztes Modell unter der Bezeichnung *Roving-Lock Modell* (herumwandernde Locks) gibt dem letzten Benutzer eines Locks die Kontrolle über die Vergabe eines neuen Locks für die gleiche Dateneinheit, so dass (im Betriebssystem-Sprachgebrauch) ein "working set" von aktuell gültigen Locks entsteht.

Ein weiteres Problem bei der Realisation vom stark parallelen Systemen stellen die *langlebigen Transaktionen*. Zur Gewährleistung der Datenkonsistenz wird normalerweise das bekannte Transaktionsmodell angewendet, das die Serialisierbarkeit mehrerer paralleler Transaktionen mit Hilfe entweder von "Two Phase Locking" oder unter Verwendung eines optimistischen Zugriffskontrollverfahrens gewährleistet [Ber87]. Die hier vorgenommenen Transaktionen können sich über längerer Zeitspannen erstrecken, so dass innerhalb einer langdauernden Transaktion sog. "save points" gesetzt werden, die bei einem gewaltsamen Abbruch der Transaktion ein Zurücksetzen auf den letzten "save point" ermöglichen.

Die Tatsache, dass von den Colab-Entwicklern so viele verschiedene Sperrprotokolle zur Synchronisation des parallelen Zugriffs und für die Realisation von Transaktionen eingesetzt worden sind, illustriert die Komplexität der in diesem Bereich zu lösenden Probleme. Der Entwickler von Systemen für die computerunterstützte Zusammenarbeit trifft zu einem grossen Teil auf Spezialfälle von Problemen, die bei der Implementation von verteilten Datenbanken auftreten und die auch dort bis heute noch nicht befriedigend gelöst worden sind.

8 Hypermedia für Unterrichtsprogramme

8.1 CAI-Einführung

In diesem Kapitel sollen die Verwendungsmöglichkeiten von Hypermedia-Konzepten für den Einsatz des Computers in Schulung und Unterricht untersucht werden. Dazu werden im ersten einleitenden Abschnitt einige allgemeine Grundsätze und Ideen für den Einsatz des Computers als Schulungshilfsmittel erläutert, während im zweiten Abschnitt speziell Hypermedia-Konzepte auf ihre Eignung in diesem Bereich untersucht werden.

Spätestens seit der Verbreitung von Personalcomputern wird über den Einsatz von Computern nicht nur in der Informatikausbildung, sondern auch in der Schulung und Ausbildung generell nachgedacht. In der ersten Euphorie gingen einzelne Autoren sogar soweit, im Klassenzimmer den Lehrer durch den Computer ersetzen zu wollen. Dass dies unmöglich das Ziel sein kann, wurde aber bald einmal offensichtlich. Eine Vielzahl von Publikationen und Veröffentlichungen belegen die Bedeutung, die nicht nur von Universitäten diesem Einsatzgebiet des Computers zugemessen wird. In der (zumeist englischsprachigen) Literatur [Ste84] [Han88] werden verschiedene Bezeichnungen für diesen Computer-Einsatzbereich verwendet:

- CAI - Computer Assisted Instruction
- CAL - Computer Assisted Learning
- CaI - Computer aided Instruction
- CaL - Computer aided Learning

Computerprogramme für den Schulungseinsatz (abgekürzt CAI-Programme) werden meist in vier Kategorien unterteilt, wobei natürlich auch Programme existieren, die sich nicht eindeutig einer Kategorie zuordnen lassen bzw. die Mischformen zwischen mehreren Kategorien sind.

- Drill & Practice-Programme
  Diese Programme dienen vor allem dazu, bereits bekanntes Wissen zu festigen bzw rein motorische Fähigkeiten zu vermitteln. In diese Kategorie fallen z.B. Programme für den Vokabel-Drill, Physik-Test-Programme etc. In Abschnitt 8.8 wird ein Beispiel-"Drill & Practice"-Programm vorgestellt, das mit Hilfe von Merfachauswahl-Antwort-Tests (multiple choice tests) Grundlagenwissen der organischen Chemie festigen soll.

- Tutorials
  Programme dieser Kategorie werden von [Han88] auch als "instructional sessions" bezeichnet. Tutorials dienen primär der reinen Wissensvermittlung, d.h. gleich wie ein Buch zu einem Stoffgebiet wollen sie das grundlegende Verständnis des Studenten erhöhen und ihm im Selbststudium ein bestimmtes Wissensgebiet näherbringen. In Abschnitt 8.9. wird am Beispiel der Einführung in die Rekursion ein möglicher Aufbauf eines solchen Wissensvermittlungs-Unterrichtsprogramms vorgestellt.

- Spiele (Lernspiele)
  Lernspiele sollen dem Schüler auf spielerische Art und Weise bestimmte Fertigkeiten vermitteln. Vom Einsatzgebiet her sind sie "Drill & Practice"-Programmen vergleichbar, nur dass der Drill-Charakter der Aufgabe in ein Spiel eingekleidet wird.

- Simulationen und Computer-Modelle
  Computer eignen sich sowohl zur Simulation als auch zur Animation von Vorgängen der realen Welt. So kann z.B das Räuber-Beute-Modell mit Hilfe von partiellen Differentialgleichungen simuliert werden; werden die resultierenden Zahlenwerte und Grafiken noch unter Verwendung von Bewegtbildern veranschaulicht, so spricht man von Animation. Simulationen und Animationen können sowohl als lehrerunterstützende Unterrichtshilfen im Frontalunterricht als auch zur Illustration in Tutorials, Drill & Practice-Programmen und Lernspielen eingesetzt werden.

Der Computer als Hilfsmittel und zur Unterstützung des Unterrichts weist gewichtige Vorteile auf [Han88]:

- Erhöhte Interaktion mit dem Schüler:
  Im Gegensatz zum Lehrer-Frontalunterricht wird beim computergestützten Unterricht jeder Schüler einzeln behandelt. Jede Reaktion des Schüler wird vom Unterrichtsprogramm beachtet und es wird die passende Reaktion ausgelöst.

- Individualisierung:
  Gute Unterrichtsprogramme können auf die Fähigkeiten des Schüler abgestimmt werden. Jeder Schüler kann seinem Tempo und seinen persönlichen Fähigkeiten angepasst arbeiten und kann ein Stoffgebiet solange bearbeiten, bis er es verstanden hat.

- Flexibler Einsatz:
  Der Schüler kann ohne Lehrer dann arbeiten, wann er will.

- Erhöhte Motivation:
  Eine erhöhte Motivation hauptsächlich von lernschwachen Schüler resultiert vor allem durch einen Abbau der Hemmschwelle, da der Schüler im Computer einen nie ungeduldigen Unterrichtspartner findet und weder vor dem Lehrer noch vor den Mitschülern Hemmungen zu haben braucht.

- Direkter Feedback:
  Im Gegensatz zum Frontalunterricht, wo der Lehrer unmöglich auf jeden Schüler direkt eingehen kann, erhält der Schüler vom Computer auf jede Eingabe hin eine sofortige Rückmeldung.

- Einfache Kontrolle der Schülerleistung:
  Falls benötigt, kann die Leistung des Schülers vom Computer genau und unbestechlich festgehalten werden.

- Kontrolle auf der Seite des Schülers:
  Gute Unterrichtsprogramme geben dem Schüler immer ein gewisses Mass an Freiheit, so dass der Schüler der aktive Teil ist und dem Computer den nächsten Schritt vorschreibt.

Nach all diesen Vorteilen darf nicht verschwiegen werden, dass auch gewichtige Gründe gegen den Einsatz des Computers im Unterricht sprechen:

- Spezielle teure Hardware:
  Falls in einem breiteren Rahmen Unterrichtsprogramme an einer Schule eingesetzt werden sollen, so sind beträchtliche finanzielle Investitionen nötig. Auch werden unter Umständen für verschiedene Unterrichtsprogramme verschiedene Computertypen benötigt.

- Schwierige Navigation innerhalb der Lektion:
  Diese Problem, das ja in Hypermedia-Dokumenten von zentraler Bedeutung ist, kann die Verwendbarkeit eines Unterrichtsprogrammes entscheidend einschränken, sobald der Computer mehr machen soll als elektronisch die Seiten zu wechseln. Mögliche Lösungsansätze aus dem Hypermedia-Bereich, wie sie auch an verschiedenen Orten

in diesem Buch vorgestellt werden, können entscheidend zur Entschärfung dieses
Problems beitragen.

- Primär visuelle Fähigkeiten nötig:
  Heutige Unterrichtsprogramme basieren noch primär auf geschriebenem Text. Das
  heisst, dass leseschwache Schüler bei der Erfassung des Inhalts benachteiligt sind.
  Die Integration von Multimedia, indem Sprache, Ton und Filmsequenzen eingebaut
  werden, kann hier Ausweichmöglichkeiten schaffen.

- Hoher Entwicklungsaufwand für Unterrichtsprogramme:
  Die Entwicklung von Unterrichtsprogrammen vor allem unter Verwendung von
  konventionellen Programmiersprachen wie C, Pascal oder Modula-2 ist mit einem
  hohen Aufwand verbunden. Der Entwicklungsaufwand kann durch die Verwendung
  von mächtigen und komfortablen Autorensystemen entscheidend gesenkt werden.
  HyperCard als ein solches Autorensystem steht hier erst am Anfang.

- Lange Entwicklungsdauer:
  Vor allem bei der Verwendung von konventionellen Programmiersprachen dauert die
  Entwicklung von Unterrichtsprogrammen eventuell so lange, dass das neue
  Programm bei seiner Fertigstellung schon überholt ist. Abhilfe kann hier wieder durch
  produktivitätssteigernde Autorensysteme geschaffen werden.

- Kaum Aufnahme von Kontext-Wissen:
  Im Gegensatz zum Lehrer, der oft in seinem Ausführungen zu einem bestimmten
  Stoffgebiet in verwandte Gebiete abschweift und so das nötige Kontext-Wissen
  vermittelt, kann ein Unterrichtsprogramm nur das vermitteln, was bei der
  Programmentwicklung vorgesehen wurde. Aus Zeit- und Produktivitätsgründen
  wurde dabei meist auf das Kontext-Wissen verzichtet. Hypermedia-Systeme, die das
  Vernetzen von verwandten Konzepten und das Festhalten von Querbeziehungen
  gestatten, können zur Vermittlung des nötigen Kontext-Wissens eingesetzt werden.

- Keine Berücksichtigung der Psyche des Schülers:
  Es ist sehr schwierig, diesen Punkt in einem Unterrichtsprogramm zu
  berücksichtigen. Meist wird der Computer stur in seinem Programm fortfahren, ohne
  die momentane Stimmung des Schülers und Faktoren wie die Tageszeit,
  vorhergehenden Lektionen etc. zu berücksichtigen.

Wie nun hoffentlich nach dieser Auflistung von Vor- und Nachteilen von
Unterrichtsprogrammen klar ist, sind auch Unterrichtsprogramme nicht der Weisheit letzter
Schluss zur Behebung der Misere in der Ausbildung. Es ergeben sich gegenüber den
konventionellen Unterrichtsformen Stärken und Schwächen des Computers, die klar
aufzeigen, in welchen Bereichen Unterrichtsprogramme den konventionellen Unterricht

ergänzen oder sogar ersetzen können. Auf keinen Fall soll als langfristiges Ziel der menschliche Lehrer durch den Computer ersetzt werden.

Zum Abschluss dieses einführenden Abschnitts sollen noch die Bewertungsfaktoren guter CAI-Programme (die auch für Hypermedia-Unterrichtsprogramme ihre Gültigkeit behalten) nach [Han88] aufgelistet und kommentiert werden:

- Klare Vorgabe von Lernzielen:
  Es müssen entweder in der begleitenden Dokumentation oder dann gleich zu Beginn des Unterrichtsprogramms die Lernziele und der Inhalt des Programms klar definiert werden.

- Ausrichtung auf spezifisches Zielpublikum:
  Der Bereich potentieller Computerbenützer umspannt ausgehend vom Grundschüler über anzulernende Handwerker und Techniker, bzw. Studenten bis zum Wissenschaftler ein ausserordentlich heterogenes Publikum. Ein Programm muss immer über eine dem Zielpublikum angepasste Darbietungsform verfügen. So kann z.B. für Grundschüler das Lernspiel das geeignete Medium sein, während für den Studenten ein reines Tutorial besser geeignet ist.

- Grösstmögliche Interaktion mit dem Benutzer:
  Der Computer darf auf keinen Fall nur zum Abspielen von filmartigen Sequenzen benützt werden. Vielmehr stellt [Han88] sogar die Forderung, dass der Schüler *mehrmals pro Minute zu einer direkten Interaktion mit dem Unterrichtsprogramm aufgerufen werden soll.*

- Individualisierbar:
  Ein gutes Unterrichtsprogramm fragt den Benutzer am Anfang nach persönlichen Parametern wie z.B. dem Namen und braucht diese persönlichen Parameter in der weiteren Diskussion mit dem Schüler.

- Beibehalten des Benutzerinteresses:
  Häufig verflacht die Aktionskurve in einem Unterrichtsprogramm nach einer fulminanten Einführung. Deshalb muss der Programmentwickler darauf achten, dass er auch im weiteren Programmverlauf immer wieder attraktive Höhepunkte wie z.B. Animation, Trickfilmsequenzen etc. einsetzt.

- Positiver Ton gegenüber dem Benutzer:
  Auf keinen Fall darf in einem "Drill & Practice"-Programm ein nicht sehr erfolgreicher Benutzer mit destruktiven Bemerkungen wie etwa "Hast du es immer noch nicht kapiert, du Trottel!" entmutigt werden. Vielmehr muss der Schüler mit massvollem Lob ermutigt und als Programmbenutzer bestätigt werden.

- Verschiedene Formen von Feedback:
  Idealerweise gibt das Unterrichtsprogramm dem Schüler unter Verwendung von verschiedenen Medien wie Schrift und Ton Rückmeldungen und erlaubt auch den Ausdruck einer schriftlichen Auswertung der Leistung des Schülers.

- Einbettung in die Umgebung:
  Der Zugang des Benutzers zur Lektion muss einfach zu bewerkstelligen sein. So muss es z.B. möglich sein, eine längere Lektion jederzeit zu unterbrechen und an der unterbrochenen Stelle auch wieder aufzunehmen.

- Evaluation der Benutzerleistung:
  Der Computer ist sehr gut dazu geeignet, als unbestechlicher Schiedsrichter die Schülerleistung zu evaluieren. Diese Evaluationen können ebenfalls für den Schüler motivierend wirken. Es ist sehr wichtig, dass der Computer die richtigen Fragen stellt ("ask the right questions") und die vom Schüler eingegebenen Antworten sorgfältig prüft. So müssen z.B. Rechtschreibefehler erkannt und als solche bewertet werden.

- Nütze alle Computer-Ressourcen (sinnvoll):
  Bei einem Unterrichtsprogramm darf der Computer sicher nicht nur als elektronischer Seitenwechsler eingesetzt werden. Vielmehr muss von den Ton- und Animationsfähigkeiten des Computers Gebrauch gemacht werden. Auch sind die Hypertext-Funktionen für ein elektronisches Inhaltsverzeichnis und für Querverweise innerhalb eines Unterrichtsprogrammes sehr gut geeignet.

8.2   Hypermedia-CAI-Systeme

Wie bereits im vorhergehenden einleitenden Abschnitt ersichtlich wurde, sind für die verschiedensten Teilbereiche und Teilprobleme von CAI-Systemen Hypermedia-Konzepte hervorragend geeignet. In diesem Abschnitt sollen die besonderen Eigenschaften von Hypermedia-CAI-Systemen besprochen werden. Anschliessend wird auf die speziellen Probleme von Hypermedia in einer Unterrichtsprogramm-Umgebung eingegangen.

Ein Hypermedia-Unterrichtsprogramm weist genauso wie alle anderen Hypermedia-Dokumente die übliche Zweischichten-Hypertext-Architektur auf, indem die einzelnen Hypertext-Knoten in einer unterliegenden Datenbank abgelegt werden, während mit Hilfe der Hypertext-Links lektionsübergreifende Querverweise und Querbeziehungen innerhalb einer Lektion hergestellt werden können. Auch bei der Erstellung von Unterrichtsprogrammen sind die Hypertext-Techniken sehr nützlich. Unter Verwendung des Outliner-Verfahrens kann die Lektion strukturiert aufgebaut werden, indem mit einem Struktur-Editor das ganze Programm in einzelne Ideen zerlegt wird, die während des Konstruktionsprozesses frei verschoben und manipuliert werden können. In einem weiteren Schritt kann sogar unter Verwendung von KI-Techniken ein regelbasiertes Hilfssystem zur Unterstützung der Courseware-Autoren eingesetzt werden. Dieser Ansatz wird in Abschnitt 8.7 "Intelligente Tutorensysteme" näher vorgestellt.

Ein ideales Unterrichtsprogramm sollte über gewisse Selbstlernfähigkeiten verfügen, wobei diese Selbstlernfähigkeit auch vom Programmierer unterstützt werden kann. So können z.B. unerwartete Antworten, auf die das Unterrichtsprogramm nicht reagieren kann, vom System gespeichert und bei einer späteren Verbesserung des Unterrichtsprogramms berücksichtigt werden. Im folgenden sollen noch drei Schwerpunkte angesprochen werden, die sich in Hypermedia-Systemen besonders gut realisieren lassen:

- Integration von Grafik:
  Gerade in Hypermedia-Systemen, die meist über eine gut ausgebaute Grafik-Unterstützung verfügen, soll auch von diesen Grafik-Fähigkeiten Gebrauch gemacht werden, indem z.B die Übersichtskarte einer Lektion nicht nur als strikt textuelles Inhaltsverzeichnis implementiert wird, sondern die Zusammenhänge zwischen den einzelnen Lektionsbestandteilen mit Hilfe eines Graphen zweidimensional dargestellt werden.

- Integration von Simulationen:
  Falls das Hypermedia-System solche Fähigkeiten aufweist, so muss unbedingt davon Gebrauch gemacht werden, da die Attraktivität einer Applikation durch die Integration von Simulationen und Animationen bedeutend gesteigert wird (siehe auch 2.1.6 "Attraktivität einer Hyper-Applikation").

- Individualisierung der Lektion:
  Ausser der im vorhergehenden Abschnitt angesprochenen Erfassung von persönlichen Parametern z.B. zur persönlichen Anrede im Unterrichtsprogramm könnnen mit Hypermedia-Konzepten auch einfach individuell anpassbare Verzweigungen in ein Unterrichtsprogramm eingebaut werden, so dass je nach Fähigkeiten des Schüler innerhalb des Dokumentes verschiedene Informationspfade verfolgt werden können.

Beim Einsatz von Hypermedia-Systemen zur Entwicklung von Unterrichtsprogrammen ergeben sich für den Schüler verschiedene Probleme:

- Sicher steht auch hier wieder das Navigationsproblem an erster Stelle, da die Gefahr des Verirrens im Hyperdokument um ein Vielfaches grösser ist als in einem sequentiellen Dokument.

- Ohne geeignete Hilfsmittel hat der Schüler Mühe, sich einen Überblick über das ganze Dokument zu verschaffen. Übersichtskarten über einzelne Lektionsbestandteile sind hierzu noch nicht ausreichend. Zusätzliche Hilfsmittel wie z.B. fish eye views werden benötigt, um dem Schüler Einblick in die Gesamtzusammenhänge des ganzen Dokumentes zu geben.

- Bei unsorgfältiger Anwendung des Hypertext-Konzeptes hat der Schüler Mühe, spezifische Informationen zu finden. So ist z.B. bei einem Bild eines Schmetterlings (Fig. 8.1) nicht klar, zu welcher Information der Schüler nach dem Anklicken eines Schmetterlingsbeines geführt wird:

Fig. 8.1 Bild eines Schmetterlings

- Information über das Bein des Schmetterlings

- Information über das Gelenk des Beines

- Information über Beine im Allgemeinen

- Informationen über den Symmetriebegriff

- Es besteht generell die Gefahr, dass der Schüler (ineffizient) im Hyperdokument herumirrt.

[Ham89] definiert eine Lernumgebung, die er als "learning support environment" bezeichnet und die den Schüler bei der Aufnahme von Wissen mit Hilfe von Unterrichtsprogrammen unterstützen soll. Ein "learning support environment" umfasst eine Computerumgebung und eine Menge von Werkzeugen, um einen bestimmten Problemkreis zu erkunden. Dabei soll sich, nur abhängig von den Vorkenntnissen, die Kontrolle stets in der Hand des Schülers befinden. Als Navigationshilfsmittel müssen mindestens die guided tour (siehe 5.3 "Tours"), eine Übersichtskarte und ein Index vorhanden sein. Die guided tour soll dem Schüler ein intuitives Verständnis der Unterrichtsprogramm-Umgebung ermöglichen, so dass er nach Absolvierung der guided tour in der Lage ist, die Benutzerschnittstelle funktionsgerecht zu bedienen.

8.3   Vernetzte Hypermedia-CAI-Systeme

Nach den ersten zwei einleitenden Abschnitten sollen in diesem Abschnitt drei spezielle netzwerkfähige Hypermedia-Unterrichtsprogramm-Umgebungen vorgestellt werden.

Das am MIT sich in Entwicklung befindende *Projekt Athena* hat sich das ambitiöse Ziel gesetzt, den Computereinsatz im Schulzimmer zu vereinfachen oder unter gewissen Umständen auch erst zu ermöglichen[Cha89]. Dabei mussten auch so grundsätzliche Fragen wie die Spezifikation und Implementation eines hardware-unabhängigen Window-Systems, eines leistungsfähigen Netzwerkes und eines herstellerunabhängigen Filesystems gelöst werden. (Als Window-System wurde das heute als de facto Standard betrachtete X-Windows entwickelt.)

An der Universität Karlsruhe wird eine vernetzte Lernumgebung namens *Nestor* (Networked Stations for Tutoring) entwickelt [Müh89], die die Entwicklung und die Verwendung von netzwerkfähiger Courseware vereinfachen soll. Weiter fällt auch das in diesem Buch an früherer Stelle schon beschriebene *Intermedia* (siehe (1.7.1)) in diese Kategorie von netzwerkfähigen Hypermedia-Autorensystemen.

Die drei oben erwähnten Hypermedia-Systeme weisen gemeinsame Eigenschaften auf, die sie für den Einsatz als Unterrichtsumgebung besonders geeignet machen. So sind sie vorgesehen für einen Server-basierten Betrieb, d.h. der Schüler arbeitet an einer Client-Workstation und lädt die auf einem Server zentral gespeicherten Unterrichtsprogramme auf seine Workstation herunter. Der Kontakt zwischen Schüler und Lehrer ist on-line möglich, d.h. der Schüler kann dem Lehrer an seiner Workstation Fragen stellen, die dieser ebenfalls von seiner eigenen Workstation aus beantworten kann. Ausserdem weisen die obigen drei Systeme Komponenten auf, die die Schüler-Teamarbeit unterstützen sollen.

Ein zentraler Gedanke der hier erwähnten Systeme ist eine möglichst weitgehende Portabilität, d.h. Hardware-Unabhängigkeit. Nestor hat zur Erlangung dieser Portabilität z.B. ein hardware-unabhängiges sog. Nestor Intermediate Courseware Exchange Format definiert, das die Zugriffskomponenten auf Systemebene in vier Komponenten unterteilt: Der Zugriff auf das Window-System, der Betriebssystem-Zugriff, der Massenspeicherzugriff und der Multimedia-Zugriff sind standardisiert.

Weitere Faktoren, die den beschriebenen Systemen gemeinsam sind, ist die Bedeutung, die der einheitlichen Benutzerschnittstelle zugemessen wird, Verfahren zur Bildkompression, die Verwendung von optischen Netzwerken mit einem Durchsatz in der Grössenordnung von 100 Mbit/sec (FDDI, Breitband-ISDN) und der Einsatz von optischen Speichermedien wie erasable optical disks (siehe (1.9.4)) zur Speicherung der Multimedia-Dokumente.

8.4   Ein Beispiel: Hyper-Lexikon (HyperCard-Beispiel)

8.4.1   Übersicht

Nachdem in den ersten drei Abschnitten dieses Kapitels vorwiegend theoretische Konzepte besprochen wurden, sollen die besprochenen Konzepte an einem ersten praktischen HyperCard-Beispiel, das die Verwendung von Hypertext-Ideen in einem Unterrichtsprogramm sehr schön illustriert, erläutert werden.

Das von Bui [Bui89] beschriebene Hyper-Lexikon ist ein Unterrichtsprogramm, das den Wortschatz des (englischsprachigen) Schülers erweitern soll: (Im folgenden wird eine eingedeutschte Version von Hyper-Lexikon beschrieben, die grundlegenden Konzepte bleiben dabei natürlich erhalten.) Der Schüler soll z.B. zur Ableitung von neuen Wörtern aus bereits Bekannten angehalten werden. Auch soll der korrekte Gebrauch von Wörtern erläutert werden, indem dem Schüler der Sinngehalt der einzelnen Wörter vor Augen geführt wird. Der Schüler soll z.B. in der Lage sein, aus dem Satz

> "Eine Kuh, die Gras frisst, <u>weidet</u>."

die Bedeutung des Wortes "weiden" zu verstehen und den falschen Gebrauch von "weiden" in den nächsten beiden Sätzen zu erkennen:

> "Ein Pferd, das Hafer frisst, <u>weidet</u>."

> "Ein Mensch, der ein Sandwich isst, <u>weidet</u>."

Als weiteres Ziel soll der Schüler Unterschiede in der Bedeutung von Wörtern mit ähnlichem Inhalt erkennnen, so dass ihm z.B. klar ist, dass

> die Wache vor dem Buckingham-Palast nicht <u>spaziert</u>, sondern <u>marschiert</u>.

Dazu soll Hyper-Lexikon sowohl über Standard-Hilfsmittel wie Wörterbuch und Thesaurus als auch über weitergehende Wissensrepräsentationen, die dem Verständnis der semantischen

Beziehungen zwischen verschiedenen Konzepten dienen, verfügen. Die semantischen Beziehungen zwischen zwei Konzepten werden als Links modelliert:

8.4.2 Implementation in HyperCard

Im folgenden werden die von [Bui89] beschriebenen Konzepte und Ideen in HyperCard reimplementiert. Es handelt sich dabei lediglich um einen kleinen Ausschnitt des von Bui beschriebenen Systems, das ebenfalls in HyperCard implementiert wurde. (Als Ausgangsbasis für die hier beschriebene Implementation wurde lediglich das Papier [Bui89] verwendet.) Es werden zwei Beziehungstypen implementiert, nämlich die Analogie- und die "Applies-To"-Beziehung.

Link-Typ	Beispiel
ISA	Pferd - ISA - Tier
Is-Part	Kopf - Is-Part - Mensch
Applies-To	Fliegen - Applies-To - Vogel
Analogy	Hand ↔ Mensch - Analogy - Pfote ↔ Katze
Abstraktion	
Definition	

Analogie-Beziehungen

Im hier beschriebenen Beispiel werden anatomische Begriffe des menschlichen und tierischen Körpers zueinander in Beziehung gesetzt. In (Fig. 8.2) und (Fig. 8.3) werden der menschliche Zeh und der Huf des Pferdes als zueinander analoge Begriffe identifiziert.

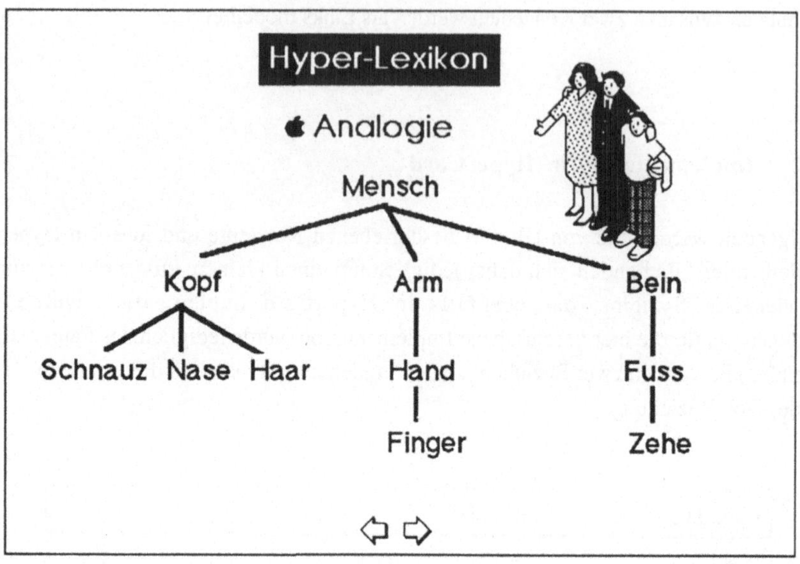

Fig. 8.2 Analogie - Mensch

Der Schüler kann zuerst durch Anklicken mit der Maus den Begriff, zu dem er Analogien haben möchte, auswählen, worauf der Begriff schwarz unterlegt wird. Durch Anklicken des in (Fig. 8.3) sichtbaren -Symbols wird das in (Fig. 8.2) gezeigte Menu mit der Auswahl ("Mensch", "Pferd", "Katze", "Vogel") sichtbar. Durch Anwählen mit der Maus wird auf eine der drei anderen Karten, also z.B. "Pferd" gesprungen, wo der analoge Begriff ebenfalls schwarz hinterlegt angezeigt wird.

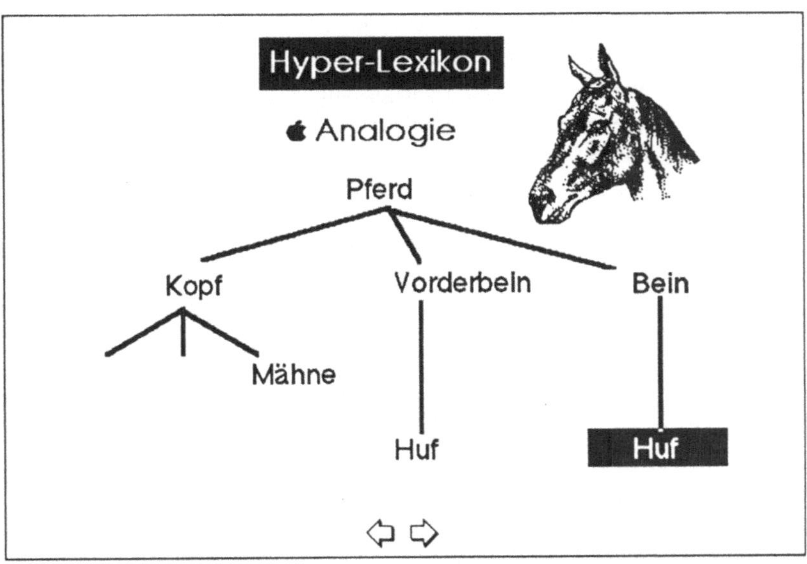

Fig. 8.3 Analogie - Pferd

Zur Implementation in HyperCard wird ein gemeinsamer Kartentyp verwendet, der für die jeweils analogen Begriffe einen Card Button mit der gleiche Button-Nummer auf den verschiedenen Karten verwendet. Der durchsichtige Button, der sich hinter dem Zeichenstring "Huf" auf der Karte "Pferd" befindet und der durchsichtige Button, der hinter dem Zeichenstring "Zeh" auf der Karte "Mensch" liegt, haben also die gleiche Nummer. Jeder dieser durchsichtigen Buttons enthält das gleiche Script:

```
on mouseUp
  global buttonno
  put the number of me into buttonno
  -- zurücksetzen sämtlicher Card Buttons
  repeat with i=1 to the number of card btns
    set the hilite of card btn i to false
  end repeat
  set the hilite of me to true
end mouseUp
```

In der globalen Variablen "buttonno" wird die Nummer des Buttons gespeichert, der auf einer anderen Analogie-Karte ebenfalls wieder invertiert angezeigt werden muss. Bei jedem Anklicken eines Buttons muss ausserdem sichergestellt werden, dass ein vorher invertierter Button wieder zurückgesetzt wird. Der sich unter dem -Symbol befindende Button bringt auf Anklicken hin ein mit Hilfe eines Card Fields simuliertes PopUp-Menu zum Vorschein:

```
Script of Card Button "Apfel"
on mouseUp
   show card field "menu"
end mouseUp
```

Das Script des Card Fields "Menu" simuliert mit Hilfe des mouseUp-Handlers einen Doppelklick und springt auf die gewählte Karte. Bevor auf die Zielkarte gesprungen wird, wird durch den mouseUp-Handler das PopUp-Menu (d.h. das Card Field "Menu") wieder zum Verschwinden gebracht.

```
Script of Card Field "Menu"
on mouseUp
   set the locktext of me to false
   click at the mouseloc
   click at the mouseloc
   set the locktext of me to true
   put the selection into cardname
   hide me
   visual effect dissolve
   go card cardname
end mouseUp
```

"Applies-To"-Beziehungen"

Neben der Analogie-Beziehung wird in diesem Beispiel auch noch die "Applies-To"-Beziehung modelliert. Dabei geht es um den Gebrauch von Verben für unterschiedliche Subjekt-Gruppen. Im untenstehenden Beispiel werden verschiedene Tätigkeiten im Zusammenhang mit der Ernährung auf ihre Anwendung für verschiedene Lebewesen untersucht. Der Schüler kann nun entweder ein Verb anklicken, worauf ihm diejenigen Lebewesen, für die dieses Verb gebraucht werden kann, schwarz hinterlegt angezeigt werden oder er kann das Lebewesen anklicken, worauf ihm die für dieses Lebewesen passenden Tätigkeiten angezeigt werden. Im Beispiel in (Fig. 8.4) hat der Student "zuprosten"

angeklickt, worauf ihm das System "Mensch" und "Erwachsener" als passende Subjekte für
diese Tätigkeit zurückmeldet.

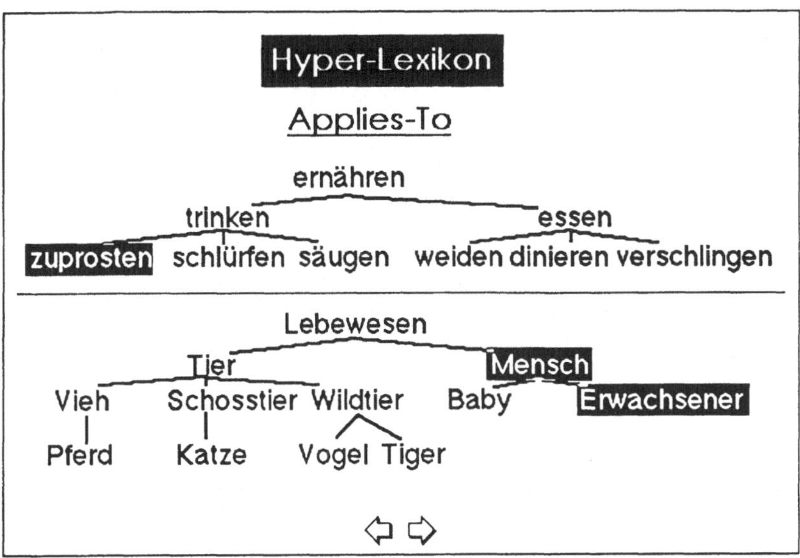

Fig. 8.4 Applies-To -Beziehungen

Zur Realisation dieser Beziehungen wird jeder Begriff mit einem durchsichtigen Button
hinterlegt. Das Script des Buttons enthält die "Applies-To"-Beziehungen des zugehörenden
Begriffs. Der zu "zuprosten" gehörende Button enthält also das folgende Script:

```
Script of Card Button "zuprosten"
Mensch
Erwachsener
```

Der zu "Erwachsener" gehörende Button enthält das Script:

```
Script of Card Button "Erwachsener"
einnehmen
trinken
zuprosten
schlürfen
essen
```

```
dinieren
verschlingen
```

Die ganze Karte wird als maussensitiver Bereich definiert, indem das Script der Karte einen
mouseUp-Handler enthält, der auf das Anklicken eines Button speziell reagiert (if word
2 of the name of the target is "Button" then...). Der angeklickte Button
wird invertiert und anschliessend werden die mit ihren Namen im Script des Buttons
enthaltenen Buttons ebenfalls invertiert. Die im mouseUp-Handler und im closeCard-
Handler gebrauchte Prozedur resethilite macht die Invertierung sämtlicher Card
Buttons rückgängig.

```
Script of Card "Applies-To"
on closeCard
  resethilite
end closeCard


on mouseup
  if word 2 of the name of the target is "Button" then
    resethilite
    set the hilite of the target to true
    get the script of the target
    repeat with i=1 to the number of lines of it
      put line i of it into buttonname
      set the hilite of card button buttonname to true
    end repeat
  end if
end mouseup


on resethilite
  repeat with i=1 to the number of card btns
    set the hilite of card btn i to false
  end repeat
end resethilite
```

8.5   Autorensysteme

In diesem Abschnitt sollen die Anforderungen betrachtet werden, die ein Hypermedia-System erfüllen muss, damit es als Autorensystem zur Entwicklung von Courseware eingesetzt werden kann. Dazu werden zuerst die Anforderungen aufgelistet, die an ein Courseware-Autorensystem gestellt werden, wobei (in Klammern gesetzt) gerade die Erfüllung jedes Punktes in HyperCard überprüft wird.

- Text-Editor
  Sicher muss ein komfortable Editor für die Eingabe des später im Unterrichtsprogramm zu lesenden Textes vorhanden sein. (Die von HyperCard in diesem Bereich angebotenen Fähigkeiten können als zwar ausreichend, aber noch verbesserungswürdig bezeichnet werden.)

- Grafik-Editor
  Auch für die Erstellung der später ausgegebenen Grafiken muss ein möglichst vielseitiger Editor zur Verfügung gestellt werden. (Für die meisten Unterrichtsprogramme ist der in HyperCard eingebaute MacPaint-ähnliche Grafik-Editor ausreichend.)

- Animations-Editor
  Das Autorensystem muss Möglichkeiten für die einfache Erstellung von Animationen vorsehen. (Für einfache Animationen sind die in HyperCard eingebauten Fähigkeiten ausreichend, kompliziertere Animationen werden allerdings besser mit einem anderen Werkzeug wie z.B. MacroMind's VideoWorks oder Director erstellt.)

- Antwort-Beurteilungs-System
  Das Antwort-Beurteilungs-System erlaubt es dem Autor, dem Schüler eine Frage zu stellen und je nach gegebener Antwort in verschiedene Richtungen zu verzweigen. (HyperCard hat kein Antwort-Beurteilungs-System eingebaut, mit wenigen Zeilen Hypertalk kann allerdings diese Funktionalität nachgebildet werden.)

- Struktur-Editor
  Der Struktur-Editor erlaubt ein einfaches Editieren der ganzen Struktur eines Unterrichtsprogrammes, indem z.B. die Kapitelstruktur einer Lektion aufgezeichnet wird und anschliessend direkt editiert werden kann. (Der Struktur-Editor muss in HyperCard ebenfalls zusätzlich eingebaut werden.)

Zur Beantwortung der Frage, was dem durchschnittlichen Hypermedia-System zum Autorensystem für Unterrichtsprogramme fehlt, kann der obigen Auflistung und dem Quervergleich entnommen werden, dass der Animations-Editor und das Anwort-Beurteilungs-System sowie der Struktur-Editor zumindest in HyperCard nicht voll ausgebaut verfügbar sind. Generell gilt, dass in allgemein verwendbaren Hypermedia-Systemen ein Antwort-Beurteilungs-System, das primär doch nur in Unterrichtsprogrammen eingesetzt wird, normalerweise nicht verfügbar ist, während Animationsfähigkeiten häufiger zumindest ansatzweise vorhanden sind. Der in HyperCard fehlende Struktur-Editor ist ein in jedem Hypermedia-System hilfreiches Werkzeug, das in anderen Systemen wie z.B. NoteCards (siehe (1.7.2)) oder Intermedia (siehe (1.7.1)) integriert ist und zur Strukturierung von beliebigen Hyperdokumenten verwendet werden kann.

(Fig. 8.5) zeigt einen Ausschnitt der Hardware-Anforderungen, die an einen idealen Autoren-Arbeitsplatz gestellt werden.

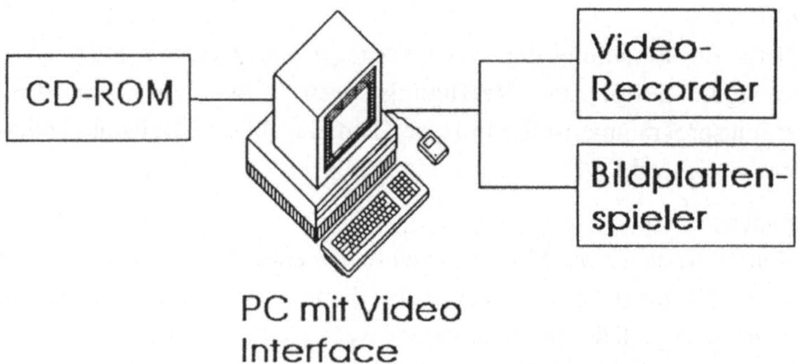

Fig. 8.5 Der ideale Autoren-und Schüler-Arbeitsplatz

Die in (Fig. 8.5) dargestellten Komponenten werden für die Integration von vorgefertigten digitalen (auf der CD-ROM) und analogen (auf der Videokassette und der Bildplatte) Bild- und Tonsequenzen benötigt. Falls der Autor selber weitere Bilder eingeben will, so benötigt er noch einen Scanner für das Digitalisieren von Photos sowie ein Ton-Digitalisiergerät wie den Mac-Recorder für die Aufnahme von Sprache, Musik und weiteren Geräuschen. (Fig. 8.5) stellt auch gerade einen idealen Schüler-Arbeitsplatz dar. Dieser benötigt zwar unter Umständen CD-ROM und Bildplattenspieler oder Video-Recorder, kann aber aus naheliegenden Gründen auf Scanner und Ton-Digitalisiergerät verzichten.

Autorensysteme können nach der Art der Benutzerschnittstelle zum Autor in drei Kategorien unterteilt werden [Tob88]:

- Menugeführte Autorensysteme:
  Autorensysteme dieser Kategorie ermöglichen dem Autor eine Funktionsauswahl mit Hilfe von Menus oder Formularen. Der Autor wird sequentiell durch das Programm geführt. Solche Programme gehören in der Regel in die WYSIWYG (What You See Is What You Get) Kategorie, d.h. der Autor erstellt das definitive Bildschirmlayout interaktiv mit Hilfe von Menu-Befehlen. Solche Autorensysteme sind zwar schnell erlernbar, dafür aber auch relativ unflexibel, wenn es hierzu auch Ausnahmen wie beispielsweise das Macintosh-Autorensystem Coursebuilder gibt, das zwar sehr einfach erlernbar ist, aber eine erstaunliche Flexibilität und breitgestreute Funktionalität ermöglicht.

- Autorensysteme mit Kommandosprache:
  Diese Systeme bestehen aus einer problemorientierten Programmiersprache, die als sog. Autorensprache zugeschnitten ist auf die Erstellung von Unterrichtsprogrammen. Da bei solchen Systemen der ganze Bildschirm in der Programmiersprache definiert werden muss, ist der Einsatz solcher Systeme für den Autor meist mit einem hohen initialen Lernaufwand verbunden. Auch sind solche Systeme nicht unbedingt flexibler als die einfacher zu bedienenden menugesteuerten Autorensysteme.

- Menugeführte Autorensysteme mit integrierter Kommandosprache:
  HyperCard fällt in diese Kategorie, in der einfache Unterrichtsprogamme ausschliesslich mit Menubefehlen erstellt werden können, weitergehende Funktionalität aber mit Hilfe einer integrierten Programmiersprache wie Hypertalk zugefügt werden kann.

Zum Schluss dieses Abschnitts soll noch auf einige Schwerpunkte bei der Behandlung von Benutzereingaben hingewiesen werden, indem z.B. das System bei der Eingabe von völlig unerwarteten Antworten trotzdem noch sinnvolle Reaktionen ausführt. Auch muss eine gewisse Fehlertoleranz gegenüber von Tippfehlern gewährleistet sein. Weiter sollte das System Verzweigungsmöglichkeiten aufweisen, die es gestatten, Fehler-Folgelektionen einzublenden, falls ein vorgegebener Prozentsatz von Fragen falsch beantwortet wurde.

8.6 Objektorientierte Dekomposition

In diesem Abschnitt wird ein in [Tal89] beschriebenes Verfahren vorgestellt, das unter der Bezeichnung "objektorientierte Dekomposition" den Aufbau von hierarchisch strukturierten, beziehungsgesteuerten Hypertext-Tutorials ausgehend von einer unstrukturierten Wissensbasis gestattet. Als Motivation für ihr Verfahren führen die Autoren das folgende (sinngemäss aus dem Englischen übersetzte) Zitat an:

> "Da sinnvolles Lernen am einfachsten geht, wenn neue Konzepte und Ideen unter noch breiteren, umfassenderen Konzepten zusammengefasst werden, sollten Konzept-Übersichtskarten (concept maps) hierarchisch aufgebaut sein, d.h. allgemeine und umfassende Konzepte sollen sich oben auf der Übersichtskarte befinden, während die spezielleren, weniger umfassenden Konzepte stufenweise fortschreitend weiter unten angeordnet werden."

Novak und Gowin, "Learning How to Learn", Cambridge University Press, 1986

Basierend auf den in diesem Zitat angesprochenen Grundsatz schlagen Talbert und Umphress in [Tal89] ein Verfahren vor, mit dem, ausgehend von einem unstrukturierten Text zu einem Wissensgebiet, in acht Schritten ein Hypertext-Unterrichtsprogramm erstellt werden kann:

1. Inhaltszusammenfassung in einem Satz.
   Jedes Problem muss in einem Kernsatz zusammenfassbar sein.

2. Problembeschreibung in fünf bis neun Sätzen.
   Anschliessend an den Kernsatz kann dieser in maximal neun Sätzen näher ausgeführt werden. Damit ist gleichzeitig auch die maximale (kognitive[1]) Grösse eines Hypertext-Knotens erreicht

3. Identifikation der grundlegenden Konzepte des Problems.
   Für eine weitere hierarchische Untergliederung müssen die weiteren Unterprobleme und Konzepte gefunden werden, die dann als Hypertext-Knoten, die sich tiefer unten

---

[1]"kognitiv" meint hier, dass ein Hypertext-Knoten zwar, falls die technischen Möglichkeiten dies gestatten, ohne weiteres grösser gemacht werden kann, der Grundgedanke und die Idee des betreffenden Hypertext-Knotens dann aber vom Leser nicht mehr "atomar", d.h. in einem Schritt, aufgenommen werden können.

in der Hierachie befinden, dargestellt werden. Dieser Schritt unterstützt also ein Top-Down-Verfahren.

4. Definiere die Beziehungen und Schnittstellen.
   In diesem Schritt geht es um die Festlegung der Querbeziehungen, die dann in Schritt 8 als Hypertext-Links implementiert werden.

5. "Review und revise".
   An dieser Stelle ist der zu einem Hypertext-Knoten gehörende Stoff fertig zusammengestellt, so dass er nochmals überprüft und falls nötig revidiert werden kann.

6. Wiederhole für jedes neue Konzept Schritt 1 bis 5.
   In einem iterativen Prozess werden nun sukzessive die weiteren Hypertext-Knoten gemäss den Schritten 1 bis 5 erstellt.

7. Fasse verwandte Konzepte in einem Knoten zusammen.
   Im Gegensatz zum Top-Down-Verfahren, das in Schritt 4 angewendet wird, werden hier im Bottom-Up-Verfahren inhaltlich verwandte Konzepte in hierarchisch übergelagerten Knoten zusammengefasst.

8. Mache die Hypertext-Links.
   Die tatsächlichen Hypertext-Links können erst implentiert werden, wenn alle Knoten vorhanden sind.

Das hier beschriebene Acht-Schritt-Verfahren definiert also zuerst in einem Top-Down-Verfahren, ausgehend von den allgemeinsten Konzepten, die einzelnen Hypertext-Knoten, um dann ähnliche Knoten in einem zweiten Durchgang in einem Bottom-Up-Verfahren zur besseren Übersicht wieder in höherliegenden Inhaltsverzeichnis-Knoten zusammenzufassen.

8.7 Intelligente Tutorensysteme

8.7.1 Was ist ein intelligentes Tutorensystem

Bevor in den letzten beiden Abschnitten dieses Kapitels über Unterrichtsprogramme noch zwei Beispielimplementationen in HyperCard vorgestellt werden, soll in diesem Abschnitt noch auf die Anwendung von Konzepten aus dem Gebiet der künstlichen Intelligenz KI auf Unterrichtsprogramme eingegangen werden. Insbesondere sollen die sog. *intelligenten Tutorensysteme* (intelligent tutoring systems) vorgestellt werden. Intelligente Tutorensysteme versuchen, die Rolle des Schüler im Programm zu modellieren. Dazu berücksichtigen sie

Hintergrundwissen und Vorlieben des Schülers. Auch ziehen sie die Lern-Geschichte des Schülers, d.h. die Art, wie das Wissen erworben wurde, in Betracht und bauen einen eigentlichen Problem-Kontext auf. Intelligente Tutorensysteme haben nur indirekt mit Hypermedia-Konzepten zu tun, indem Hypermedia-Autorensysteme für die Implementation von intelligenten Tutorensystemen besonders geeignet sind.

Im folgenden werden die in intelligenten Tutorensystemen verwendeten Konzepte am Beispiel des Instructional Design Environment (IDE) näher illustriert.

8.7.2   Das "Instructional Design Environment" (IDE)

Das "Instructional Design Environment" (IDE) wird am Xerox Parc Labor entwickelt [Rus88] [Rus88b]. Es baut auf dem Hypermedia-System NoteCards (siehe (1.7.2)) auf und wird allgemein als eines der wegweisenden intelligenten Tutorensysteme angesehen. IDE enthält als Autorensystem Komponenten für

- Kurs-Design

- Kurs-Entwicklung

- Kurs-Änderungen

und stellt auch die auf NoteCards basierende Laufzeit-Umgebung für das endgültige Unterrichtsprogramm zur Verfügung.

Anschliessend werden zuerst die für den Kurs-Design entwickelten Komponenten vorgestellt, während die in den beiden darauf folgenden Abschnitten beschriebenen Regeln und der Interpreter für die Kurs-Entwicklung und die Laufzeit-Umgebung eingesetzt werden. In (Fig. 8.6) ist der Bildschirmaufbau des für den Kurs-Design vorgesehenen Startmenus dargestellt. Sämtliche für den Aufbau einer Lektion wichtigen Punkte können von diesem Übersichtsbildschirm aus direkt angesprungen werden. Aus (Fig. 8.6) wird auch die Bedeutung, die dem Modell des Schüler zugemessen wird, ersichtlich.

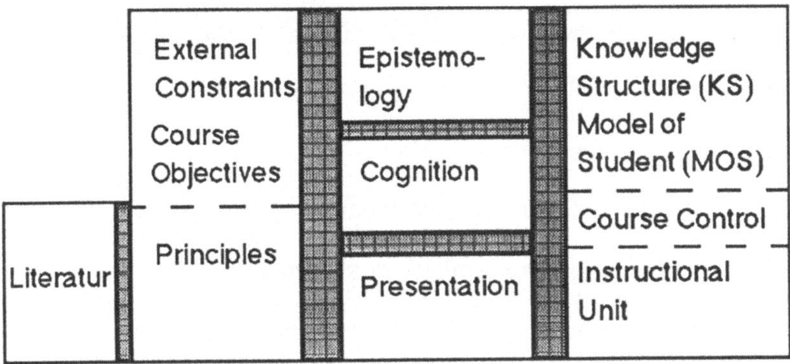

Fig. 8.6 Aufbau der IDE-Design-Komponenten

In den (Fig. 8.7) bis (Fig. 8.11) werden einzelne Design-Elemente für eine Lektionssequenz über die Funktionsweise von Xerox-Kopierern dargestellt [Rus88]. In (Fig. 8.7) sind die für den Lektionsaufbau wichtigen Randbedingungen übersichtsmässig dargestellt. Durch Anklicken eines Links auf einer solchen Übersichts-NoteCard kann z.B. direkt auf die Karte über die Technologie (Technology) verzweigt werden.

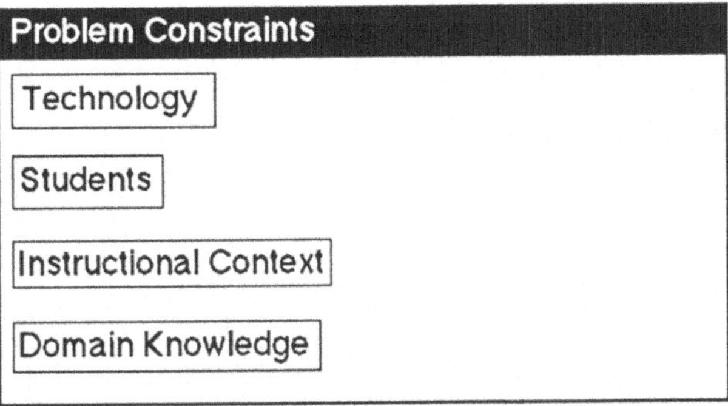

Fig. 8.7 Exemplarische Problem-Randbedingungen ("External Constraints")

Auf der NoteCard in (Fig. 8.8) sind die für die Benutzer-Schnittstelle wichtigen Grundsätze und Konzepte zusammengestellt, wobei wieder wie immer auf erläuternde Karten zu den einzelnen Grundsätzen direkt gesprungen werden kann.

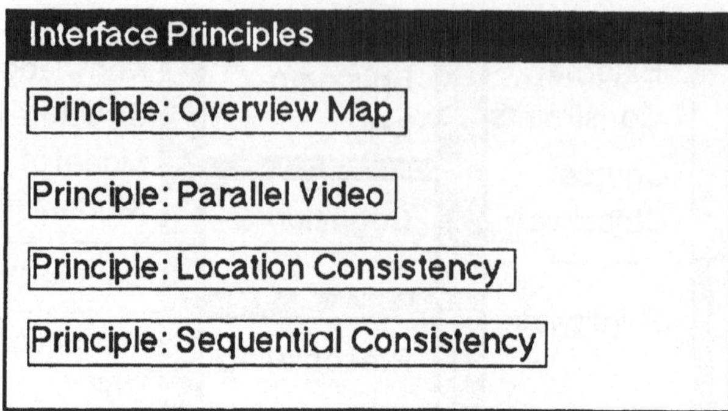

Fig. 8.8 Exemplarische Schnittstellen-Grundsätze ("Principles")

Nach den mehr äusserlichen Schnittstellen-Fragen von (Fig. 8.7) und (Fig. 8.8) enthalten (Fig. 8.9) und (Fig. 8.10) mehr pädagogisch bedeutsame Konzepte. Die Epistemologie[1]-Karte in (Fig. 8.9) enthält die für die Darstellung des Wissens nötigen Grundsätze und Konzepte.

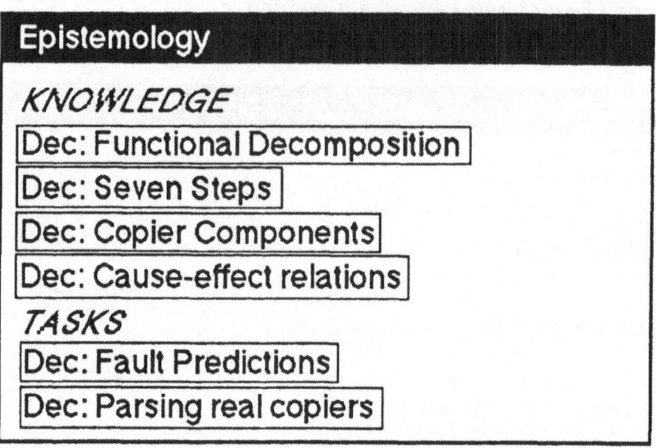

Fig. 8.9 Exemplarische Epistemologie-Karte ("Epistemology")

---

[1] Epistemologie: (im philosophischen Sprachgebrauch: Erkenntnistheorie); hier: Art des Wissens im System, d.h. z.B. Objekt- oder Relationstypen.

In (Fig. 8.10) sind die für die Präsentation des Wissens an die Schüler nötigen Grundsätze und Konzepte enthalten.

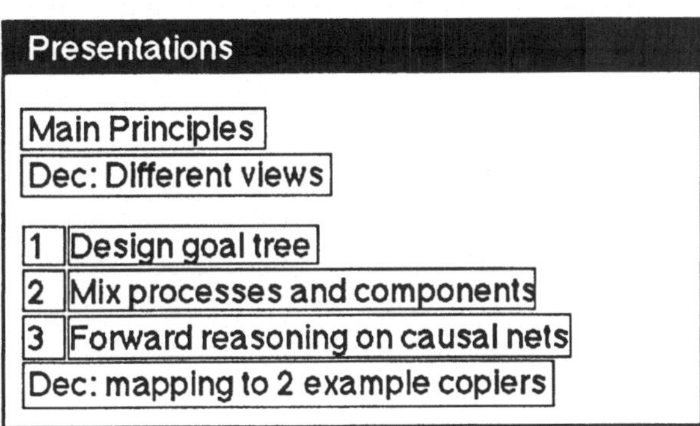

Fig. 8.10 Exemplarische Präsentations-Karte ("Presentation")

(Fig. 8.11) enthält die eigentliche Wissensstruktur der Lektion, d.h. hier befinden sich die Wissenselemente (Knowledge Elements KE) und die Teillektionen (Instructional Units, IU's), die den Schülern vermittelt werden müssen. Diese Wissensstruktur ist in Form eines hierarchischen Hypertext-Netzwerks gespeichert.

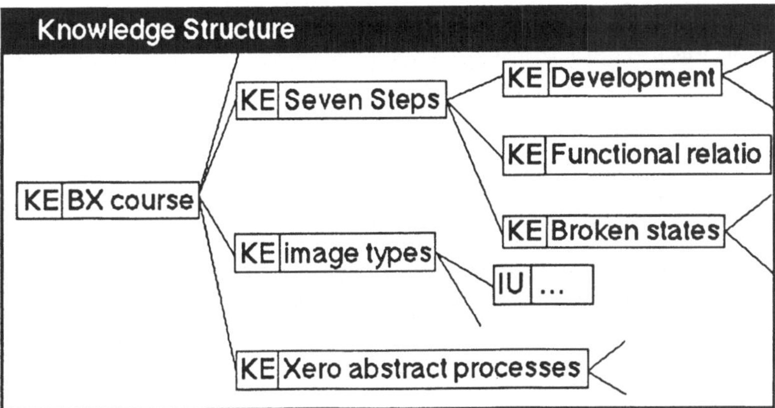

Fig. 8.11 Exemplarische Wissensstruktur-Karte ("Knowledge Structure")

Nach erfolgtem Design einer Lektion stellt IDE zwei Analyse-Werkzeuge zur Verfügung, die dem Autor bei der Implementation seines Lektionsentwurfs behilflich sind:

- Der *Tracer* erklärt, weshalb eine bestimmte Entscheidung getroffen wurde.

- Der *Checker* überprüft, ob die Kursvoraussetzungen in der Implementation erfüllt worden sind.

Diese Werkzeuge können zur Analyse von bestehenden Kursen und zur Erzeugung von neuen Kursen aus bereits Bestehenden verwendet werden. IDE zwingt den Experten im zu unterrichtenden Wissensgebiet (den sog. Subject Matter Expert SME) zur Erstellung einer hierarchisch aufgebauten Wissensstruktur wie in (Fig. 8.11). Diese Wissensstruktur erleichtert dann dafür sowohl dem Schüler als auch dem Lektionsautor den Überblick über das Wissensgebiet und die Lektion.

8.7.3   Die IDE-Regeln

Die einzelnen Unterrichtseinheiten (instructional units) werden mit Hilfe von Regeln miteinander verknüpft. In IDE werden drei Arten von Regeln unterschieden:

- *Strategie-Regeln*
  Die Strategie-Regeln beschreiben das Tutorial auf einer bereichsunabhängigen, didaktischen Ebene.

  Beispiel:
```
to (teach functions) ⇒
        1: present function
        2: teach linked processes
        3: teach sub-functions
        4: present summary
```

- *Pädagogik-Regeln*
  Pädagogik-Regeln beschreiben bereichsabhängiges Wissen, d.h. sie beschreiben z.B. wie ein bestimmtes Faktum dargestellt werden soll.

  Beispiel:
```
to (teach BX) ⇒
        Segment 1: teach functions
        ...
```

- *Taktik-Regeln*

  Taktik-Regeln enthalten Grundsätze für den Einsatz einer bestimmten Unterrichtseinheit (instrucional unit).

Beispiel:

```
to (select IU) ⇒
      keep each display as visual as possible
to (select IU) ⇒
      minimize amount of text to read
```

8.7.4 Der IDE-Interpreter

Der IDE-Interpreter bildet die wichtigste dynamische Komponente von IDE. Er generiert aus der aus Instruktionsregeln bestehenden Regelbasis die Instruktionen und stellt so dem Schüler die Laufzeit-Umgebung zusammen. Wie aus (Fig. 8.12) ersichtlich wird, verwendet der IDE-Interpreter zur Erzeugung die drei von Autor und subject matter expert (SME) erstellten Strukturen Wissensbasis (knowledge structure, siehe (Fig. 8.11)), die das eigentliche Fachwissen enthält, Regeln (siehe 8.7.3) und die vom Lektionsautor vorgegebene Gliederung in Unterrichtseinheiten (instructional units).

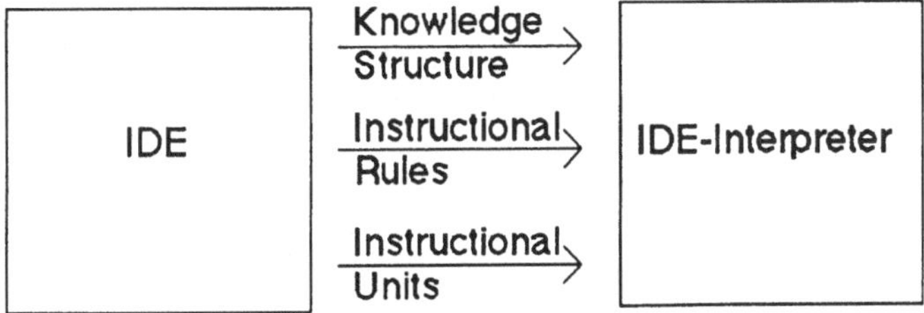

Fig. 8.12 Die Beziehung IDE - IDE-Interpreter

Der IDE-Interpreter setzt sich aus vier Komponenten zusammen (Fig. 8.13).

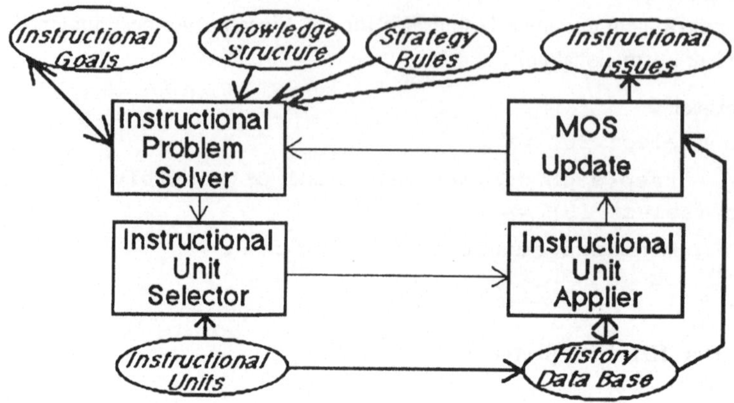

Fig. 8.13 Funktionsweise des IDE-Interpreters

- Der *instructional problem solver*, d.h. der Problemlöser, stellt einen Plan zum Erreichen der Lernziele auf. Zur Erstellung dieses Planes verwendet der Problemlöser die Strategie- und Pädagogik-Regeln.

- Der *instructional unit selector* wählt die der momentanen Unterrichtssituation angepasste Unterrichtseinheit IU unter Verwendung der Taktik-Regeln.

- Der *instructional unit applier* präsentiert dem Schüler die Unterrichtseinheit (instructional unit), verarbeitet die Antworten und speichert die Schülerdaten.

- Der *MOS-Updater* verarbeitet und aktualisiert das Model Of Student (MOS).

Der IDE-Interpreter verwendet drei Wissensbasen.

- Die in (Fig. 8.11) an einem Beispiel abgebildete *knowledge structure* enthält zwei primäre Knotentypen, nämlich die eigentlichen knowledge elements (KE) und die Unterrichtseinheiten (IU).

- In der *history list* sind die letzten Schüleraktionen der momentanen Sitzung gespeichert.

- Mit Hilfe des *Model Of Student MOS* versucht der Interpreter, das Verständnis des Studenten zu ergründen und abhängig davon unter Berücksichtigung der history list die nächste Unterrichtseinheit zu wählen.

Gegenüber einem "konventionellen" Unterrichtsprogramm weist ein intelligentes Tutorensystem wie IDE gewichtige Vorteile auf: Jeder Student erhält eine individualisierte und an seine speziellen Fähigkeiten angepasste Lektion. Trotzdem erkennt der einzelne Student keinen Unterschied gegenüber der "konventionellen" CAI-Lektion, da diese individuelle Adaption für den Studenten transparent vom intelligenten Tutorensystem vorgenommen wird.

Trotz dieser Vorteile darf nicht verschwiegen werden, dass intelligente Tutorensysteme wie IDE die nötige Praxisreife noch lange nicht erreicht haben. Die in solchen Systemen zu realisierenden Konzepte sind viel zu komplex, als dass sie bis heute vollständig verstanden oder gar realisiert worden sind. Auch ein System wie IDE stellt erst einen ersten Schritt in diese Richtung dar, bis erste ausgereift Systeme erscheinen werden, wird es gemäss dem momentanem Stand des Wissens noch mindestens fünf bis zehn Jahre dauern.

8.8 *"Drill&Practice"-Unterrichtsprogramme (HyperCard-Beispiel)*

8.8.1 Überblick

Nach den mehr theoretischen Betrachtungen der vorhergehenden Abschnitte werden in den beiden letzten Abschnitten dieses Kapitels noch zwei praktische HyperCard-Beispielimplementationen beschrieben. In diesem Abschnitt wird ein Drill&Practice-Programm vorgestellt, bei dem die für das Testen der Multiple-Choice-Fragen nötige Funktionalität durch einfache Hypertalk-Scripts zugefügt wird.

Das Ziel des in diesem Abschnitt beschriebenen Stacks ist eine Autorensystem, mit dem auch für den Hypertalk-Unkundigen die Entwicklung von Multiple-Choice-"Drill&Practice"-Unterrichtsprogrammen möglich werden soll. Ein Stack enthält eine Lektion zu einem bestimmten Sachgebiet. Die Lektion kann weiter unterteilt werden in einzelne Einheiten (instructional units). Ein Stack ist somit folgendermassen aufgebaut (Fig.8.14):

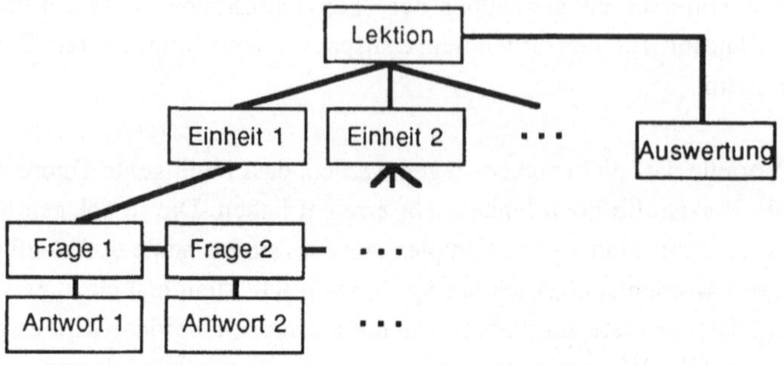

Fig.8.14 Aufbau einer Lektion

Jede Lektion enthält ausserdem genau eine Auswertungskarte, auf der über die richtigen und falschen Antworten des Schülers Buch geführt wird. Der einfachste Fall eines solchermassen aufgebauten Unterrichtsprogramms ist damit ein Stack, der nur eine einzige Einheit enthält. Die Einheit besteht aus einer Sequenz von Frage- und Antwort-Karten, die sequentiell durchgegangen werden.

Ein Stack enthält drei verschiedene Kartentypen:

- Die Titelkarte: Auf der Titelkarte wird der Aufbau der Lektion resp. deren Unterteilung in Lektionen festgehalten. Von der Titelkarte aus kann direkt auf die erste Frage einer Einheit gesprungen werden.

- Die Auswertungskarte: Auf der Auswertungskarte, die den gleichen Background wie die Titelkarte hat, wird die Leistung des Schülers festgehalten.

- Frage- und Antwortkarte: Fragekarte und Antwortkarte enthalten den gleichen Background. Der Schüler kann eine Frage beliebig oft beantworten. Es wird allerdings auf der Auswertungskarte festgehalten, wie viele Anläufe der Schüler für die richtige Beantwortung der Frage benötigte. Von der Fragekarte aus kann entweder zur zugehörigen Antwortkarte oder aber zur nächsten Fragekarte gesprungen werden.

8.8.2   Konstruktionsbeschreibung

Das Drill&Practice-Programm wird an einem einfachen Chemie-Unterrichtsprogramm illustriert, das Grundwissen der organischen Chemie festigen soll und in drei Einheiten zu den Themen "gesättigte Kohlenwasserstoffe", "ungesättigte Kohlenwasserstoffe" und "aromatische Kohlenwasserstoffe" unterteilt ist.

Background "Titel&Auswertung"

Titelkarte

Titelkarte und Auswertungskarte haben den gleichen, neutralen Background. Die Titelkarte (Fig. 8.15) gibt dem Schüler einen Überblick über die Unterteilung der Lektion in Einheiten.

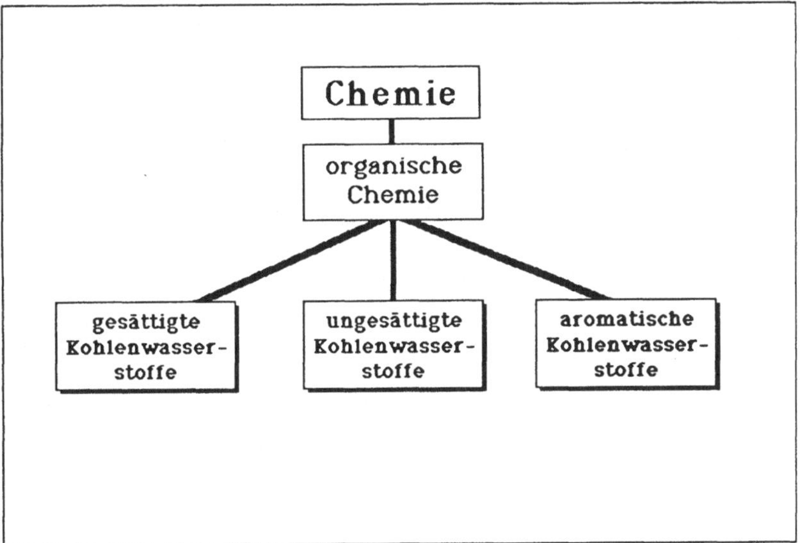

Fig.8.15 Titelkarte

Jede Einheit wird auf der Titelkarte als ein Card Field dargestellt. Durch Anklicken des entsprechenden Card Fields kann direkt auf die erste Fragekarte einer Einheit gesprungen werden. Die obige Titelkarte einer Beispiellektion "Organische Chemie" enthält z.B. für die drei Einheiten "gesättigte Kohlenwasserstoffe", "ungesättigte Kohlenwasserstoffe" und "aromatische Kohlenwasserstoffe" drei Card Fields gleichen Namens, die je in ihrem Script einen `mouseUp`-Handler enthalten, der auf die erste Karte der entsprechenden Einheit springt.

Auswertungskarte

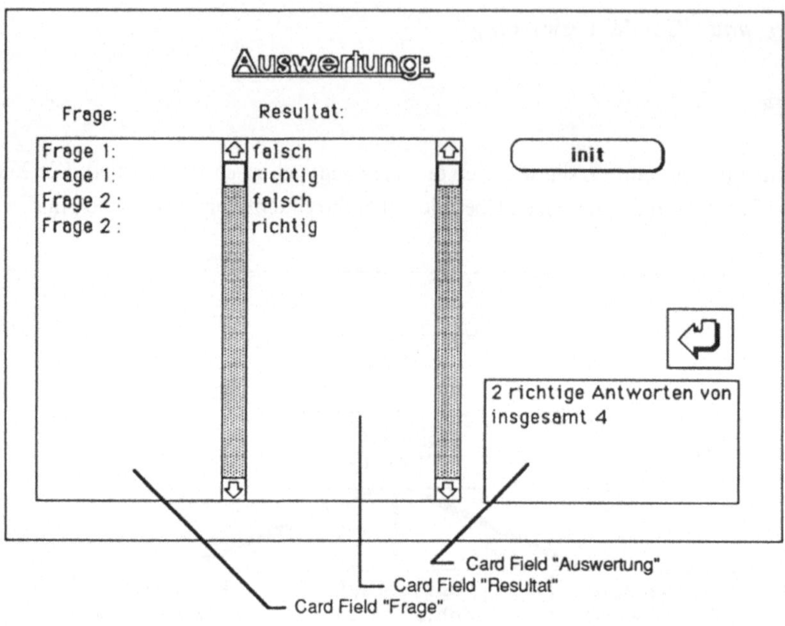

Fig.8.16. Auswertungskarte mit Objektbezeichnungen

Die Auswertungskarte enthält auf dem von der Inhaltskarte übernommenen Background die drei Card Fields "Frage", "Resultat" und "Auswertung". Jedes Mal, wenn der Schüler eine mögliche Antwort auf einer Fragekarte angekreuzt hat, wird automatisch, ohne dass der Schüler sich dessen bewusst wird (`lock screen`), die Auswertungskarte angesprungen und die Bezeichnung der entsprechenden Frage in Card Field "Frage" abgelegt. In Card Field "Resultat" wird auf der gleichen Zeile gespeichert, ob die Frage richtig oder falsch beantwortet wurde. In Card Field "Auswertung" wird nach jeder Schülerantwort die Leistung des Schülers eingetragen, d.h. es wird angegeben, wie viele Antworten des Schülers im Bezug zur Gesamtzahl der bereits gegebenen Antworten richtig sind.

Diese Berechnungen werden mit Hilfe der Prozedur `checkanswer`, die sich im Script des Stacks befindet, durchgeführt. Die Prozedur `checkanswer` (siehe Background "Frage&Antwort") wird nach jedem Anklicken eines Radio-Buttons auf der Fragekarte aufgerufen.

Background "Frage&Antwort"

Fragekarte

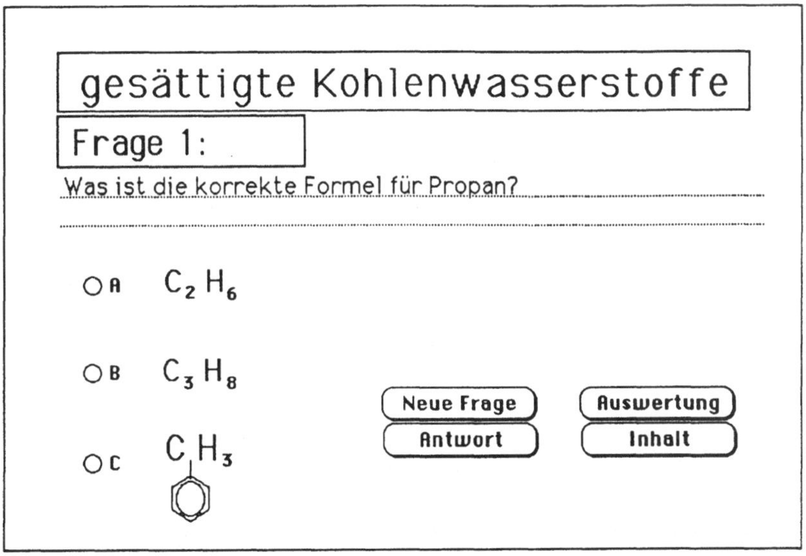

Fig. 8.17. Fragekarte

Frage- und Antwortkarte haben den gleichen Background. Der Schüler kann, nachdem er eine Antwort angekreuzt hat, zur nächsten Frage weiterspringen, er kann aber auch seine Antwort auf der Antwortkarte kontrollieren. Die Antwortkarte ist in der hier beschriebenen Fassung des Drill &Practice-Stacks jederzeit zugänglich, es ist aber für den Lehrer ein leichtes, durch einfache Modifikation des Scripts des Buttons "Antwort" die Antwortkarte für den Schüler unzugänglich zu machen. Durch Anklicken der Background Buttons "Auswertung" bzw. "Inhalt" kann jederzeit auf die Auswertungskarte bzw. auf die Titelkarte gesprungen werden. Für die Antwortkarte sind die beiden Buttons "Neue Frage" und "Antwort", um auf eine neue Frage bzw. auf die Antwortkarte zu springen, überflüssig. Deshalb wurden sie auf der Fragekarte als Card Buttons implementiert, so dass der gleiche Background auch für die Antwortkarte verwendet werden kann.

Für die Beantwortung der Multiple-Choice-Fragen muss vom Lektionsentwerfer pro
Auswahlantwort ein Radio-Button erzeugt werden, der mit dem Namen A,B,C etc.
bezeichnet werden muss und das folgende Script enhält:

```
on mouseUp
   radiohilite the number of me
   checkanswer
end mouseUp
```

Der Name des Radio-Buttons mit der richtigen Lösung muss vom Autor in das Background
Field "Lösung" eingetragen werden (siehe (Fig. 8.18)).

Nachdem der Schüler seine Auswahl getroffen hat, wird die im Stack Script enthaltene
Prozedur checkanswer aufgerufen. Diese Prozedur testet, ob der in Background Field
"Lösung" enthaltenen Buchstaben mit dem Namen des angeklickten Buttons identisch ist.
Falls dieser Fall zutrifft, wurde die Frage richtig beantwortet. Das Resultat der Schüleraktion
wird auf der Auswertungskarte vermerkt und anschliessend dem Schüler in der Message Box
angezeigt, die solange sichtbar bleibt, bis der Schüler das nächste Mal (irgendwo) mit der
Maus klickt. Die Prozedur radiohilite, die im Script des Backgrounds
"Frage&Auswertung" definiert ist, sorgt dafür, dass sich die Radio-Buttons Macintosh-
gerecht verhalten (es darf maximal ein Radio-Button gleichzeitig aufleuchten):

```
on radiohilite buttonNum
   repeat with b = 1 to the number of card buttons
      set the hilite of button b to false
   end repeat
   set the hilite of button buttonNum to true
end radiohilite
```

Die richtige Antwort wird vom Uebungsautor in das Background Field "Lösung"
geschrieben. Das Background Field "Lösung" muss natürlich, wenn die Lektion fertig erstellt
worden ist, unsichtbar gemacht werden. Dies wird erreicht, indem hide bkgnd field
"Lösung" in die Message Box getippt wird. In (Fig. 8.17) ist die Fragekarte mit
ausgeblendeten Background Field "Lösung" und Background Button "neue Frage zufügen"
abgebildet, während in (Fig. 8.18) diese beiden Objekte eingeblendet sind. Der Background
Button "neue Frage zufügen" wird für das automatische Zufügen von neuen Frage- und
Antwortkarten verwendet (siehe unten).

Antwortkarte

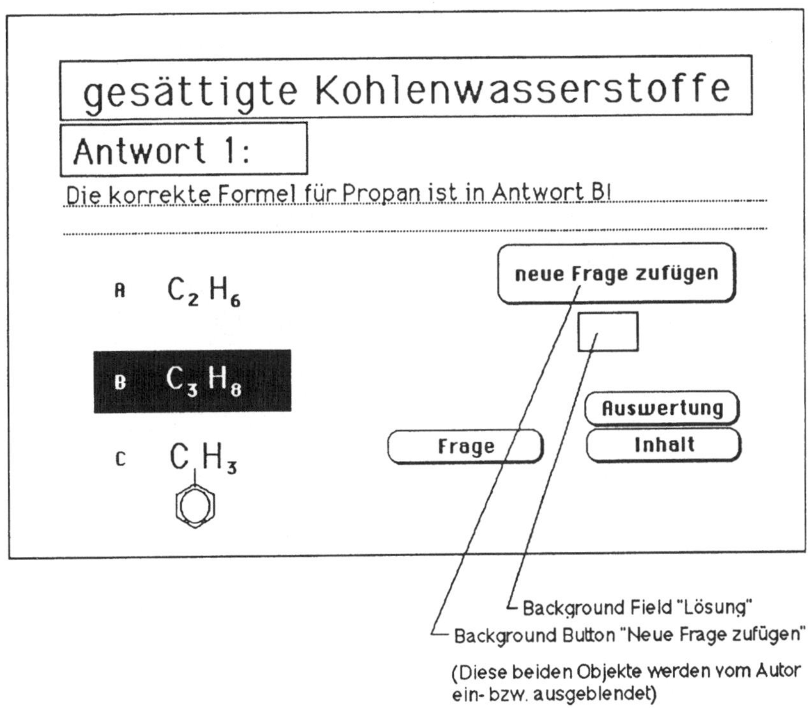

Fig. 8.18 Antwortkarte

Die Antwortkarte basiert auf dem gleichen Background wie die Fragekarte. Im Unterschied zur Fragekarte enthält sie anstelle der beiden Card Buttons "Neue Frage" und "Antwort" einen Card Button "Frage", mit dem zurück zur zugehörigen Fragekarte gesprungen werden kann. Der Text in Background Field "Titel" ist bei Frage- und Antwortkarte gleich. In Background Field "Status" steht auf der Fragekarte n der Text "Frage n:", während Background Field "Status" auf der Antwortkarte n "Antwort n:" enthält. Natürlich enthält Background Field "Frage" auf der Antwortkarte die zur Frage gehörende Antwort. Die richtige Antwort kann wie in (Fig. 8.18) angedeutet zum besseren Verständnis noch grafisch hervorgehoben werden.

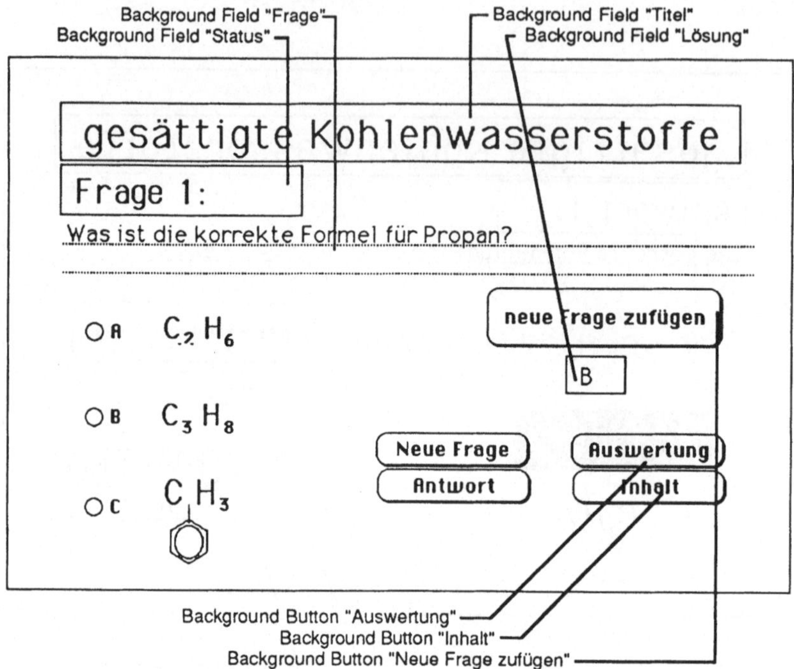

Fig. 8.19. Fragekarte mit Objektbezeichnungen

Automatische Erzeugung von Frage- und Antwortkarten

Der Lektionsentwerfer muss sich nicht selbst um die Erzeugung der richtigen Anzahl Frage-
und Antwortkarten kümmern, sondern diese Aufgabe wird ihm durch den Background
Button "neue Frage zufügen" abgenommen. Durch Anklicken dieses Buttons werden eine
Frage- und die zugehörige Antwortkarte erzeugt und es werden automatisch die richtigen
Links im Script des Card Buttons "Neue Frage" der letzten, schon vorhandenen Fragekarte
sowie in den Scripts der Card Buttons "Antwort" und "Frage" der neu erzeugten Frage- resp.
Antwortkarte eingetragen (Fig. 8.20)

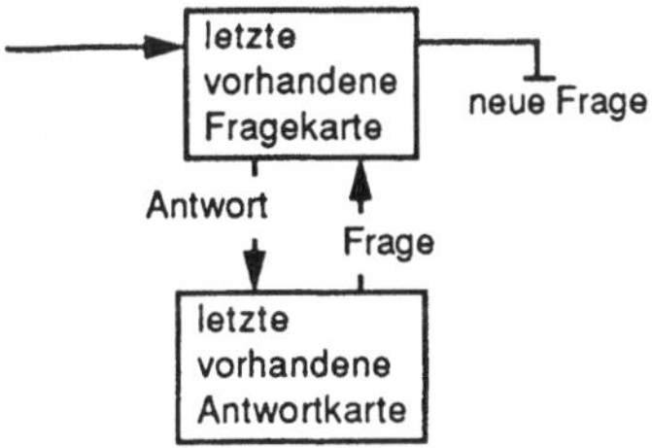

Nach "neue Frage zufügen":

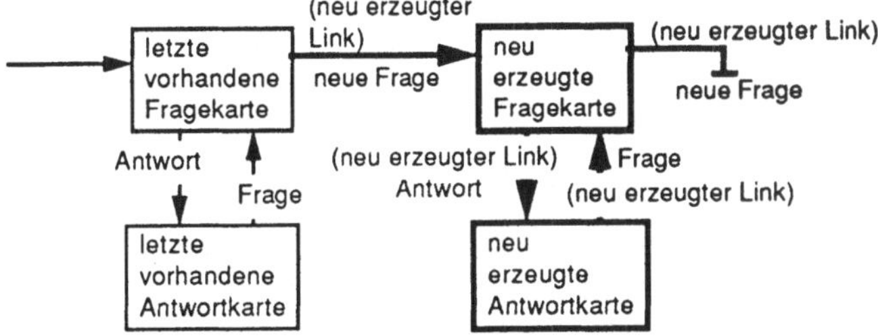

Fig. 8.20 Linkvergabe bei automatischem Zufügen einer neuen Frage

Der Background Button "neue Frage zufügen" muss natürlich, wenn die Lektion fertig erstellt worden ist, vom Autor unsichtbar gemacht werden. Dies wird erreicht, indem `hide bkgnd Button "neue Frage zufügen"` in die Message Box getippt wird.

Der Lektionsentwerfer muss für jede neue Frage lediglich den Text der Frage in das Background Field "Frage" eintippen, für jede mögliche Antwort einen Card Button mit den Namen A,B,C etc. erzeugen und die möglichen Antworten zu den neu erzeugten Card Buttons A,B,C etc. schreiben. Die korrekte Lösung ("A" oder "B" oder "C" etc.) muss ins Background Field "Lösung" eingetragen werden. Ebenso muss die passende Antwort in das Background Field "Frage" der dazugehörenden Antwortkarte geschrieben werden. Die richtige Antwort kann auf der Antwortkarte noch grafisch hervorgehoben werden, wie dies an einem Beispiel in (Fig. 8.18) gezeigt ist.

8.8.3   Hypertalk-Scripts

```
Script of Stack "Drill&Practice"
on checkanswer
  set the cursor to 4
  put bkgnd field "status" into frageno
  if the short name of the target is bkgnd field "Lösung"
  then
    put "Das ist richtig"
    put "richtig" into temp
  else
    put "Das ist falsch ! !"
    put "falsch" into temp
  end if
  lock screen
  set lockmessages to true -- so wird closeCard nicht
                              -- gesendet
  -- closeCard-Handler von Background "Frage&Antwort"
  -- setzt Radio-Buttons zurück, was hier unerwünscht
  -- ist.
  push card
  go card "Auswertung"
  -- Auf Auswertungskarte wird Schülerresultat abgelegt
  put frageno & return after card field "frage"
  put temp & return after card field "resultat"
  put 0 into AnzRichtige
  put the number of lines of card field "resultat" into ¬
  anzAntworten
  repeat with i=1 to anzAntworten
    if line i of card field "resultat" is "richtig" then
      add 1 to AnzRichtige
    end if
  end repeat
  put AnzRichtige&& "richtige Antworten von insgesamt"&&¬
  AnzAntworten into card field "Auswertung"
  pop card
  unlock screen
  set lockmessages to false
```

```
    wait until the mouse is down   -- Warte, bis Benutzer
    hide message                   -- irgendwo klickt
end checkanswer
```

Background "Titel&Auswertung"

Card Button "init"
```
on mouseUp
  put empty into card field "Frage"
  put empty into card field "Resultat"
  put empty into card field "Auswertung"
end mouseUp
```

Card Button "pop"
```
on mouseUp
  pop card
end mouseUp
```

Card Field "gesättigte Kohlenwasserstoffe"
```
on mouseup
  visual effect iris open to black
  go first card of bkgnd "Frage&Antwort"
end mouseup
```

Background "Frage&Antwort"

Background Script
```
on closecard
  repeat with i=1 to the number of card buttons
    set the hilite of card button i to false
  end repeat
end closecard


on radiohilite buttonNum
  repeat with b = 1 to the number of card buttons
    set the hilite of button b to false
  end repeat
  set the hilite of button buttonNum to true
```

```
end radiohilite
```

Background Button "Inhalt"
```
on mouseUp
  visual effect iris open to black
  visual effect iris close
  go card "Titelkarte"
end mouseUp
```

Background Button "Auswertung"
```
on mouseUp
  visual effect iris open to black
  visual effect iris close
  push card
  go card "Auswertung"
end mouseUp
```

Background Button "neue Frage zufügen"
```
on mouseUp
  answer "Wirklich neue Frage/Antwort zufügen?" with ¬
  "Ja" or "Nein"
  if it is "Nein" then exit mouseup
  go last card of this bkgnd
  -- finde letzte Frage-Karte
  repeat
    if "Frage" is in bkgnd field "Status" then exit repeat
    go prev card of this bkgnd
  end repeat
  -- LastID enthält ID der letzten existierende Fragekarte
  put the short id of this card into LastID
  put bkgnd field "Titel" into titel
  -- AnzFragen enthält die Nummer der neu zu erzeugenden
  -- Frage
  put ((the number of cards of this bkgnd) div 2)+1 ¬
  into AnzFragen
  domenu "copy card"

  -- hier wird die Frage-Karte erzeugt
  domenu "paste card"
  put "Frage"&&AnzFragen&&":" into bkgnd field "Status"
```

```
put empty into bkgnd field "Frage"
put empty into bkgnd field "Lösung"
choose select tool
domenu "select all"
domenu "clear picture"
get the script of card button "Neue Frage"
put "beep" into line 2 of it -- noch keine neue Frage
set the script of card button "Neue Frage" to it
select card button "Antwort"
domenu "Copy Button"
-- FrageID enthält ID der neu erzeugten Fragekarte
put the short id of this card into FrageID

-- hier wird die Antwort-Karte erzeugt
domenu "new card"
put "Antwort"&&AnzFragen&&":" into bkgnd field Status
put titel into bkgnd field "Titel"
-- AntwortID enthält ID der neu erzeugten Antwortkarte
put the short id of this card into AntwortID
domenu "Paste Button"
set the name of card button "Antwort" to "Frage"

-- hier wird Link von Antwort zu Frage-Karte erzeugt
get the script of card button "Frage"
put "go card id"&&FrageID into line 2 of it
set the script of card button "Frage" to it

-- hier wird Link von Frage zu Antwort-Karte erzeugt
go card id FrageID
get the script of card button "Antwort"
put "go card id"&&AntwortID into line 2 of it
set the script of card button "Antwort" to it
show bkgnd field "lösung"

-- hier wird Link von alter Frage zu neuer Frage erzeugt
go card id LastID
get the script of card button "Neue Frage"
put "go card id"&&FrageID into line 2 of it
set the script of card button "Neue Frage" to it
choose browse tool
```

```
end mouseUp
```

Background Button "Antwort"
Dieses Script muss nur auf der ersten Frage-Karte manuell geschrieben werden. Auf allen weiteren Karten wird das Script vom System (Button "neue Frage zufügen") erzeugt.
```
on mouseup
  go card id 2345  -- card id der zugehörigen Antwortkarte
end mouseup
```

Card Button "Frage"
Dieses Script muss nur auf der ersten Antwort-Karte manuell geschrieben werden. Auf allen weiteren Karten wird das Script vom System (Button "neue Frage zufügen") erzeugt.
```
on mouseup
  go card id 1256  -- card id der zugehörigen Fragekarte
end mouseup
```

Card Button "Neue Frage"
Dieses Script wird vom System (Button "neue Frage zufügen") erzeugt.

8.9 *Wissensvermittlungs-Unterrichtsprogramme und Tutorials (HyperCard-Beispiel)*

8.9.1 Überblick: Informationsverwaltung in einem Hypermedia-Dokument

Im letzten Beispiel dieses Kapitels wird ein reines Hypermedia-Tutorial beschrieben, bei dem es, im Gegensatz zum vorhergehenden Beispiel, nicht um das drillmässige Üben von bereits bekanntem Stoff geht, sondern wo vielmehr, gleich wie bei einem Buch, dem Schüler neuer Stoff vermittelt werden soll. Hier steht, im Gegensatz zu Drill&Practice-Programmen, wo eine bestimmte Fertigkeit geübt werden soll, die reine Wissensvermittlung im Vordergrund. Um gegenüber einem Buch wirkliche Vorteile aufzuweisen, muss von den Fähigkeiten des Computers sowohl zur Erzeugung von Animationen und Simulationen als auch zur Unterstützung der Navigation innerhalb des Dokumentes mit Hilfe von Übersichtskarte und Index Gebrauch gemacht werden.

Ziel des im folgenden beschriebene Stacks ist der Aufbau eines Grundgerüstes, mit dem die verschiedensten Selbstlernprogramme zur Wissensvermittlung erstellt werden können. Das vorgestellte Basisgerüst eines Hypermedia-Tutorials zeigt an einem kleinen Lernprogramm, das eine Einführung in das Prinzip der Rekursion gibt, wie ein Hyperdokument in Tutoriumsform aufgebaut sein kann. Dazu werden im wesentlichen drei Kartentypen, d.h. drei Backgrounds verwendet:

- Background "Text"
  In den Karten dieses Backgrounds ist der eigentliche Text des Hyperdokumentes enthalten, wobei die Text-Karten sequentiell miteinander verbunden sind.

- Background "Map"
  Dieser Background enthält in diesem Beispiel eine einzige Übersichtskarte, auf der der logische Aufbau des ganzen Stacks dargestellt ist.

- Background "Help"
  Dieser Background enthält ebenfalls nur eine einzige Help-Karte, auf der die Navigation innerhalb des Stacks unter Verwendung der Buttons für den Endbenützer erklärt wird.

8.9.2. Konstruktionsbeschreibung

Background "Text"

Nach dem Öffnen des Stacks wird die Titel-Karte (Fig. 8.21), die ebenfalls zum Background "Text" gehört, gezeigt. Mit Hilfe des `openstack`-Handlers wird zuerst eine kurze Animation laufen gelassen und es wird eine kurze Einführungsmelodie "t1" von Tschaikovsky gespielt. Diese Melodie "t1" ist als "snd"-Ressource zum Stack gebunden. Die Melodie kann damit direkt von HyperCard aus durch den Befehl `play "t1"` zum Abspielen gebracht werden. Für dieses Beispiel wurde die Melodie mit Hilfe des MacRecorders[1] aufgenommen und mit dem SoundEdit, einem Editor für Töne, der mit dem MacRecorder mitgeliefert wird, direkt zum Stack "Hypermedia-Tutorial" gebunden. Die Melodie "t1" kann aber z.B. mit dem ResEdit oder dem ResCopier-XCMD zu einem beliebigen anderen Stack gebunden werden.

---

[1] Für die Hersteller-Adresse des MacRecorders siehe Anhang

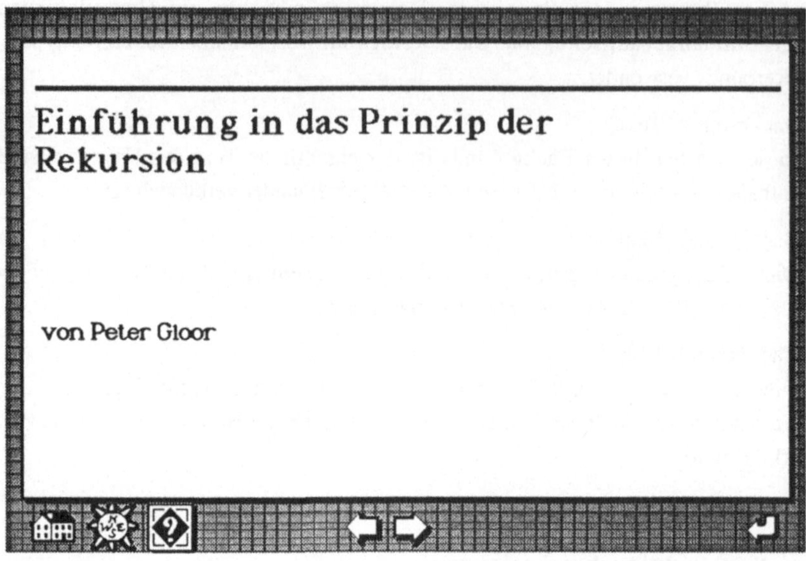

Fig.8.21 Titel-Karte

Zufügen echter Hypertext-Fähigkeiten

Im Background "Text" wird der eigentliche Informationsgehalt des Hyperdokumentes gespeichert. Im hier beschriebenen Beispiel sind die einzelnen Karten des Backgrounds sequentiell miteinander verbunden, wobei allerdings jederzeit Querbeziehungen zugefügt werden können. Zur Speicherung der Information werden Textfelder verwendet, denen mit Hilfe eines Hypertalk-Scriptes echte Hypertext-Fähigkeit zugefügt wird, d.h. jedes Wort in einem Feld, das von einem Asterisk (*) gefolgt wird, ist ein Endpunkt eines Links (Fig. 8.22).

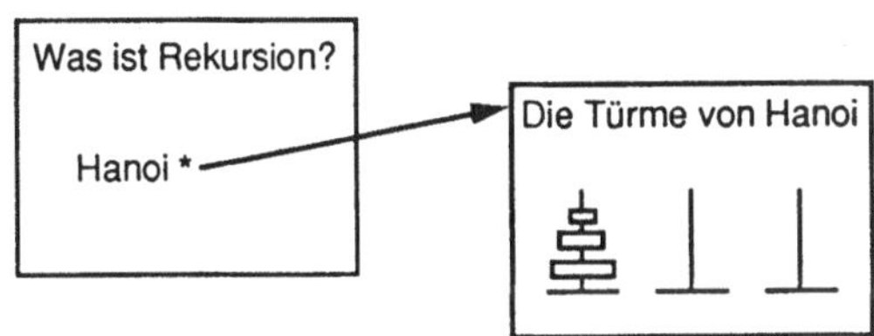

Fig. 8.22 Realisierung von "echten" Links in HyperCard

Wenn auf dieses Wort mit der Maus geklickt wird, so springt das System automatisch auf die HyperCard-Karte mit dem gleichen Namen. Dies wird durch den Gebrauch der beiden Funktionen getlink() und texthi() erreicht, die dazu in das Script des Backgrounds geschrieben werden. Texthi() simuliert einen Doppelklick auf ein gelocktes Feld ("locktext" ist "true") und gibt das angeklickte Wort zurück. Getlink() überprüft, ob das von texthi() zurückgegebene Wort von einem Asterisk (*) gefolgt wird und springt bei positivem Ausgang der Überprüfung zur Karte, die den gleichen Namen hat wie das ausgewählte Wort.

```
on getlink
  put texthi() into w
  -- selectedChunk gibt Ort des gefundenen Textes zurück
  -- z.B. "char 1 to 5 of bkgnd field 3"
  if char (( word 4 of the selectedChunk) + 1) of target¬
  is not "*" then
    beep
    select empty   -- deselect text
    exit getlink
  end if
  push card
  visual effect zoom open
  go card w
end getlink


function texthi
  -- select the text
  set locktext of the target to false
  click at the clickloc
  click at the clickloc
```

```
  set locktext of the target to true
  put the selection into key
  if the selection is not empty then return key
  else return empty
end texthi
```

Um den ganzen Background auf das Anklicken mit der Maus innerhalb eines Felds zu sensibilisieren (if word 2 of the target is "field"), werden die folgenden Zeilen ebenfalls in das Script des Backgrounds "Text" eingefügt:

```
on mouseup
  if word 2 of the target is "field" then getlink
  pass "mouseup"
end mouseup
```

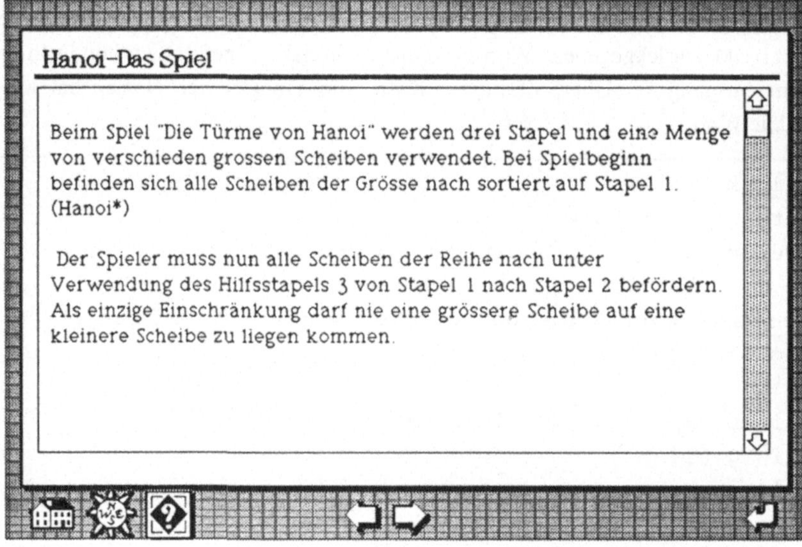

Fig.8.23 Hypertext-Karte

Querbeziehung Karten-Name - Übersichtskarte

Auf der in (Fig.8.21) abgebildeten Titelkarte hat es keine Card Fields. Der Titel wird vielmehr im Paint-Modus direkt auf die Karte geschrieben. Auf der normalen Text-Karte sind zwei Card Fields "Titel" und "Text" vorhanden (Fig.8.24).

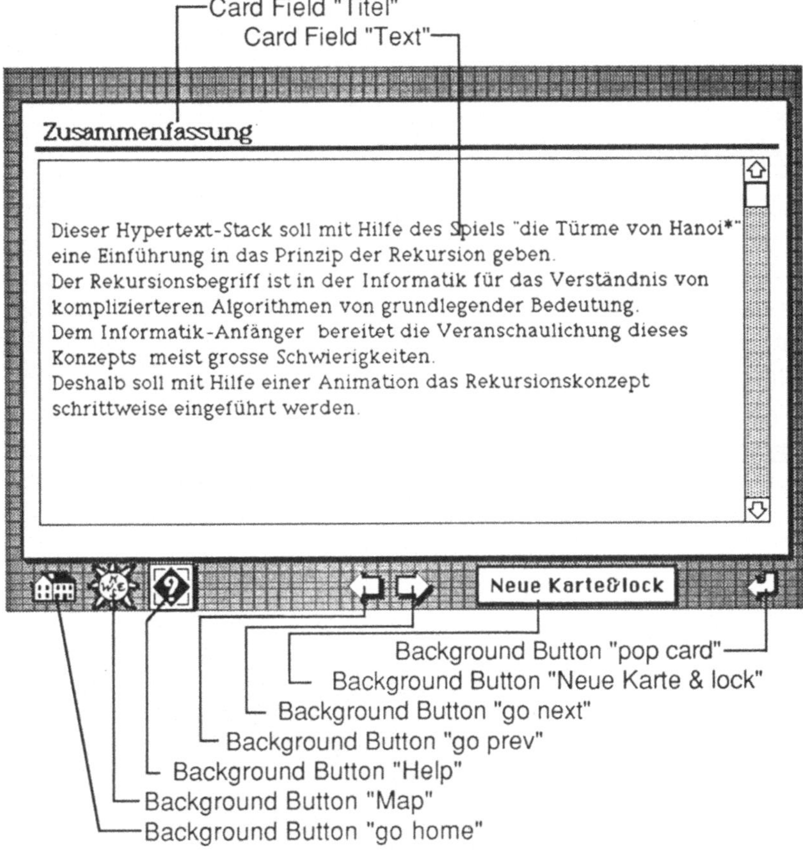

Fig. 8.24 Hypertext-Karte mit Objektbezeichnungen

Das Card Field "Titel" enthält den für jede Karte zu wählenden Titel. Nachdem der Titel einer neu erzeugten Karte in Card Field "Titel" geschrieben worden ist, wird der Name der Karte automatisch dem Inhalt von Card Field "Titel" gleichgesetzt. Diese Funktionalität wird durch einen `closeField`-Handler im Script des Card Fields "Titel" erhalten:

```
on closefield
  set the name of this card to me
end closefield
```

Der Name der Karte kann einerseits als Endpunkt eines Hypertext-Links gebraucht werden, andererseits wird auf der Übersichtskarte für jede Text-Karte ein Card Button mit dem Namen der Text-Karte angelegt, wobei durch Anklicken dieses Card Buttons direkt von der Map-Karte aus auf die Text-Karte gleichen Namens gesprungen werden kann.

Button zur Erzeugung einer neuen Text-Karte

Um das Zufügen einer neuen Text-Karte für den Autor des Hypermedia-Dokumentes so einfach wie möglich zu machen, wird ein Background Button "Neue Karte&lock" zur Verfügung gestellt. Dieser Button ist normalerweise unsichtbar, er kommt allerdings zum Vorschein, wenn irgendwo im Stack gleichzeitig die Shift-Taste, die Kommando-Taste und die Maus gedrückt werden bzw. er wird wieder unsichtbar. Durch das gleichzeitige Drücken von Shift- und Kommando-Taste und Maus wird zwischen Verstecken und Anzeigen des Buttons hin und hergeschaltet. (Gleichzeitig wird der nur für den Autor nützliche Button "generate new map" auf der Map-Karte (siehe unten) zum Vorschein gebracht bzw. wird wieder unsichtbar.) Dies wird durch einen `mouseUp`-handler im Stack-Script erreicht:

```
on mouseup
  if the shiftkey is down and the commandkey is down then
    lock screen
    push card
    go first card of bg "Text"
    if the visible of bg button "neue Karte&lock" is true
    then -- Buttons werden unsichtbar, da vorher sichtbar
      hide bg button "neue Karte&lock"
      go card "map"
      hide bg button "generate new map"
    else -- Buttons werden sichtbar, da vorher unsichtbar
      show bg button "neue Karte&lock"
      go card "map"
      show bg button "generate new map"
    end if
    pop card
    unlock screen
```

```
       end if
end mouseup
```

Der Button "Neue Karte&lock" erzeugt einerseits eine neue Text-Karte, wobei die Card
Fields "Text" und "Titel" mitkopiert werden, und setzt andererseits, falls beim Anklicken des
Buttons gleichzeitig die Shift-Taste gedrückt wird, die Eigenschaft "locktext" der Card Fields
"Text" und "Titel" auf "true", so dass diese Felder nicht mehr modifiziert werden können.

Die Text-Karte enthält ausserdem Buttons, um nach rechts und nach links zu blättern, um den
Home-Stack zu erreichen und um zur Help-Karte und zur Übersichtskarte (map) zu kommen.

Der hier beschriebene Beispiel-Stack enthält noch zwei zusätzliche Karten zur Illustration des
Rekursionsbegriffs, die mit Hilfe von in den Text eingefügten Links mit dem restlichen
Hypermedia-Dokument verbunden werden können:

- Die Zusatzkarte "Was ist ein rekursives Objekt" erläutert anhand eines Beispiels das
  Rekursionkonzept (Fig.8.25).

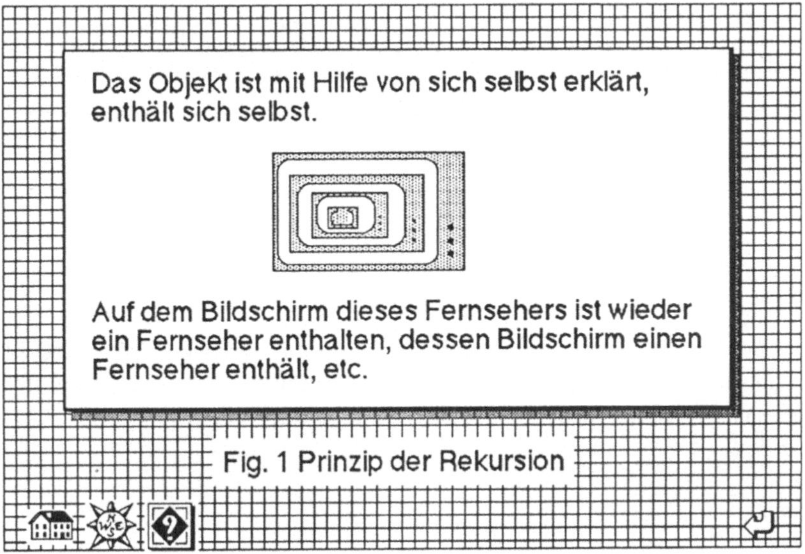

Fig. 8.25 Zusatzkarte "Was ist ein rekursives Objekt"

- Die Zusatzkarte "Die Türme von Hanoi" (Fig. 8.26) gibt ein animiertes Beispiel einer
  rekursiven Prozedur. Durch Anklicken des Buttons "hanoi" kann der Ablauf des

Spiels "Die Türme von Hanoi" in Echtzeit auf dem Bildschirm verfolgt werden. (Für eine genauere Erklärung der Funktionsweise dieser Animation siehe Kapitel 4.5 "Die Türme von Hanoi"[1].)

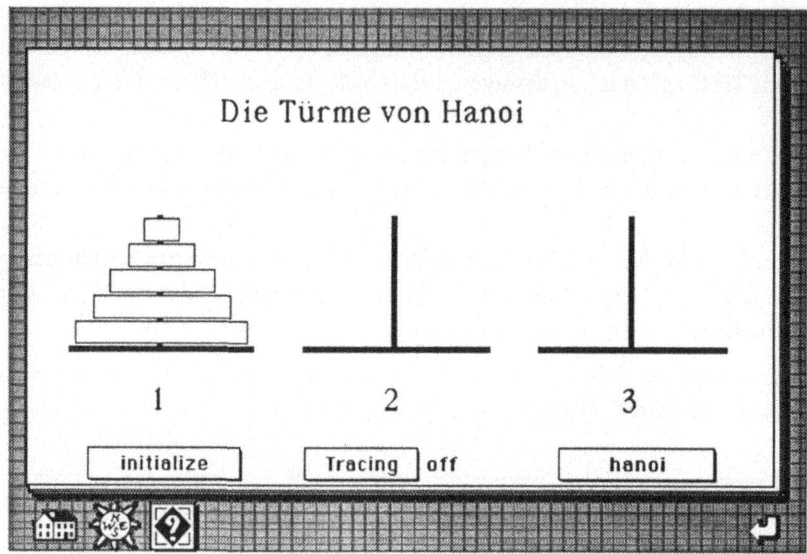

Fig. 8.26 Zusatzkarte "Die Türme von Hanoi"

Background "Map"

Der Background "Map" enthält in diesem Beispiel lediglich eine einzige Map-Karte, die alle übrigen in diesem Hypermedia-Dokument enthaltenen Karten auflistet und die Zusammenhänge zwischen den Karten grafisch aufzeigt (Fig. 8.27).

---

[1] Zusätzlich zur in 4.5 beschriebenen Funktionalität ist es bei der hier integrierten Version von "Die Türme von Hanoi" ausserdem möglich, die Animation im Tracing-Modus ablaufen zu lassen, d.h. falls Tracing "on" ist, wird die Animation schrittweise ausgeführt, wobei für die Ausführung eines weiteren Schrittes jeweils die Maustaste gedrückt werden muss. Der Tracing-Button wird im Buch nicht näher beschrieben, für dessen Funktionsweise siehe das Script des Buttons auf der Begleitdiskette.

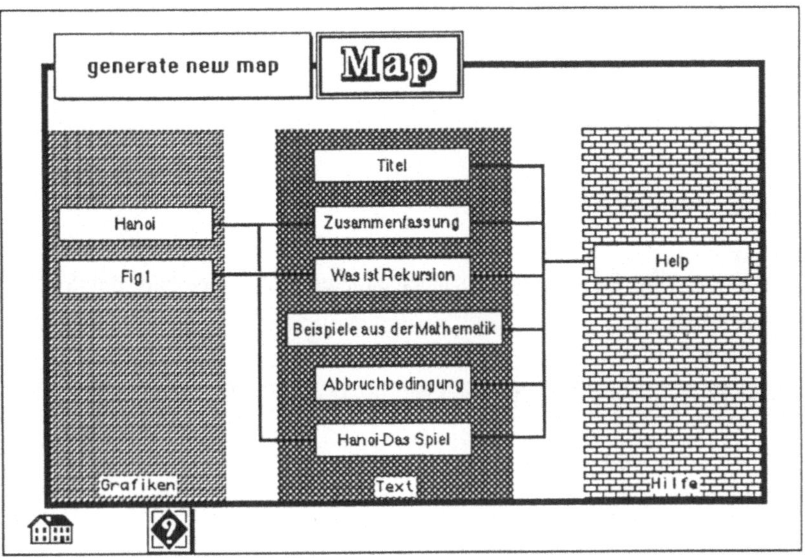

Fig. 8.27 Map-Karte

Die Kästchen, die eine Karte repräsentieren, werden durch Card Buttons dargestellt, die vom Background Button "generate new map" automatisch erzeugt werden und anschliessend lediglich noch auf die gewünschte Position auf der Karte geschoben werden müssen. Die Help- und Home-Buttons können unverändert vom Background "Text" übernommen werden.

Der "generate new map"-Button ist analog dem "Neue Karte&lock"-Button normalerweise unsichtbar und wird vom Hypermedia-Autor durch einen Mausklick mit gedrückter Shift- und Kommando-Taste sichtbar gemacht. Der "generate new map"-Button löscht zuerst auf der Map die alten Card Buttons und durchläuft anschliessend den ganzen Stack, wobei er für jede Karte einen Card Button erzeugt, der den gleichen Namen wie die zugehörige Karte erhält und auf der Map-Karte abgelegt wird. In das Skript des neu erzeugten Card Buttons werden automatisch die notwendigen Hypertalk-Befehle geschrieben, um direkt von der Map aus die zugehörige Karte anzuspringen. Die neu erzeugten Buttons werden auf der Karte der Reihe nach von oben nach unten und von links nach rechts angeordnet:

```
set the loc of card button newbutton to ¬
((i div 9)+1)*110,40+((i mod 9)*30)
```

Für eine bessere grafische Übersicht können die neu erzeugten Card Buttons anschliessend manuell vom Autor unter Verwendung des "Button Tools" noch der tatsächlichen logischen Struktur des Stacks entsprechend verschoben und mit dem "Line Tool" Verbindungslinien zwischen den Buttons gezeichnet werden.

Background "Help"

Die Help-Karte (Fig. 8.28) kann von jeder anderen Karte innerhalb des Stacks direkt angesprungen werden.

Fig. 8.28 Help-Karte

Die Help-Karte erläutert dem Endbenutzer den Gebrauch der Buttons zur Navigation innerhalb des Stacks. Durch Anklicken des Buttons "zurück aus Help-Karte" kann der Leser jederzeit an den Standort, von dem aus die Help-Karte aufgerufen wurde, zurückspringen. Die Help-Karte zeigt beim erstmaligen Öffnen einen Text, der die Funktionsweise der in den Text eingefügten Hypertext-Links erläutert. Durch Anklicken irgend eines anderen Buttons wird der Button invertiert (`set hilite of the target to true`) und es wird ein

Help-Text angezeigt (siehe (Fig. 8.29)), der die Funktion des angeklickten Buttons beschreibt.

Fig. 8.29 Help-Karte mit eingeblendeter Erklärung des "Map"-Buttons

Die Beschreibung der Funktion des Buttons geschieht mit Hilfe der Prozedur `explain(text)`, die das Argument `text` in das Card Field "explanation" schreibt.

```
on explain text
  repeat with i=1 to the number of card buttons
    set hilite of card button i to false
  end repeat
  repeat with i=1 to the number of bkgnd buttons
    set hilite of bkgnd button i to false
  end repeat
  show card field "explanation"
  put text into card field explanation
  set hilite of the target to true
end explain
```

Die Funktionsweise der mit einem Asterisk (*) realisierten Links wird mit Hilfe einer zusätzlichen Animation erklärt. Nach dem Anklicken von "Wort*" in (Fig. 8.28) zeigt ein blinkender Pfeil auf den "Pop"-Button, mit dem vom Link-Endpunkt wieder an den Ausgangspunkt zurück gesprungen werden kann und es wird ein erklärender Text in einem zusätzlichen Card Field "explainlinkfield" gezeigt (Fig. 8.30).

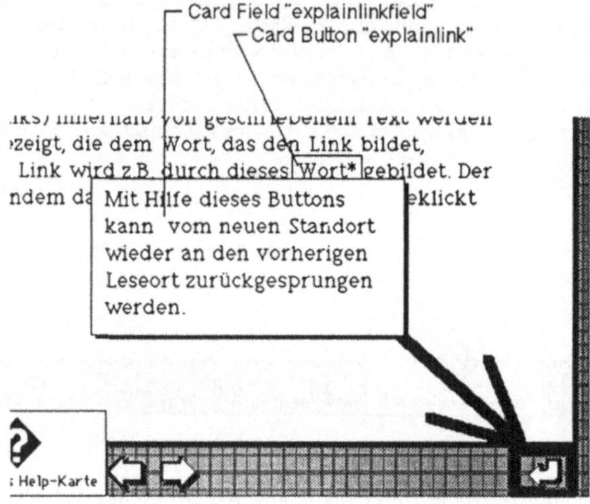

Fig. 8.30 Animation des Hypertext-Links

Der blinkende Pfeil wird durch Ein- und Ausblenden des Card Pictures im Wechsel erreicht (show | hide card picture). Dazu wird der dicke Pfeil, der auf den "pop"-Button weist, auf den Karten-Vordergrund gezeichnet. Über "Wort*" wird der durchsichtige Button "explainlink" gelegt, dessen Script die Ausführung der Animation steuert:

```
on mouseUp
  repeat 4
    show card picture
    wait 10 ticks
    hide card picture
  end repeat
  show card picture
  show card field "explainlinkfield"
end mouseUp
```

Das Card Field "explanation" kann durch Anklicken mit der Maus wieder zum Verschwinden gebracht werden. Durch die Verwendung eines `closeCard`-handlers wird die Help-Karte beim Verlassen wieder in einen konsistenten Zustand gebracht:

```
on closecard
  set the cursor to 4
  hide card picture
  hide card field "explanation"
  hide card field "explainlinkfield"
  repeat with i=1 to the number of card buttons
    set hilite of card button i to false
  end repeat
end closecard
```

8.9.3 Hypertalk-Scripts

```
Script of Stack "Hypertext.Rekursion"
on openstack
  global savelevel
  put the userlevel into savelevel
  set the userlevel to 5
  go card "Titel"
  hide menubar
  play "t1"
  visual effect dissolve slowly to inverse
  visual effect dissolve slowly
  go this card
end openstack


on closestack
  global savelevel
  set the userlevel to savelevel
end closestack


on mouseup
  if the shiftkey is down and the commandkey is down then
    lock screen
    push card
```

```
      go first card of bg "Text"
      if the visible of bg button "neue Karte&lock" is true
      then -- Buttons werden unsichtbar, da vorher sichtbar
        hide bg button "neue Karte&lock"
        go card "map"
        hide bg button "generate new map"
      else -- Buttons werden sichtbar, da vorher unsichtbar
        show bg button "neue Karte&lock"
        go card "map"
        show bg button "generate new map"
      end if
      pop card
      unlock screen
   end if
end mouseup
```

Background "Text"

Background Script
```
-- Funktionen fuer Hypertext-Links auf Card-Ebene:
on mouseup
  if word 2 of the target is "field" then getlink
  pass "mouseup"
end mouseup


on getlink
  put texthi() into w
  -- selectedChunk gibt Ort des gefundenen Textes zurück
  -- z.B. "char 1 to 5 of bkgnd field 3"
  if char (( word 4 of the selectedChunk) + 1) of target¬
  is not "*" then
    beep
    select empty  -- mache Selektion rückgängig
    exit getlink
  end if
  push card
  visual effect zoom open
  go card w
end getlink
```

```
function texthi
  -- selektiere Text
  set locktext of the target to false
  click at the clickloc
  click at the clickloc
  set locktext of the target to true
  put the selection into key
  if the selection is not empty then return key
  else return empty
end texthi
```

Background Button "pop card"
```
on mouseUp
  visual effect zoom close
  pop card
end mouseUp
```

Background Button "go next"
```
on mouseUp
  visual effect scroll right
  go next card of this bkgnd
end mouseUp
```

Background Button "map"
```
on mouseUp
  put the short name of this card into location
  visual effect zoom open
  go card "map"
  set hilite of card button location to true
end mouseUp
```

Background Button "Help"
```
on mouseUp
  push card
  visual effect iris open
  go card help
end mouseUp
```

Background Button "go home"

```
on mouseUp
  visual effect checkerboard slow
  go home
end mouseUp
```

Background Button "Neue Karte&lock"

```
on mouseUp
  if the shiftkey is down then
  -- Felder schützen
    repeat with i= 1 to the number of card fields
      set locktext of cd field i to true
    end repeat
    exit mouseup
  end if


  -- neue Karte hinzufügen
  answer "wirklich neue Karte zufügen" with "Ja" or "Nein"
  if it is "nein" then exit mouseup
  go last card of this bkgnd
  domenu "new card"
  push card
  go back
  select card field "Text"
  domenu "copy field"
  pop card
  domenu "paste field"
  set locktext of card field "Text" to false
  push card
  go back
  select card field "Titel"
  domenu "copy field"
  pop card
  domenu "paste field"
  set locktext of card field "Titel" to false
  choose browse tool
end mouseUp
```

Background Button "Help"

```
on mouseUp
  push card
```

```
  visual effect iris open
  go card help
end mouseUp
```

Card Field "Titel"

```
on closefield
  set the name of this card to me
end closefield
```


Background "Map"

Background Script

```
on closecard
  repeat with i=1 to the number of card buttons
    set hilite of card button i to false
  end repeat
end closecard
```

Background Button "generate new map"

```
on mouseUp
  answer "Wirklich alte Karte löschen?" with "Ja" or ¬
  "Nein"
  if it is "Nein" then exit mouseup
  -- loeschen der alten Map
  repeat the number of card buttons times
    select card button 1
    domenu "clear button"
  end repeat

  -- erzeugen der neuen Map
  set the cursor to 4
  repeat with i = 1 to the number of cards
    push card
    go card i
    -- falls es nicht die Map selbst ist
    if the short name of this card is not "Map"
    then   -- Karte soll in Map registriert werden
      put the short name of this card into cardnam
      pop card
```

```
            domenu new button
            put the number of card buttons into newbutton
            set the style of card button newbutton to rectangle
            set the textfont of card button newbutton to ¬
            helvetica
            set the textsize of card button newbutton to 10
            set the name of card button newbutton to cardnam

            -- Das Script des Buttons enthaelt den Link zur Card
            set the script of card button newbutton to ¬
            "on mouseup" & return &¬
            "put short name of me into destination"&return&¬
            "visual effect barn door open" & return &¬
            "go card destination" & return &¬
            "end mouseup"

            set the loc of card button newbutton to ¬
            ((i div 9)+1)*110,40+((i mod 9)*30)
         else
            -- es ist die Map selbst
            pop card
         end if
      end repeat
      choose browse tool
end mouseUp



Background "Help"

Script of Card "Help"
on explain text
   repeat with i=1 to the number of card buttons
      set hilite of card button i to false
   end repeat
   repeat with i=1 to the number of bkgnd buttons
      set hilite of bkgnd button i to false
   end repeat
   show card field "explanation"
   put text into card field explanation
   set hilite of the target to true
```

```
end explain

on closecard
  set the cursor to 4
  hide card picture
  hide card field "explanation"
  hide card field "explainlinkfield"
  repeat with i=1 to the number of card buttons
    set hilite of card button i to false
  end repeat
end closecard
```

Card Button "explainlink"
```
on mouseUp
  repeat 4
    show card picture
    wait 10 ticks
    hide card picture
  end repeat
  show card picture
  show card field "explainlinkfield"
end mouseUp
```

Card Button "zurück aus Help-Karte"
```
on mouseUp
  visual effect iris close
  pop card
end mouseUp
```

Card Button "map"
```
on mouseUp
  put "Mit diesem Button kann zur Map-Karte"&&¬
  "gesprungen werden. Die Map-Karte enthält"&& ¬
  "das Inhaltverzeichnis dieses Stacks"&&¬
  "Auf der Map wird der momentane Standort"&& ¬
  "innerhalb des Stacks angezeigt. Durch"&& ¬
  "Anklicken des entsprechenden Buttons"&&¬
  "kann direkt zur ersten Karte des gewünschten"&&¬
  "Subkapitels gesprungen werden." into text
  explain text
```

```
end mouseUp
```

Card Button "go prev"
```
on mouseUp
  put"Mit diesem Button kann innerhalb des"&&¬
  "Haupttextes rückwärts zur vorhergehenden"&&¬
  "Karte geblättert werden." into text
  explain text
end mouseUp
```

Card Button "go next"
```
on mouseUp
  put "Mit diesem Button kann innerhalb des"&&¬
  "Haupttextes vorwärts zur nächsten Karte"&&¬
  "geblättert werden." into text
  explain text
end mouseUp
```

Card Button "pop card"
```
on mouseUp
  put "Mit Hilfe dieses Buttons kann von neuem"&&¬
  "an den vorherigen Leseort innerhalb der"&&¬
  "Querbeziehung (siehe oben) zurückgesprungen"&&¬
  "werden." into text
  explain text
end mouseUp
```

Card Button "go home"
```
on mouseUp
  put"Mit diesem Button wird die" &&quote&"Einführung"&&¬
  "in die Rekursion &quote&& "verlassen und zur"&&¬
  "Home-Card zurückgekehrt." into text
  explain text
end mouseUp
```

Card Field "explainlinkfield"
```
on mouseup
  hide card picture
  hide me
end mouseup
```

Card Field "explanation"

```
on mouseup
  put empty into me
  hide me
  repeat with i=1 to the number of card buttons
    set hilite of card button i to false
  end repeat
  repeat with i=1 to the number of bkgnd buttons
    set hilite of bkgnd button i to false
  end repeat
end mouseup
```

9 Hypermedia für Expertensysteme

9.1 Theoretische Konzepte

Wie schon aus den vorhergehenden Kapiteln klargeworden sein sollte, führt der Einsatz von Techniken aus dem Gebiet der künstlichen Intelligenz (KI) im Hypermediabereich oft zu neuen, weiterführenden Resultaten. Vor allem durch die Verknüpfung von Expertensystemen und Hypertext-Systemen ergeben sich sowohl im Expertensystem-Einsatzgebiet als auch im Hypertext-Bereich neue Anwendungsmöglichkeiten [Eva90]. Dabei können zwei Arten der Kombination dieser beiden Informatik-Forschungsgebiete unterschieden werden:

1. Durch die Erweiterung von Links durch Regeln, d.h. durch das regelbasierte Verfolgen von Links können Hypermedia-Dokumente um Konzepte aus dem Expertensystem-Bereich erweitert werden. Diese Art von Kombination der beiden Systeme wird z.B. beim intelligenten Tutorensystem IDE (siehe (8.7.2)) eingesetzt, wo das Hypermedia-System NoteCards um regelbasierte Links erweitert wird.

2. Bei einem Expertensystem können zusätzliche Erklärungskomponenten durch den Einbau von Hypertext-Links zugefügt werden. Von dieser Möglichkeit wird bei mehreren kommerziell verfügbaren Expertensystemen bereits Gebrauch gemacht.

Im zweiten Teil dieses Kapitels wird an einem praktischen HyperCard-Beispiel die Verwendung eines Hypermedia-Systems zur Implementation eines Expertensystems vorgeführt. Diese Beispiel verwendet eine Weiterführung des oben in Punkt zwei beschriebenen Ansatzes, indem ein Expertensystem mit Hilfe eines Hypermedia-Systemes (HyperCard) implementiert wird. Es ist offensichtlich, dass dieses Expertensystem aus Platzgründen lediglich Modellcharakter haben kann. Es ist allerdings möglich, das vollständig in Hypertalk implementierte Beispiel-Expertensystem zu einem gebrauchsfähigen System zu erweitern.

Im Rest des ersten, theoretischen Teils dieses Kapitels werden anschliessend in einer kurzen Einführung in die Expertensystem-Theorie die im zweiten, praktischen Teil vorausgesetzten Konzepte erklärt. Vom Leser werden dazu keinerlei Expertensystem-Kenntnisse verlangt.

9.1.1   Was ist ein Expertensystem?

Seit der Einführung der ersten Computer war es eines der primären Ziele des Menschen, dem Elektronengehirn wirkliche Intelligenz zu ermöglichen. Die ersten Pioniere auf dem Gebiet hatten noch das ehrgeizige Ziel eines "General Problem Solvers" vor Augen, einer Maschine, die jede Art von Problemen lösen konnte. Schon bald allerdings wurde klar, dass noch auf Jahrzehnte hinaus die Computer zu wenig leistungsfähig sein würden, um die immense Menge von Wissen zu verarbeiten, die ein auch nur durchschnittlich intelligenter Mensch in seinem Gedächtnis gespeichert hat. Vor allem das "common sense knowledge", das für einen Menschen selbstverständliche Alltagswissen, bereitet einem Elektronengehirn beinahe unüberwindliche Schwierigkeiten. Ein mehrdeutiger Satz wie "Hans sitzt" kann je nach Kontext eine völlig verschiedene Bedeutung annehmen, indem, falls Hans ein Verbrecher ist, es für einen menschlichen Gesprächspartner klar ist, dass sich Hans im Gefängnis befindet, während dieser Satz in einem anderen Zusammenhang bedeuten kann, dass sich Hans in einer sitzenden Position z.B. auf einem Stuhl befindet.

Um diese Problematik für den Computer zu vereinfachen, werden in einer der bedeutendsten Strömungen der künstlichen Intelligenz die "General Problem Solver"-Eigenschaften des Computers durch die Verwendung eines sog. *Expertensystems* in einem streng eingegrenzten Bereich eingesetzt, um so das "common sense knowledge" auszuschalten und allen Begriffen eine eindeutige Bedeutung zu geben.

Das in einem Expertensystem gespeicherte Wissen kann in verschiedenen Darstellungsformen gespeichert werden. Hauptsächlichste Darstellungen von Wissen sind

- *Semantische Netze:* Zwischen den einzelnen Objekten wird ein Beziehungsnetz aufgebaut, wobei die Art der Beziehungen in einem semantischen Netz gespeichert ist. (Z.B. `Vogel is-a Tier`) (siehe auch (5.8)(Fig. 5.6)).

- *Frames*: Ein Objekt mitsamt seinen Attributwerten wird in einen Frame gepackt; die Attributwerte werden dabei in die sog. Slots geschrieben. Mit Hilfe von Frames können ganze Vererbungshierarchien aufgebaut werden.

- *Regeln:* Das Wissen wird in Form von Regeln und von Tatsachen gespeichert; die Regeln nehmen meist die Form von IF...THEN-Beziehungen an. Aus den Regeln und Tatsachen können weitere Schlussfogerungen gezogen werden.

  Beispiel:

```
IF Jeder Mensch ist sterblich
IF Sokrates ist ein Mensch
THEN Sokrates ist sterblich
```

9.1.2   Die Architektur eines regelbasierten Expertensystems

In einem regelbasierten Expertensystem wird unterschieden zwischen der Inferenzmaschine (inference engine) und der Wissensbasis (knowledge base) (Fig. 9.1).

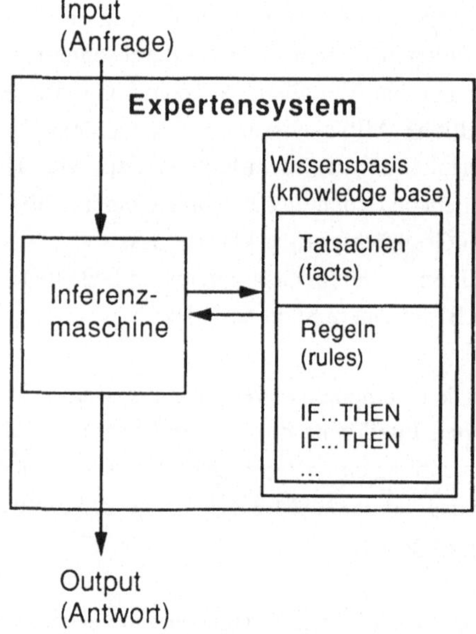

Fig. 9.1 Expertensystem-Architektur

In der Wissensbasis ist das eigentliche Wissen in Form von Regeln und von Tatsachen gespeichert. Dieses Wissen wird von einem sog. Wissensingenieur (knowledge engineer) mit Hilfe eines menschlichen Experten im entsprechenden Spezialgebiet erfasst und in die

Wissensbasis des Expertensystems eingegeben, wobei vom Expertensystem Aufbau und Struktur der Regeln und Tatsachen oft streng vorgegeben ist.

Die Verarbeitung der Regeln und das Ziehen der Schlussfolgerungen erfolgt in der sog. Inferenzmaschine. Zur Berarbeitung der Regeln werden verschiedene Strategien bzw. eine Kombination mehrerer Strategien verwendet. Die zwei wichtigsten Strategien sind "forward chaining" und "backward chaining".

9.1.3   Forward chaining und backward chaining

Beim Schlussfolgern mit Hilfe von *Vorwärtsverkettung* oder *forward chaining* werden bei der Regelabarbeitung zuerst die IF-Bedingungen geprüft. Falls diese erfüllt sind, so werden die zur Bedingung gehörenden THEN-Aktionsteile ausgeführt. Sind mehrere IF-Bedingungen gleichzeitig wahr, so werden nach einer vorgegebenen Strategie die Aktionen einer bestimmten IF-Bedingung ausgeführt. Die Ausführung der Aktionen führt zu einer geänderten Regelbasis, die von neuem durchgegangen und nach gültigen IF-Bedingungen abgesucht wird. Es handelt sich hier also um einen iterativen Prozess, der solange wiederholt wird, bis entweder das gewünschte Ziel erreicht wird oder keine weiteren gültigen Regeln mehr zu finden sind.

Im Gegensatz dazu wird bei der *Rückwärtsverkettung* oder *backward chaining* ausgehend vom Ziel zu beweisen versucht, dass die Zielaussage Gültigkeit hat. Dadurch werden Teilziele erzeugt, die sukzessive nach dem gleichen Verfahren abgearbeitet werden. Auf diese Weise wird die Regelbasis rückwärts durchlaufen, bis entweder alle Teilziele und damit auch das ursprüngliche Ausgangsziel erfüllt worden sind oder keine Regeln mehr vorhanden sind, womit die ursprünglichen Zielaussage als falsch bzw. ungültig bewiesen worden ist.

9.2   *Ein Hypertext-Expertensystem (HyperCard-Beispiel)*

9.2.1   Überblick

Im folgenden wird ein ausschliesslich in HyperCard und Hypertalk implementiertes regelbasiertes Expertensystem beschrieben. Das hier beschriebene Expertensystem weist Ähnlichkeiten zum kommerziell verfügbaren HyperCard-Expertensystem HyperX [Eva90] auf und kann ebenfalls zu einem für kommerzielle Anwendungen brauchbaren System erweitert werden. Das Expertensystem besteht aus einem Stack mit zwei verschiedenen Backgrounds. Der Background *"Regeln"* enthält die Wissensbasis, d.h. die Regeln, wobei auf jeder Karte eine Regel gespeichert wird. Die Regeln bestehen aus deutschen Sätzen der Form:

```
IF
Das Tier hat Hufe
Das Tier hat Hörner
THEN
Ich denke es ist ein kuhartiges Tier


IF
Ich denke es ist ein kuhartiges Tier
Das Tier gibt Milch
THEN
Ich denke es ist eine Kuh
```

Die Regeln weisen also die allgemeine Form auf:

```
IF AAA
BBB
THEN CCC


IF CCC
DDD
THEN EEE
```

Die Voraussetzungen (assertions) werden entweder durch das System getestet, d.h. der Benutzer wird gefragt, ob die Voraussetzung AAA wahr oder falsch sei; oder sind bereits als Schlussfolgerung einer schon durchlaufenen Regel bekannt. Der Benutzer wird also im obigen Beispiel gefragt:

```
Das Tier hat Hufe?
```

Falls er diese Frage mit "ja" beantwortet, heisst die nächste Frage

```
Das Tier hat Hörner?
```

Wird diese Frage ebenfalls mit "ja" beantwortet, so wird durch Vorwärtsverkettung (forward chaining) die nächste Regel gesucht, die als eine der Voraussetzungen die Schlussfolgerung der obigen Regel, d.h. "Ich denke es ist ein kuhartiges Tier" enthält. Dieses Verfahren wird so lange fortgesetzt, bis keine passende Regel mehr gefunden wird. Die Verkettung der Regeln erfolgt mit einem einfachen Mustererkennungs-Programm (pattern matching), indem die Zeichenkette der Schlussfolgerung einer Regel mit den Voraussetzungen der darauffolgenden Regeln verglichen wird.

Der zweite in diesem Stack vorhandene Background *"Inferenzmaschine"* enthält nur eine einzige Karte, von der aus die Inferenzmaschine gestartet und die Regeln abgearbeitet werden. Durch Anklicken des Buttons "Inferenzstart" wird die Inferenzmaschine gestartet und die Regeln werden mit einem einfachen forward-chaining-Algorithmus durchgegangen. Die Inferenzmaschine ist vollständig in Hypertalk implementiert

9.2.2   Konstruktionsbeschreibung

Background "Regeln"

Die Regelkarte (Fig. 9.2) besteht im wesentlichen aus den zwei Felder, in denen vom Benutzer die Regeln festgehalten werden. In das *Background Field "Assertions"* werden die assertions, d.h. der IF-Teil einer Regel eingetragen, während in das *Background Field "Conclusion"* die conclusion, d.h. die Schlussfolgerung, der THEN-Teil der Regel eingetragen wird.

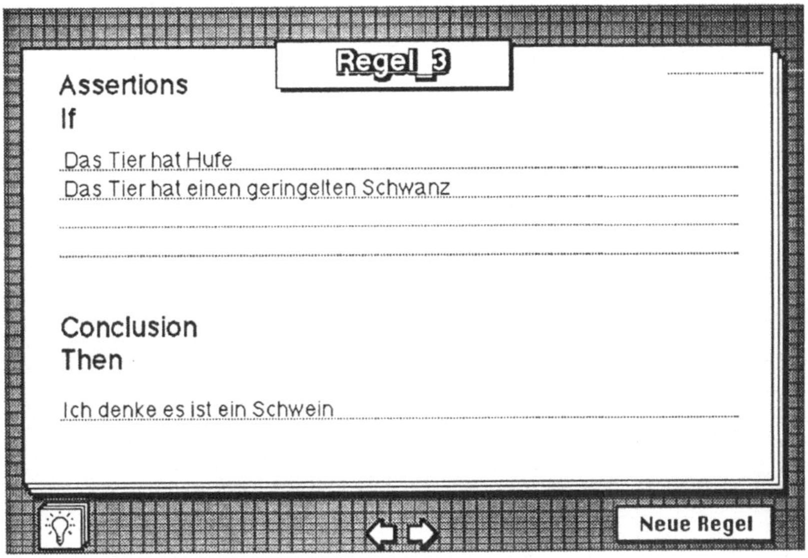

Fig. 9.2 Regelkarte

Mit dem Background Button "Neue Regel" wird eine neue Regelkarte erzeugt und
automatisch der richtige Name der Regel eingesetzt. Dabei wird der vom System vergebene
eindeutige Namen der Regel in das *Background Field "Name"* geschrieben. Ein solcher
Name lautet "Regel_XX", wobei XX die laufende Nummer der Regel ist.

```
go last card of this bkgnd
domenu "new card"
put the number of cards of this bkgnd into cardnum
set the name of this card to "Regel_"&cardnum
put the short name of this card into bkgnd field "Name"
```

Background Field "alreadychecked" (siehe (Fig. 9.3)) wird von der Inferenzmaschine
gebraucht, um festzuhalten, ob die auf der betreffenden Karte gespeicherte Regel schon
durchlaufen wurde. Wenn die Regel durchlaufen wird, wird nach der Rückfrage an den
Benutzer in diesem Feld entweder "true", d.h. die Schlussfolgerung (conclusion) ist wahr
oder "false", d.h. die Schlussfolgerung ist falsch, eingefüllt.

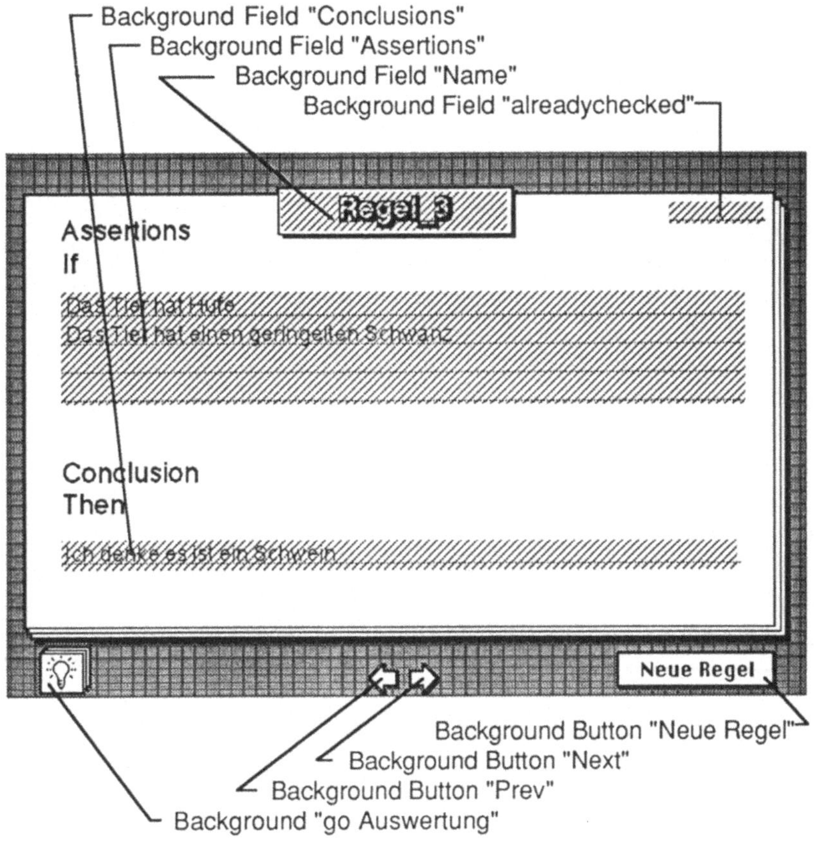

Fig. 9.3 Regelkarte mit Objektbezeichnungen

Mit den Background Buttons "Next", "Prev" und "go Auswertung" kann innerhalb des Backgrounds nach rechts, nach links sowie auf die Auswertungskarte gesprungen werden.

Um das System auszutesten, können z.B. die folgenden 13 Regelkarten erzeugt und die entsprechenden Regeln eingegeben werden:

```
Regel_1
IF Das Tier hat Hufe
```

```
Das Tier wiehert
THEN Ich denke es ist ein Reittier


Regel_2
IF Das Tier hat Hufe
Das Tier hat Hörner
THEN Ich denke es ist ein kuhartiges Tier


Regel_3
IF Das Tier hat Hufe
Das Tier hat einen geringelten Schwanz
THEN Ich denke es ist ein Schwein


Regel_4
IF Das Tier hat Flügel
THEN Es ist ein Vogel


Regel_5
IF Das Tier hat Schnauzhaare
Das Tier hat 4 Pfoten
THEN Ich denke es ist eine Katze


Regel_6
IF Ich denke es ist ein Pferd
Es ist ein Pferd
THEN Ich habe Dein Tier erraten


Regel_7
IF Ich denke es ist ein Stier
Es ist ein Stier
THEN Ich habe Dein Tier erraten


Regel_8
IF Ich denke es ist ein Schwein
Es ist ein Schwein
THEN Ich habe Dein Tier erraten


Regel_9
IF Ich denke es ist eine Katze
Es ist eine Katze
```

```
THEN Ich habe Dein Tier erraten


Regel_10
IF Ich denke es ist ein Reittier
Das Tier hat eine Mähne
THEN Ich denke es ist ein Pferd


Regel_11
IF Ich denke es ist ein kuhartiges Tier
Das Tier gibt Milch
THEN Ich denke es ist eine Kuh


Regel_12
IF Ich denke es ist eine Kuh
Es ist eine Kuh
THEN Ich habe Dein Tier erraten


Regel_13
IF Ich denke es ist ein kuhartiges Tier
Es gibt keine Milch
THEN Ich denke es ist ein Stier
```

Background "Inferenzmaschine"

Der Background "Inferenzmaschine" enthält nur eine einzige Karte, die sog.
Auswertungskarte (Fig. 9.4).

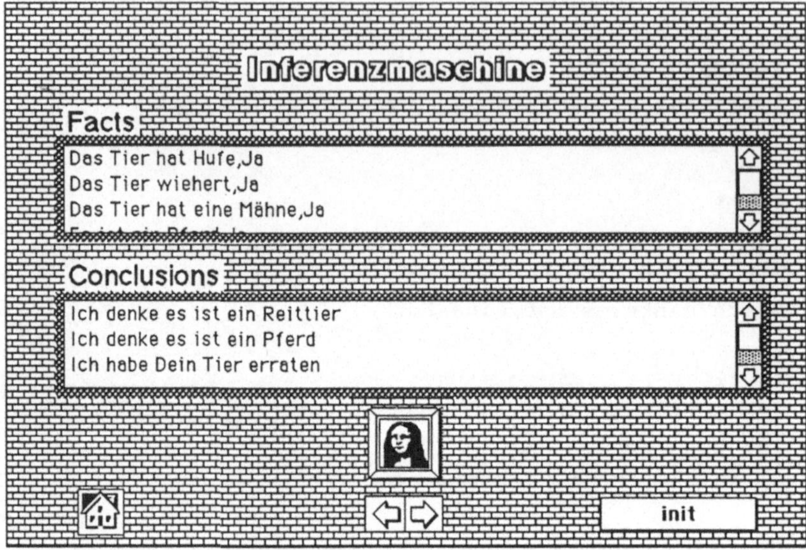

Fig.9.4 Auswertungskarte

Auf der Auswertungskarte wird durch Anklicken des Buttons "Inferenzstart" die Inferenzmaschine gestartet. Vor dem Abarbeiten der Regelbasis müssen die Regeln in den Ausgangszustand gebracht werden. Dazu müssen vor allem die Einträge in Background Field "alreadychecked" auf den Regelkarten (siehe (Fig. 9.3)) gelöscht werden. Diese Aktion wird durch den Background Button "init" auf der Auswertungskarte ausgeführt und beim Start der Inferenzmaschine durch Anklicken des Buttons "Inferenzstart" jedesmal automatisch ausgelöst (send "mouseUp" to bkgnd button "init").

Die Inferenzmaschine schreibt während der Abarbeitung der Regeln die Zwischenresultate in die drei Background Fields "Status", "Facts" und "Conclusions". Im *Background Field "Status"* (siehe (Fig. 9.5)) wird die momentane Aktion der Inferenzmaschine festgehalten. In das *Background Field "Facts"* wird jede abgearbeitete IF-Bedingung (assertion) einer Regel geschrieben und dabei festgehalten, ob die Bedingung wahr oder falsch gewesen sei. Im *Background Field "Conclusions"* wird jede Schlussfolgerung (THEN-Teil der Regel), die sich als wahr herausgestellt hat, gespeichert.

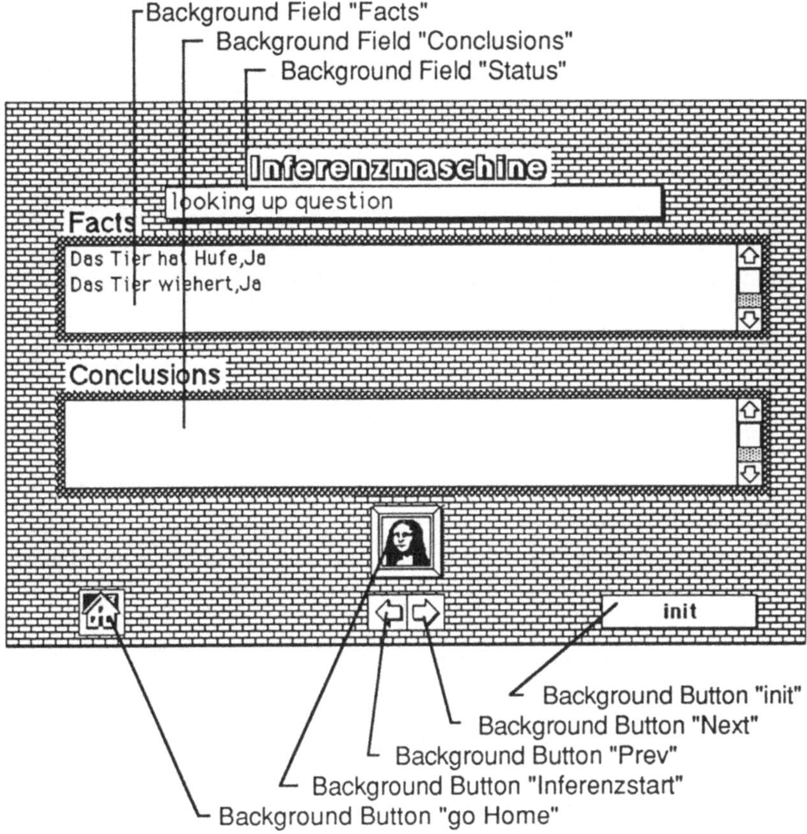

Fig.9.5 Auswertungskarte mit Objektbezeichnungen

Zentraler Teil der Auswertungskarte ist die Inferenzmaschine, die vollständig in Hypertalk geschrieben ist und eine direkte "forward-chaining"-Strategie befolgt. Die Inferenzmaschine ist im Script der Auswertungskarte enthalten und besteht im wesentlichen aus den Prozeduren "evalrules", "evalcard" und "forchain". Diese drei Prozeduren werden im folgenden detailliert vorgestellt.

Prozedur "evalrules"

In der Hauptprozedur **evalrules** werden sämtliche Regelkarten sukzessive ausgehend von der Regel 1 durchgegangen, wobei diejenigen Regelkarten mit Regeln, die Schlussfolgerungen des Systems selbst in ihrem IF-Teil enthalten, in diesem ersten Durchgang mit Hilfe der Prozedur system ausgeschlossen werden, da diese Voraussetzungen zuerst mit Hilfe von anderen Regeln geklärt werden müssen. Die Prozedur system setzt dazu in einer (sehr) vereinfachenden Annahme voraus, dass eine solche Voraussetzung vom Typ "Ich denke es ist ein Reittier" ist, d.h. dass in einem solchen Satz das Wort "ich" vorkommt. System führt lediglich einen Test auf das Auftreten der Zeichenkette "ich" durch:

```
if "ich"&space is in line i of bkgnd field ¬
    "assertions" of card cardnam then return true
```

Regeln mit System-Schlussfolgerungen werden indirekt mit Hilfe der rekursiv verschachtelten Prozeduren evalcard (ruft forchain auf) und forchain (ruft evalcard auf) abgearbeitet. Am Ende eines Durchgangs der Inferenzmaschine wird der Bildschirm mit Hilfe der Prozedur cleanup wieder in den Ausgangszustand gebracht.

```
on evalrules
  -- Basis-Inferenzmaschine
  repeat with i = 1 to the number of cards of bkgnd ¬
  "Regeln"
    put "Regel_"&i into cardnam
    if ((bkgnd field "alreadychecked" of card cardnam) ¬
    is empty) AND (NOT system(cardnam)) then
      evalcard cardnam
    end if
  end repeat
  cleanup
end evalrules
```

Prozedur "evalcard"

Die Prozedur **evalcard** nimmt die eigentliche Evaluation der auf einer Karte enthaltenen Regel vor. Falls der IF-Teil (Assertion) der Regel Bedingungen enthält, die ausserhalb des Systems getestet werden müssen, so wird zuerst durch die Prozedur lookup in den Background Fields "Facts" und "Conclusion" kontrolliert, ob diese Assertion bereits früher gestellt und beantwortet wurde. Falls das nicht der Fall war, so werden diese IF-Bedingungen dem Benutzer in Frageform zur Beantwortung gestellt. Falls alle IF-Bedingungen (Assertions) einer Regelkarte wahr sind, so wird dies im Background Field "alreadychecked" auf der Regelkarte mit "true", andernfalls mit "false" vermerkt. Eine wahre Conclusion wird ausserdem auf dem Bildschirm angezeigt und auf der Auswertungskarte in das Feld "Conclusions" geschrieben. Um im "scrollenden" Feld "Conclusions" die letzte Zeile auf dem Bildschirm sichtbar zu machen, wird mit Hilfe der Prozedur resetscroll, die ebenfalls im Script der Auswertungskarte enthalten ist, auf die letzte Zeile des Background Fields "Conclusion" gescrollt. Anschliessend wird, ausgehend von dieser Conclusion, in einem "forward-chaining"-Verfahren die Prozedur forchain aufgerufen.

```
on evalcard rulenumber
  put "Regel_" & rulenumber into cardnam
  put true into evalRule
  repeat with k = 1 to the number of lines of bkgnd ¬
    field "Assertions" of card cardnam
    put (line k of bkgnd field "Assertions" of card ¬
    cardnam) into question
    put lookup(question) into result
    if result is false then put false into evalRule
    if result is empty
    then  -- Assertion wurde noch nicht kontrolliert
      answer question&"?" with "Ja" or "Nein"
      if it is "Nein" then put false into evalRule
      put question & "," & it & return after bkgnd ¬
      field "Facts"
      resetscroll "Facts" -- zeige letzte Linie des
    end if                -- Feldes
  end repeat
  if evalRule is true then -- alle Assertions sind true
    put "true" into bkgnd field "alreadychecked" of ¬
    card cardnam
    answer bkgnd field "Conclusion" of card cardnam
    put (bkgnd field "conclusion" of card cardnam) & ¬
    return after bkgnd field "conclusions"
    resetscroll "Conclusions" -- zeige letzte Linie des
                             -- Feldes
    forchain bkgnd field "Conclusion" of card cardnam
    cleanup
    exit to HyperCard
```

```
    else
      put "false" into bkgnd field "alreadychecked" of ¬
      card cardnam
    end if
end evalcard
```

Prozedur "forchain"

Die Prozedur **forchain**, die die gültige Conclusion als Parameter hat, durchsucht
sämtliche IF-Teile (Assertions) aller Regeln nach der betreffenden Conclusion. Falls die
Conclusion einem IF-Teil einer Regel entspricht, so werden durch den Aufruf von
evalcard sämtliche Assertions dieser Regel getestet. Mit Hilfe dieser wechselseitigen
rekursiven Aufrufe von evalcard und forchain durchläuft die Inferenzmaschine alle
Regeln der Regelbasis. Durch die ebenfalls im Script der Auswertungskarte enthaltene
Prozedur status wird die momentane Aktion (z.B. in der Prozedur forchain "forward
chaining") in das Background Field "Status" geschrieben.

```
on forchain conclusion
  status "forward chaining"
  repeat with i=1 to the number of cards of bkgnd ¬
  "Regeln"
    put "Regel_"&i into cardnam
    put false into found
    -- suche conclusion in assertions von Regel_i
    repeat with k = 1 to the number of lines of ¬
    bkgnd field "assertions" of card cardnam
      if conclusion is line k of bkgnd field ¬
      "assertions" of card cardnam then put true ¬
      into found
      exit repeat
    end repeat
    -- conclusion in assertion gefunden:
    if found is true then
      evalcard i
    end if
  end repeat
end forchain
```

9.2.3 Hypertalk-Scripts der verwendeten Objekte

```
Script of stack "Expertensystem"
on openbkgnd
  if the version<1.2 then
    answer "Expertensystem braucht HyperCard 1.2"
    go home
  end if
end openbkgnd


Background "Regeln"

Background Script "Regeln"
on openStack
  hide message box
  show menuBar
end mouseUp

Background Button "Prev"
on mouseUp
  visual effect scroll left
  go to prev card of this bkgnd
end mouseUp

Background Button "Next"
on mouseUp
  visual effect scroll right
  go to next card of this bkgnd
end mouseUp

Background Button "Neue Regel"
on mouseUp
  answer "Wirklich neue Regel zufügen?" with "Ja" or ¬
  "Nein"
  if it is "Nein" then exit mouseup
  go last card of this bkgnd
  domenu "new card"
```

```
   put the number of cards of this bkgnd into cardnum
   set the name of this card to "Regel_"&cardnum
   put the short name of this card into bkgnd field "Name"
end mouseUp
```

Background Button "go Auswertung"

```
on mouseUp
  visual effect iris open to black
  visual effect iris close
  go card "auswertung"
end mouseUp
```

Background Button "Next"

```
on mouseUp
  visual effect scroll right
  go to next card
end mouseUp
```

Background Button "Prev"

```
on mouseUp
  visual effect scroll left
  go to prev card
end mouseUp
```

Background "Inferenzmaschine"

Script of Card "Auswertung"

```
on evalrules
  -- Basis-Inferenzmaschine
  repeat with i = 1 to the number of cards of bkgnd ¬
  "Regeln"
    put "Regel_"&i into cardnam
    if ((bkgnd field "alreadychecked" of card cardnam) ¬
    is empty) AND (NOT system(cardnam)) then
      evalcard i
    end if
  end repeat
  cleanup
end evalrules
```

```
-----------------------------------------------------------
on evalcard rulenumber
  put "Regel_"&rulenumber into cardnam
  put true into evalRule
  repeat with k = 1 to the number of lines of bkgnd ¬
    field "Assertions" of card cardnam
    put (line k of bkgnd field "Assertions" of card ¬
    cardnam) into question
    put lookup(question) into result
    if result is false then put false into evalRule
    if result is empty
    then  -- Assertion wurde noch nicht kontrolliert
      answer question&"?" with "Ja" or "Nein"
      if it is "Nein" then put false into evalRule
      put question & "," & it & return after bkgnd ¬
      field "Facts"
      resetscroll "Facts" -- zeige letzte Linie des
    end if                -- Feldes
  end repeat
  if evalRule is true then -- alle Assertions sind true
    put "true" into bkgnd field "alreadychecked" of ¬
    card cardnam
    answer bkgnd field "Conclusion" of card cardnam
    put (bkgnd field "conclusion" of card cardnam) & ¬
    return after bkgnd field "conclusions"
    resetscroll "Conclusions" -- zeige letzte Linie des
                              -- Feldes
    forchain bkgnd field "Conclusion" of card cardnam
    cleanup
    exit to HyperCard
  else
    put "false" into bkgnd field "alreadychecked" of ¬
    card cardnam
  end if
end evalcard
-----------------------------------------------------------
on forchain conclusion
  status "forward chaining"
  repeat with i=1 to the number of cards of bkgnd ¬
  "Regeln"
```

```
      put "Regel_"&i into cardnam
      put false into found
      -- suche conclusion in assertions von Regel_i
      repeat with k = 1 to the number of lines of ¬
      bkgnd field "assertions" of card cardnam
        if conclusion is line k of bkgnd field ¬
        "assertions" of card cardnam then put true ¬
        into found
        exit repeat
      end repeat
      -- conclusion in assertion gefunden:
      if found is true then
        evalcard i
      end if
    end repeat
end forchain
-------------------------------------------------------------
function lookup question
  -- sucht Assertion in Feldern "Facts" und "Conclusion"
  -- Rückgabewert: true, falls Assertion vorhanden und
  --                      bejaht wurde
  --               false,falls Assertion vorhanden und
  --                      verneint wurde
  --                      empty sonst.
  status "looking up question"
  repeat with i=1 to the number of lines of bkgnd ¬
  field "Facts"
    if (question is item 1 of line i of bkgnd field
    "Facts") then
      if (item 2 of line i of bkgnd field "Facts" ¬
      is "Ja")
      then
        return true
      else
        return false
      end if
    end if
  end repeat
  repeat with i=1 to the number of lines of bkgnd field
  "Conclusions"
```

```
      if (question is line i of bkgnd field "Conclusions")
      then
         return true
      end if
   end repeat
   return empty
end lookup
-------------------------------------------------------------
function system cardnam
   -- testet ob eine Assertion der Regel der card cardnam
   -- vom System selbst beantwortet werden muss
   -- Rückgabewert : true, falls Assertion von System
   --                        beantwortet werden muss
   --                false, sonst
   repeat with i = 1 to the number of lines of ¬
   bkgnd field "assertions" of card cardnam
      if "ich"&space is in line i of bkgnd field ¬
      "assertions" of card cardnam then return true
   end repeat
   return false
end system
-------------------------------------------------------------
on status message
   -- schreibt Statusmessage
   lock screen
   put message into bkgnd field "status"
   show bkgnd field "status"
   unlock screen
end status
-------------------------------------------------------------
on cleanup
   -- Prozedur, die Bildschirm vor Verlassen der
   -- Inferenzmaschine aufräumt
   answer "no more conclusions"
   hide bkgnd field "status"
   exit to HyperCard
end cleanup
-------------------------------------------------------------
on resetscroll fieldid
```

```
  -- setzt scrolling in Feld fieldid so, dass zuletzt
  -- eingegebene Zeile sichtbar wird.
  put the number of lines of bkgnd field fieldid into ¬
  anzlines
  if anzlines > 3 then
    set the scroll of bkgnd field fieldid to ¬
    (anzlines - 3) * the textheight of bkgnd field ¬
    fieldid
  else
    set the scroll of bkgnd field fieldid to 0
  end if
  end if
end resetscroll
```

Background Button "init"
```
on mouseUp
  set the cursor to 4
  lock screen
  put empty into bkgnd field "Facts"
  put empty into bkgnd field "Conclusions"
  put empty into bkgnd field "status"
  hide bkgnd field "status"
  repeat with i=1 to the number of cards of bkgnd "Regeln"
    put empty into bkgnd field "alreadychecked" of¬
    card i of bkgnd "Regeln"
  end repeat
  unlock screen with dissolve
end mouseUp
```

Background Button "Inferenzstart"
```
on mouseUp
  send "mouseup" to bkgnd button "init"
  evalrules
end mouseUp
```

10 Ausblick

Wie hoffentlich in diesem Buch soweit klargeworden sein sollte, ist die Entwicklung der Hypermedia-Technologie und von Hypermedia-Techniken noch voll im Gange. Mögliche Anwendungen der Hypermedia-Technologie wie

- multimediale Datenbanken

- Präsentationen

- on-line Dokumentationen und Handbücher

- Unterrichtsprogramme

- Systeme für die Teamarbeit

sind bekannt. In einzelnen Fällen wurden auch schon sehr grosse und umfassende Projekte in einem der oben aufgezählten Hypermedia-Anwendungsgebiete realisiert. Zu einem grossen Teil aber sind den Verantwortlichen potentieller Hypermedia-Projekte gerade bedeutender Firmen und Unternehmungen die Möglichkeiten, die das Hypermedia-Konzept beinhaltet, noch nicht bekannt. Aus diesem Grund muss im Hypermedia-Bereich noch sehr viel Pionier- und Aufklärungsarbeit geleistet werden. Wenn dieses Buch ein wenig dazu beträgt, so ist sein Zweck erfüllt.

Ausser der obigen Auflistung potentieller Hypermedia-Einsatzbereiche zeigen sich weitere Hypermedia-Einsatzgebiete in Bereichen, in denen bis vor kurzem noch niemand Einsatzmöglichkeiten für den Computer gesehen hat. Hypermedia als Hilfsmittel der Filmgestaltung und Filmarchivierung, bei Werbespots und in der Werbung generell, im Unterricht, in der Psychoanalyse etc., eröffnen unerwartete Möglichkeiten des Computereinsatzes. Wir dürfen gespannt sein, welche weiteren Anwendungsgebiete die obige Auflistung fortsetzen werden!

Um neue Hypermedia-Einsatzgebiete zu finden, müssen auch die grundlegenden Konzepte verstanden sein. Hier soll dieses Buch einen Beitrag leisten, indem es eine umfassende Einführung in die etablierten Hypermedia-Anwendungsgebiete gibt, in der Hoffnung, dass aus dem Verständnis existierender Hypermedia-Anwendungen der eine oder andere Leser in einem plötzlichen Aha-Erlebnis eine überraschende Lösung seines eigenen Problems durch den Gebrauch von Hypermedia-Techniken entdeckt.

Es soll aber an dieser Stelle ganz klar festgehalten werden, dass grundlegende Probleme im Hypermedia-Bereich zu einem grossen Teil immer noch auf ihre vollständige Lösung warten. In diesem Buch aufgeworfene Problembereiche wie

- die Navigation im Hyperraum

- die Kombination von Hypermedia mit Information-Retrieval-Techniken

- die Erweiterung von Hypermedia mit Expertensystemen

- die Ermöglichung eines weltweiten Informationsverbunds à la Xanadu

sind zwar erkannt und werden bearbeitet, aber sind noch lange nicht erschöpfend gelöst. Unter diesem Standpunkt stellen die in diesem Buch erwähnten Lösungsansätze einen unbestreitbar wichtigen Schritt in die richtige Richtung dar und können sicher ohne weiteres für kleinere bis mittlere Systeme eingesetzt werden. Bis wir aber so weit sind, wie dies John Sculley, der CEO von Apple, in seiner Vision des "Knowledge Navigators" voraussieht, einer Maschine, die die "universelle Information" in personifizierter und verständlicher Form dem Menschen näher bringen soll, müssen noch riesige Anstrengungen in der Weiterentwicklung der Hypermedia-Technologie unternommen werden.

Glossar

Bei grundlegenden Begriffen wird ein Literaturverweis zu einem in die Thematik einführenden Standardwerk gegeben.

Das Zeichen ↑ markiert ein Stichwort, das an anderer Stelle in diesem Glossar erklärt wird.

backward chaining - *Rückwärtsverkettung*: Problemlösungsverfahren, das in der KI vor allem bei der Bearbeitung von Expertensystem↑-Regeln angewendet wird und das ausgehend vom Ziel zu beweisen versucht, dass die Zielaussage Gültigkeit hat.

Browser: Hilfsmittel für das Betrachten von (grossen) Bild- und Text-Dokumenten auf dem Bildschirm.

CD-ROM (Compact Disc Read Only Memory): (siehe (1.9.2)) Digitaler Datenträger zur nicht mehr modifizierbaren Speicherung grosser Informationsmengen mit den gleichen Abmessung wie die bekanntere Audio(Musik)-CD. Eine CD-ROM kann nur gelesen, aber nicht beschrieben werden.

Client-Server-Modell - *client server model*: Vor allem für die Verteilung eines Dienstes über mehrere Maschinen fundamentales Konzept: Ein Client nimmt die Dienstleistungen des Servers (Diensterbringers) in Anspruch [Glo89c].

crash recovery: Erneutes korrektes Hochfahren eines Computers nach einem fehlerbedingten Absturz.

drill&practice-Programm: Unterrichtsprogramm, mit dem bereits bekannte (mechanische) Fähigkeiten drillmässig eingeübt und vertieft werden können.

DVI (Digital Video Interactive): (siehe (1.10)). Sich im Entwicklungsstadium befindende Technik, mit der Bewegtbilder und Ton auf digitalem Weg zur Echtzeit abgespielt werden können.

Epistemologie: (im philosophischen Sprachgebrauch: Erkenntnistheorie) in der KI: Art des Wissens im System, d.h. z.B. Objekt- und Relationstypen.

erasable optical disk: Von der Speicherkapazität und der Technologie her der CD-ROM↑ vergleichbarer Datenträger, der sowohl gelesen als auch beschrieben werden kann.

error recovery: siehe *crash recovery*.

Expertensystem: Auf Prinzipien der KI basierendes System zur Verwendung von Expertenwissen in einem eingeschränkten Problembereich. Expertensysteme werden z.B. zur Fehleranalyse, aber auch zur Beratung von menschlichen Sachbearbeitern eingesetzt.

FDDI (Fiber Distributed Data Interface): Von verschiedenen Standardisierungsgremien wie ANSI und ISO vorgeschlagener Netzwerkstandard für ein 100 Mbit/sec fiberoptisches Ringnetzwerk [Tan88].

fish eye view: Von Furnas [Fur86] vorgeschlagenes Hilfsmittel zur Navigation in einem grossen Dokument. Der Leser sieht dabei sich in seiner Nähe (geografisch oder vom Informationsgehalt her) befindende Informationen deutlicher als weiter entfernte Dokumententeile.

forward chaining - *Vorwärtsverkettung*: Problemlösungsverfahren, das in der KI vor allem bei der Bearbeitung von Expertensystem↑-Regeln angewendet wird und das ausgehend von den Grundregeln iterativ zu beweisen versucht, dass die Zielaussage Gültigkeit hat.

frame grabbing: Digitalisierung von analog gespeicherten Bildern, d.h. z.B. Übernahme von TV-Bildern auf den Computer.

groupware: Unter diesem Begriff werden (Hypermedia-)Systeme zur Unterstützung der Teamarbeit zusammengefasst.

halftoning: (In der Computergrafik) Erzeugung unterschiedlicher Grauwerte auf dem Papier oder auf dem Computerbildschirm durch das Mischen von schwarzen und weissen Punkten.

Hypermedia: Integration weiterer Medien wie Ton, Grafik, Film etc. zum text-basierten Hypertext↑.

Hypertext: Nichtsequentieller Text aufgefasst als eine Menge von (Text-)Knoten↑, die verbunden sind durch Links↑.

Index: In einem elektronischen (Hypertext↑-/Text-)Dokument Stichwortverzeichnis, bei dem die Ursprungsorte der einzelnen Einträge z.B. durch Anklicken mit der Maus direkt angesprungen werden können.

Inferenzmaschine: Bestandteil des Expertensystems↑, der für die Verarbeitung des in der Wissensbasis gespeicherten Wissens zuständig ist.

ISDN (Integrated Services Digital Networks): Digitaler weltweiter Fernmelde-Netzwerkstandard, mit dem ausser der Stimme noch weitere Nicht-Stimme-Medien wie Bilder, Computerdaten etc. übertragen werden können [Tan88].

Knoten - *node*: Kleinste Informationseinheit und Aufbauelement eines Hypertext↑-Dokumentes, die durch das Verfolgen eines Links↑ direkt angesprungen werden kann.

langlebige Transaktion: Transaktion, die besonders lange dauert [Ber87].

Link - *link*: Verbindung innerhalb eines Hypertext↑-Dokumentes oder zwischen verschiedenen Hypertext↑-Dokumenten, wobei einzelne Knoten↑ miteinander verbunden werden.

locking: In der deutschsprachigen Literatur auch als "sperren" bezeichnetes Verfahren zur Synchronisation des parallelen Zugriffs auf eine geteilte Ressource durch den Ausschluss von Mitbewerbern [Ber87].

Multimediale Datenbank: Datenbank, die ausser Text (characters) und Zahlen auch multimediale Daten wie Bilder, Grafiken, Tonfragemente und Filmsequenzen enthält.

OCR (Optical Character Recognition): Umwandlung von meist mit Hilfe eines Scanners↑ als Bitmuster eingelesenen Textdokumenten in Dokumente mit Informationsgehalt (Beispiel: dem Bitmuster "a" wird der Buchstabe "a" zugeordnet.)

optimistische Zugriffskontrolle - *optimistic concurrency control*: Im Gegensatz zu locking↑ stehendes Synchronisationsverfahren, dass a priori sämtlichen Bewerbern den Zugriff auf die geteilte Ressource gestattet und am Schluss eine Verletzung der Konsistenzbedingungen überprüft [Ber87].

RPC (Remote Procedure Call): Konzept zur Kommunikation zwischen Prozessen vor allem über verschiedene Maschinen; Ziel ist die Beibehaltung der lokalen Prozeduraufruf-Semantik [Tan88].

scaling: Veränderung der Grösse von Bildern oder Text auf dem Computerbildschirm oder für den Ausdruck auf Papier.

Scanner: Gerät zur Digitalisierung von auf Papier gespeicherter Information. Um eingescanntem Text Bedeutung zu verleihen, muss dieser noch mit einem OCR↑-Programm bearbeitet werden.

Serialisierbarkeit von Transaktionen - *serializability of transactions*: Eigenschaft, die eine Transaktion besitzen kann und die gewährleistet, dass mehrere serialisierbare Transaktionen, die parallel ausgeführt werden, zum gleichen Resultat führen, wie wenn die Transaktionen sequentiell ausgeführt werden [Ber87].

statusloses Client-Server-Modell - *stateless client server model*: Variante des Client-Server-Modells↑, bei der der Server keine Statusinformationen über seine Clients zwischenspeichert [Glo89c].

Thesaurus: Gesammelter Wortschatz, der ausser der Definition eines Wortes auch Beziehungen zwischen den Wörtern wie Analogien, Synonyme, etc. enthält.

Tutorial: Einführender Lehrtext zu einem Wissensgebiet.

two phase locking: Locking↑-Protokoll, das für die Implementation der Serialisierbarkeitseigenschaft↑ von Transaktionen die grösste Verbreitung gefunden hat [Ber87].

Übersichtskarte - *map*: (Im Hypertext↑-Bereich) Wichtigstes Hilfsmittel zur Orientierung und zur Navigation des Lesers in einem Dokument. Entspricht in einem Buch dem Inhaltsverzeichnis.

video overlay: Überlagerung von analogen Bildern mit digitalem Text oder Grafik.

Videodisk: (siehe (1.9.1)) Auch als "Bildplatte" bezeichnetes analoges Speichermedium für die Speicherung von Text, Bild, Ton und Animation. Für das Abspielen einer Videodisk kann ein (analoger) TV-Monitor verwendet werden.

WORM (Write Once Read Many Times): (siehe (1.9.3)) Einmal vom Benutzer zu beschreibendes aber beliebig oft lesbares optisches Speichermedium mit grosser (200-300MByte) Speicherkapazität.

WYSIWIS (What You See Is What I See): Anwendung des bekannteren WYSIWYG↑-Konzeptes auf elektronische Telekonferenz-Systeme, bei denen alle Teilnehmer der Konferenz den gleichen Bildschirminhalt auf ihrer lokalen Maschine vor sich haben.

WYSIWYG (What You See Is What You Get): Bei Textverarbeitungs-Systemen wie z.B. Microsoft Word verbreitetes Konzept, das auf dem Bildschirm ein möglichst genaues Abbild des späteren Ausdrucks auf Papier gewährleisten soll.

XCMD: In HyperCard sog. externe Funktionen und Prozeduren, die (im Moment) in C oder Pascal geschrieben werden können, um einem HyperCard-Dokument zusätzliche Funktionalität zuzufügen.

Hypermedia-Literaturverzeichnis

1. Einteilung nach Untergebieten

A. Einführende Literatur

B. Hypermedia-Software-Engineering

C. Hypercard

D. Navigation im Hyperraum

E. Hypermedia für elektronische Handbücher

F. Hypermedia-Groupware

G. Hypermedia für Unterrichtsprogramme

H. Hypermedia für Expertensysteme

A. Einführende Literatur

[Amb88]   Ambron, S.; Hooper, K.; *"Interactive Multimedia";* Microsoft Press, Redmond WA, (1988)

Gutes Übersichts- und Einführungswerk unter besonderer Berücksichtigung der Apple-Macintosh-Linie. (Es handelt sich um einen Tagungsband einer von Apple durchgeführten Tagung.)

[Bar88]   Barrett, E.; *"Text, ConText and HyperText"*; MIT Press, Cambridge, MA, (1988)

In diesem Buch wird hauptsächlich die Verwendung des Computers als Hilfsmittel für den technischen Schreiber für das Erstellen von Handbüchern in einer Reihe von Beiträgen von sehr unterschiedlichem Niveau beschrieben.

[CAC88]   Special Issue on Hypertext; *Communications of the ACM*, Vol. 31, No. 7, July, (1988)

Diese Spezialausgabe des "Communications of the ACM" enthält eine Reihe von Beiträgen sowohl über einzelne Hypermedia-Systeme als auch über grundlegende Fragen.

[Con87]   Conklin, J.; "Hypertext: An Introduction and Survey", *IEEE Computer*, Sept., (1987)

Zusammenfassung von [Con87b]

[Con87b]   Conklin, J.; "A Survey of Hypertext", *MCC Technical Report STP-356-86, Rev.2*, Dec, 2., (1987)

Sehr wissenschaftlich gehaltene umfassende Einführung in die Hypertext-Thematik, die leider nicht im öffentlichen Buchhandel erhältlich ist.

[Coo84]   Cook, P.R.; "Electronic Encyclopedias"; *BYTE,* July, (1984)

[Fid88]   Fiderio, J.; "A Grand Vision"; *BYTE*; October; (1988);

[Fri88]   Frisse, M.; "From Text to Hypertext"; *BYTE*; October; (1988);

[Gre88]   Greif, I. (Ed.); *"Computer-Supported Cooperative Work: A Book of Readings"*; Morgan Kaufmann Publishers Inc., San Mateo CA, (1988)

Dieses Buch enthält sowohl die klassischen Paper der Hypertext-Pioniere Bush und Engelbart als auch neue Beiträge über die "Groupware"-Aspekte von Hypermedia.

[Shn89]   Shneiderman, B.; Kearsley, G.; *"Hypertext Hands-on!"*; Addison-Wesley, Reading, MA, (1989)

Einführendes Übersichtswerk über das ganze Gebiet. Das Buch wird gleichzeitig auf einer MS-DOS-Diskette als Hyperties-Hypertext-Dokument abgegeben.

[Yan85]   Yankelovich, N; Meyrowitz, N.; Van Dam, A.; "Reading and Writing the Electronic Book"; *IEEE Computer*; October; (1985);

A.1 Technische Voraussetzungen

[Des86]   Desmarais, N.; "Laser Libraries"; *BYTE,* May, (1986)

[Dul86]   Dulude, J.R.; "The Application Interface of Optical Devices"; *BYTE,* May, (1986)

[Gla89]   Glass, L.B.; "Under the Hood: Digital Video Interactive"; *BYTE;* May, (1989)

[Lut89]   Luther, A.C.; *"Digital Video in the PC Environment";* McGraw-Hill; New York; (1989);

[Ore88]   Oren, T.; "The CD-ROM Connection"; *BYTE;* December; (1988);

[She88b]   Sherman,C.; *"The CD ROM Handbook",* McGraw-Hill, New York, (1988)

[Zoe86]   Zoellick, B.; "CD-ROM Software Development"; *BYTE,* May, (1986)

A.2 Spezielle Hypermediasysteme (ohne Hypercard)

[Aks88]   Akscyn, R.M.; McCracken, D.L. ; Yoder. E.A.; "KMS: A Distributed Hypermedia System for Managing Knowledge in Organizations"; *Communications of the ACM*, Vol. 31, No. 7, July, (1988)

[Beg88]   Begeman, M.L.; Conklin, J.; "The Right Tool for the Job"; *BYTE*; October; (1988);

[Cam88]   Campbell, B.; Goodman, J.M.; "HAM: A General Purpose Hypertext Abstract Machine"; *Communications of the ACM*, Vol. 31, No. 7, July, (1988)

[Del86]   Delisle, N.; Schwartz, M.; "Neptune: a Hypertext System for CAD Applications"; *Proc. of the 1986 ACM SIGMOD Conference*; Washington, D.C.;(1986);

[Del87]   Delisle, N.M.; Schwartz, M.D.; "Contexts - A Partitioning Concept for Hypertext"; *ACM Trans. on Office Information Systems;* Vol. 5. No. 2.; April; (1987);

[Hal87]   Halasz, F.G.; Morgan, T.P; Trigg, R.H.; "NoteCards in a Nutshell", *CHI+GI Proceedings*, (1987)

[Hal88]   Halasz, F.G.; "Reflections on NoteCards: Seven Issues for the next generation of Hypermedia Systems"; *Communications of the ACM*, Vol. 31, No. 7, July, (1988)

[Mey86]   Meyrowitz, N.; "Intermedia: The Architecture and Construction of an Object-oriented Hypermedia System and Applications Framework"; *OOPSLA Proceedings 86*, (1986)

[Nel88]   Nelson, T.H.; "Managing Immense Storage"; *BYTE*; January; (1988);

[Yan88]   Yankelovich, N.; et. al. "Intermedia: The Concept and the Construction of a Seamless Information Environment", *IEEE Computer*, Vol. 21, No. 1, Jan (1988)

B. Hypermedia-Software-Engineering

[Big88]   Bigelow, J.; "Hypertext and CASE"; *IEEE Software;* Vol. 5, No. 2, March, (1988)

[Del86]   Delisle, N.M.; Schwartz, M.D.; "Neptune: a Hypertext System for CAD Applications" *Proc. ACM SIGMOD*, Washington, DC.; (1986)

[Del87]   Delisle, N.M.; Schwartz, M.D.; "Contexts - A Partitioning Concept for Hypertext"; *ACM Trans. on Office Information Systems;* Vol. 5. No. 2.; April; (1987);

[Lai88]   Lai, K.; Malone, T.W.; Yu, K.; "Object Lens: A "Spreadsheet" for Cooperative Work"; *ACM Trans. on Office Information Systems*, Vol. 6., No. 4, October, (1988)

[You88]   Younggren, G.; "Using an Object-Oriented Programming Language to Create Audience-Driven Hypermedia Environments"; in Barrett, E.(Ed.); *"Text, ConText and HyperText";* MIT Press, Cambridge, MA, (1988)

[Zie88]   Ziegfeld, R.; Hawkins, R.; Judd, W.; Mahany, R.; "Preparing for a Successful Large-Scale Courseware Development Project"; in Barrett, E.(Ed.); *"Text, ConText and HyperText";* MIT Press, Cambridge, MA, (1988)

C. Hypercard

[Bon88]   Bond, G.; *"XCMD's for Hypercard";* MIS Press, (1988)

[Goo87]   Goodman, D.; *"The Complete Hypercard Handbook"*, Bantam Books, Toronto, (1987)

[Goo88]   Goodman, D.; *"Hypercard Developer's Guide"*, Bantam Books, Toronto, (1987)

[Kae88]   Kaehler, C.; *"Hypercard Power"*; Addison-Wesley, Reading MA, (1988)

[Sha88]   Shafer, D.; *"Hypertalk Programming"*, Hayden Macintosh Library, (1988)

[She88]   Shell, B.; *"Running Hypercard with Hypertalk""*, MIS, (1988)

[Wei88]   Weiskamp; *"Mastering Hypertalk";* Wiley; (1988)

D. Navigation im Hyperraum

[Aks88b]   Akscyn, R.; Yoder, E.; McCracken, D.; "The Data Model is the Heart of Interface Design"; *CHI Proceedings*, (1988)

[Dol89]   Doland, V.M.; "Hypermedia as an interpretative act"; *HYPERMEDIA;* Vol. 1., No. 1.; Taylor Graham Publishing, London, Spring (1989)

[Dun89]   Duncan, E.B.; "Structuring knowledge bases for designers of learning materials"; *HYPERMEDIA;* Vol. 1., No. 1.; Taylor Graham Publishing, London, Spring (1989)

[Egi88]   Egido, C.; Patterson, J.; "Pictures and Category Labels as Navigational Aids for Catalog Browsing"; *CHI Proceedings,* (1988)

[Ham88]   Hammond, N.; Allinson, L.; "Travels around a Learning Support Environment: Rambling, Orienteering or Touring"; *CHI Proceedings,* (1988)

[Jon87]   Jones, W.P.; "How Do We Distinguish the Hyper form the Hype in Non-linear Text?"; *MCC Technical Report Number HI-118-87;* Microelectronics and Computer Technology Corporation; (1987)

[Jon89]   Jones, T.; "Incidental Learning During Information Retrieval: A Hypertext Experiment"; *Springer Lect. Notes Computer.Science 360* (Maurer, H. ed.), Proc. 2 Int.Conf. ICCAL, (1989)

[Mar88]   Marchionini, G.; Shneiderman, B., "Finding Facts vs. Browsing in Hypertext Systems", *IEEE Computer*, Vol.21, No.1, Jan (1988)

[Stub89]   Stubenrauch, R.; "Touring a Hyper-CAI System"; *Springer Lect. Notes Computer.Science 360* (Maurer, H. ed.), Computer Assisted Learning, Proc. 2 Int.Conf. ICCAL, (1989)

[Tri88]   Trigg, R.H.; "Guided Tours and Tabletops: Tools for Communicating in a Hypertext Environment"; *ACM Trans. on Office Information Systems,* Vol. 6., No. 4.; October (1988)

E. Hypermedia für elektronische Handbücher

[Bar88]   Barrett, E.(Ed.); *"Text, ConText and HyperText";* MIT Press, Cambridge, MA, (1988)

[Bar88b]   Barret, E.; Paradis, J.; "The On-line Environment and In-House Training; in Barrett, E.(Ed.); *"Text, ConText and HyperText";* MIT Press, Cambridge, MA, (1988)

[Car88]   Carlson, P.A.; "Hypertext: A Way of Incorporating User Feedback into Online Documentation"; in Barrett, E.(Ed.); *"Text, ConText and HyperText";* MIT Press, Cambridge, MA, (1988)

[Fri88b]   Frisse, M.; "Searching for Information in a Hypertext Medical Handbook"; *Communications of the ACM*, Vol. 31, No. 7, July, (1988)

[Fur86]   Furnas, G.W.; "Generalized Fisheye Views"; *CHI Proceedings*, (1986)

[Jam88]   James, G.; "Artificial Intelligence and Automated Publishing Systems"; in Barrett, E.(Ed.); *"Text, ConText and HyperText";* MIT Press, Cambridge, MA, (1988)

[Kat88]   Katz, B.; "Text Processing with the START Natural Language System"; in Barrett, E.(Ed.); *"Text, ConText and HyperText";* MIT Press, Cambridge, MA, (1988)

[Pri88]   Price, J.; "Creating a Style for Online Help"; in Barrett, E.(Ed.); *"Text, ConText and HyperText";* MIT Press, Cambridge, MA, (1988)

[Ray88]   Raymond, D.R.; Tompa, F.W.; "Hypertext and the New Oxford Dictionary", *Communications of the ACM*, Vol. 31, No. 7, July, (1988)

[Rub88]   Rubens, P.; Krull, R.; "Designing Online Information"; in Barrett, E.(Ed.); *"Text, ConText and HyperText";* MIT Press, Cambridge, MA, (1988)

[Sal83]   Salton, G.; McGill, M.J.; *"Introduction to modern Information Retrieval";* McGraw-Hill, Singapore (1983)

F. Hypermedia-Groupware

[Eng88]   Engelbart, D.; Lehtman, H.;"Working Together"; *BYTE*; December;(1988);

[For88]   Forsdick, H.C.; Crowley, T.R.; Schaaf, R.W.; Tomlinson, R.S.; Travers, V.M.; "Diamond: A Multimedia Message System Built on a Distributed Architecture"; in Greif, I. (Ed.); *"Computer-Supported Cooperative Work: A Book of Readings";* Morgan Kaufmann Publishers Inc., San Mateo CA, (1988)

[Gre88]   Greif, I. (Ed.); *"Computer-Supported Cooperative Work: A Book of Readings";* Morgan Kaufmann Publishers Inc., San Mateo CA, (1988)

[Gre88b]   Greif, I.; Sarin, S.; "Data Sharing in Group Work"; in Greif, I. (Ed.); *"Computer-Supported Cooperative Work: A Book of Readings";* Morgan Kaufmann Publishers Inc., San Mateo CA, (1988)

[Ked88]   Kedzierski, B.I.; "Communication and Management Support in System Development Environment"; in Greif, I. (Ed.); *"Computer-Supported Cooperative Work: A Book of Readings";* Morgan Kaufmann Publishers Inc., San Mateo CA, (1988)

[Mal88]   Malone, T.W.; Grant, K.R.; Lai, K.; Rao, R.; Rosenblitt, D.; "Semistructured Messages are Surprisingly Useful for Computer-Supported Coordination"; in Greif, I. (Ed.); *"Computer-Supported Cooperative Work: A Book of Readings";* Morgan Kaufmann Publishers Inc., San Mateo CA, (1988)

[Sat88]   Sathi, A.; Morton, T.E; Roth, S.F.; "Callisto: An Intelligence Project Management System"; in Greif, I. (Ed.); *"Computer-Supported Cooperative Work: A Book of Readings";* Morgan Kaufmann Publishers Inc., San Mateo CA, (1988)

[Ste88]   Stefik, M.; Foster, G.; Bobrow, D.G.; Kahn, K.; Lanning, S.; Suchman, L.; "Beyond the Chalkboard: Computer Support for Collaboration and Problem Solving in Meetings"; in Greif, I. (Ed.); *"Computer-Supported Cooperative*

Work: A Book of Readings"; Morgan Kaufmann Publishers Inc., San Mateo CA, (1988)

G. Hypermedia für Unterrichtsprogramme

[Bui89]   Bui, K.P.; "Hyper-Lexikon, a Hypermedia-based Lexikon for Vocabulary Acquisition"; *Springer Lect. Notes Computer.Science 360* (Maurer, H. ed.), Computer Assisted Learning, Proc. 2 Int.Conf. ICCAL, (1989)

[Cha89]   Champine, G.; Lerman, S.; Saltzer, J.; "Project ATHENA as a Next Generation Educational Computing System"; *Proc. GI-19. Jahrestagung;* Springer Informatik-Fachberichte 222; Springer; Berlin, Heidelberg, New York, (1989)

[Dob89]   Dobrinski, J.; Ottmann, Th.; "How Can Educational Software Survive Current Hardware"; *Springer Lect. Notes Computer.Science 360* (Maurer, H. ed.), Computer Assisted Learning, Proc. 2 Int.Conf. ICCAL, (1989)

[Ham89]   Hammond, N.; "Hypermedia and Learning: Who Guides Whom?"; *Springer Lect. Notes Computer.Science 360* (Maurer, H. ed.), Computer Assisted Learning, Proc. 2 Int.Conf. ICCAL, 1989

[Han88]   Hannafin, M.J.; Peck, K.L.; *"The Design, Development, and Evaluation of Instructional Software";* Macmillan Publishing Company, New York, (1988)

[LaP89]   La Passardière, B.; "A CAL Environment for Hypercard"; *Springer Lect. Notes Computer.Science 360* (Maurer, H. ed.), Computer Assisted Learning, Proc. 2 Int.Conf. ICCAL, 1989

[Müh89]   Mühlhäuser, M.; "Requirements and Concepts for Networked Multimedia Courseware Engineering"; *Springer Lect. Notes Computer.Science 360* (Maurer, H. ed.), Computer Assisted Learning, Proc. 2 Int.Conf. ICCAL, (1989)

[Pso88]   Psotka, J.; Massey, L.D.; Mutter, S.A. (Eds.); *"Intelligent Tutoring Systems";* Lawrence Erlbaum Associates, Publishers, Hillsdale New Jersey, (1988)

[Rus88]   Russell, D.M.; Moran, T.P.; Jordan, D.S.; "The Instructional Design Environment";aus Psotka, J.; Massey, L.D.; Mutter, S.A. (Eds.); *"Intelligent Tutoring Systems";* Lawrence Erlbaum Associates, Publishers, Hillsdale New Jersey, (1988)

[Rus88b]   Russell, D.M.; "IDE: The Interpreter"; aus Psotka, J.; Massey, L.D.; Mutter, S.A. (Eds.); *"Intelligent Tutoring Systems";* Lawrence Erlbaum Associates, Publishers, Hillsdale New Jersey, (1988)

[Ste84]   Steinberg, E.R.; *"Teaching Computers to Teach";* Lawrence Erlbaum Assoc., Hillsdale, New Jersey, (1984)

[Tal89]   Talbert, M.L.; Umphress, D.A.;; "Object-Oriented Decomposition: A Methodology for Creating CAI Using Hypertext"; *Springer Lect. Notes*

Computer.Science 360 (Maurer, H. ed.), Computer Assisted Learning, Proc. 2 Int.Conf. ICCAL, (1989)

[Tob88]   Tobler, K.; Issing, L.J.; "Autorensysteme für die Entwicklung computergestützter Lernprogramme"; *LOG IN* ; Heft 4, (1988)

H. Hypermedia für Expertensysteme

[Eva90]   Evans, R.; "Expert Systems and HyperCard"; *BYTE;* Januar, (1990)

[Har88]   Harmon, P.; Maus, R.,Morrissey, W.; *"Expert Systems: Tools and Applications";* John Wiley & Sons, Inc., New York, (1988)

[Jüt88]   Jüttner, G.; Güntzer, U.; *"Methoden der künstlichen Intelligenz für Information Retrieval"*; K.G.Saur, München, (1988)

[Wat86]   Waterman, D.A.; *"A Guide to Expert Systems"*; Addison-Wesley, Reading MA, (1986)

[Win84]   Winston, P.H.; *"Artificial Intelligence"*; 2nd edition, Addison-Wesley, Reading MA, (1984)

2. *Alphabetisches Literaturverzeichnis*

[Aho83]   Aho, A.V.; Hopcroft, J.E.; Ullman, J.D.; *"Data Structures and Algorithms";* Addison-Wesley, Reading MA, (1983)

[Aks88]   Akscyn, R.M.; McCracken, D.L. ; Yoder. E.A.; "KMS: A Distributed Hypermedia System for Managing Knowledge in Organizations"; *Communications of the ACM*, Vol. 31, No. 7, July, (1988)

[Aks88b]   Akscyn, R.; Yoder, E.; McCracken, D.; "The Data Model is the Heart of Interface Design"; *CHI Proceedings*, (1988)

[Amb88]   Ambron, S.; Hooper, K.; *"Interactive Multimedia";* Microsoft Press, Redmond WA, (1988)

[Bae81]   Baecker, R.M.; Sherman, D.; *"Sorting Out Sorting";* 16 mm color sound film, 30 min, 1981 (Gezeigt an ACM SIGGRAPH '81 in Dallas, auszugsweise in ACM SIGGRAPH Video Review #7, 1983)

[Bag86]   Baggenstos, T.; Marty, R.; Mergler, B.; Schnorf, P.; *"UNIX als Basis für Softwareentwicklung";* Springer, Berlin, (1986)

[Bar88]   Barrett, E.(Ed.); *"Text, ConText and HyperText";* MIT Press, Cambridge, MA, (1988)

[Bar88b]   Barret, E.; Paradis, J.; "The On-line Environment and In-House Training; in Barrett, E.(Ed.); *"Text, ConText and HyperText";* MIT Press, Cambridge, MA, (1988)

[Beg88]   Begeman, M.L.; Conklin, J.; "The Right Tool for the Job"; *BYTE*; October; (1988);

[Ber87]   Bernstein, P.A.; Hadzilacos, V.; Goodman, N.; *"Concurrency Control and Recovery in Database Systems";* Addison Wesley, Reading MA, (1987)

[Big88]   Bigelow, J.; "Hypertext and CASE"; *IEEE Software;* Vol. 5, No. 2, March, (1988)

[Bon88]   Bond, G.; *"XCMD's for Hypercard";* MIS Press, (1988)

[Bor81]   Borning, A.; "The Programming Language Aspects of ThingLab, a Constraint-Oriented Simulation Laboratory", *ACM Transactions on Programming Languages and Systems*, Vol.3, No.4, October (1981)

[Bor86]   Borning, A.; Duisberg, R.; "Constraint-Based Tools for Building User Interfaces"; ACM Transactions on Graphics, Vol. 5, No. 4, October, (1986)

[Bor86b]   Borning, A.; "Defining Constraints Grapically", *CHI '86 Proceedings* , April (1986)

[Bro88]   Brown, M.H.; *"Algorithm Animation";* MIT Press, Cambridge MA, (1988)

[Bro88b]   Brown, M.H.; "Exploring Algorithms Using Balsa-II"; *IEEE Computer*, Vol. 21, No. 5, May, (1988)

[Bui89]   Bui, K.P.; "Hyper-Lexikon, a Hypermedia-based Lexikon for Vocabulary Acquisition"; *Springer Lect. Notes Computer.Science 360* (Maurer, H. ed.), Computer Assisted Learning, Proc. 2 Int.Conf. ICCAL, (1989)

[Bus88]   Bush, V.; "As We May Think"; in Greif, I. (Ed.); *"Computer-Supported Cooperative Work: A Book of Readings";* Morgan Kaufmann Publishers Inc., San Mateo CA, (1988)

[CAC88]   Special Issue on Hypertext; *Communications of the ACM*, Vol. 31, No. 7, July, (1988)

[Cam88]   Campbell, B.; Goodman, J.M.; "HAM: A General Purpose Hypertext Abstract Machine"; *Communications of the ACM*, Vol. 31, No. 7, July, (1988)

[Car88]   Carlson, P.A.; "Hypertext: A Way of Incorporating User Feedback into Online Documentation"; in Barrett, E.(Ed.); *"Text, ConText and HyperText";* MIT Press, Cambridge, MA, (1988)

[Cha89]   Champine, G.; Lerman, S.; Saltzer, J.; "Project ATHENA as a Next Generation Educational Computing System"; *Proc. GI-19. Jahrestagung;* Springer Informatik-Fachberichte 222; Springer; Berlin, Heidelberg, New York, (1989)

[Con87]   Conklin, J.; "Hypertext: An Introduction and Survey", *IEEE Computer*, Sept., (1987)

[Con87b]   Conklin, J.; "A Survey of Hypertext", *MCC Technical Report STP-356-86, Rev.2*, Dec, 2., (1987)

[Coo84]   Cook, P.R.; "Electronic Encyclopedias"; *BYTE,* July, (1984)

[Dae88]   Dähler, J.; Gerber, P.; Gisiger, H.-P.; Kündig, A.; "A Graphical Tool for the Design and Prototyping of Distributed Systems"; *Proc. 1988 Int. Zurich Seminar on Digital Communications*; March 8-10, ETH Zurich, (1988)

[Dah70]   Dahl, O.-J.; Myrhaug, B.; Nygaard, K.; "*SIMULA Common Base Language*", Norwegian Computing Center S-22. Oslo, (1970)

[Del86]   Delisle, N.; Schwartz, M.; "Neptune: a Hypertext System for CAD Applications"; *Proc. of the 1986 ACM SIGMOD Conference*; Washington, D.C.;(1986);

[Del87]   Delisle, N.M.; Schwartz, M.D.; "Contexts - A Partitioning Concept for Hypertext"; *ACM Trans. on Office Information Systems;* Vol. 5. No. 2.; April; (1987);

[Des86]   Desmarais, N.; "Laser Libraries"; *BYTE,* May, (1986)

[Dob89]   Dobrinski, J.; Ottmann, Th.; "How Can Educational Software Survive Current Hardware"; *Springer Lect. Notes Computer.Science 360* (Maurer, H. ed.), Computer Assisted Learning, Proc. 2 Int.Conf. ICCAL, (1989)

[Dol89]   Doland, V.M.; "Hypermedia as an interpretative act"; *HYPERMEDIA;* Vol. 1., No. 1.; Taylor Graham Publishing, London, Spring (1989)

[Dul86]   Dulude, J.R.; "The Application Interface of Optical Devices"; *BYTE,* May, (1986)

[Dun89]   Duncan, E.B.; "Structuring knowledge bases for designers of learning materials"; *HYPERMEDIA;* Vol. 1., No. 1.; Taylor Graham Publishing, London, Spring (1989)

[Egi88]   Egido, C.; Patterson, J.; "Pictures and Category Labels as Navigational Aids for Catalog Browsing"; *CHI Proceedings,* (1988)

[Eng88]   Engelbart, D.; Lehtman, H.;"Working Together"; *BYTE*; December;(1988);

[Eva90]   Evans, R.; "Expert Systems and HyperCard"; *BYTE;* Januar, (1990)

[Fid88]   Fiderio, J.; "A Grand Vision"; *BYTE*; October; (1988);

[For88]   Forsdick, H.C.; Crowley, T.R.; Schaaf, R.W.; Tomlinson, R.S.; Travers, V.M.; "Diamond: A Multimedia Message System Built on a Distributed Architecture"; in Greif, I. (Ed.); *"Computer-Supported Cooperative Work: A Book of Readings";* Morgan Kaufmann Publishers Inc., San Mateo CA, (1988)

[Fri88]   Frisse, M.; "From Text to Hypertext"; *BYTE*; October; (1988)

[Fri88b]   Frisse, M.; "Searching for Information in a Hypertext Medical Handbook";
             Communications of the ACM, Vol. 31, No. 7, July, (1988)

[Fur86]   Furnas, G.W.; "Generalized Fisheye Views"; *CHI Proceedings*, (1986)

[Gla89]   Glass, L.B.; "Under the Hood: Digital Video Interactive"; *BYTE;* May,
             (1989)

[Glo89]   Gloor, P.; Marty, R.;"Dynamically Synchronized Locking - a Locking
             Protocol for Resource Locking in a Stateless Environment"; *Proc. Usenix
             Winter Conference*, Feb. 1-3.,San Diego CA (1989)

[Glo89b]   Gloor, P.; "Algorithmen-Animation mit HyperCard"; *Proc. GI-19.
             Jahrestagung;* Springer Informatik-Fachberichte 222; Springer; Berlin,
             Heidelberg, New York, (1989)

[Glo89c]   Gloor, P.; *"Synchronisation in verteilten Systemen";* Teubner Verlag,
             Stuttgart, (1989)

[Gol83]   Goldberg, A.; Robson, D.; *"Smalltalk-80, The Language and its
             Implementation"*, Addison-Wesley, Reading MA, (1983)

[Goo87]   Goodman, D.; *"The Complete Hypercard Handbook"*, Bantam Books,
             Toronto, (1987)

[Goo88]   Goodman, D.; *"Hypercard Developer's Guide"*, Bantam Books, Toronto,
             (1987)

[Gre88]   Greif, I. (Ed.); *"Computer-Supported Cooperative Work: A Book of
             Readings";* Morgan Kaufmann Publishers Inc., San Mateo CA, (1988)

[Gre88b]   Greif, I.; Sarin, S.; "Data Sharing in Group Work"; in Greif, I. (Ed.);
             "Computer-Supported Cooperative Work: A Book of Readings"; Morgan
             Kaufmann Publishers Inc., San Mateo CA, (1988)

[Hal87]   Halasz, F.G.; Morgan, T.P; Trigg, R.H.; "NoteCards in a Nutshell",
             CHI+GI Proceedings, (1987)

[Hal88]   Halasz, F.G.; "Reflections on NoteCards: Seven Issues for the next
             generation of Hypermedia Systems"; *Communications of the ACM*, Vol. 31,
             No. 7, July, (1988)

[Ham88]   Hammond, N.; Allinson, L.; "Travels around a Learning Support
             Environment: Rambling, Orienteering or Touring"; *CHI Proceedings,* 1988

[Ham89]   Hammond, N.; "Hypermedia and Learning: Who Guides Whom?"; *Springer
             Lect. Notes Computer.Science 360* (Maurer, H. ed.), Computer Assisted
             Learning, Proc. 2 Int.Conf. ICCAL, (1989)

[Han88]   Hannafin, M.J.; Peck, K.L.; *"The Design, Development, and Evaluation of
             Instructional Software";* Macmillan Publishing Company, New York, (1988)

[Har88]   Harmon, P.; Maus, R.,Morrissey, W.; *"Expert Systems: Tools and
             Applications";* John Wiley & Sons, Inc., New York, (1988)

[Jam88]   James, G.; "Artificial Intelligence and Automated Publishing Systems"; in Barrett, E.(Ed.); *Text, ConText and HyperText*; MIT Press, Cambridge, MA, (1988)

[Jon87]   Jones, W.P.; "How Do We Distinguish the Hyper form the Hype in Non-linear Text?"; *MCC Technical Report Number HI-118-87*; Microelectronics and Computer Technology Corporation; (1987)

[Jon89]   Jones, T.; "Incidental Learning During Information Retrieval: A Hypertext Experiment"; *Springer Lect. Notes Computer.Science 360* (Maurer, H. ed.), Proc. 2 Int.Conf. ICCAL, (1989)

[Jüt88]   Jüttner, G.; Güntzer, U.; *"Methoden der künstlichen Intelligenz für Information Retrieval"*; K.G.Saur, München, (1988)

[Kae88]   Kaehler, C.; *"Hypercard Power"*; Addison-Wesley, Reading MA, (1988)

[Kat88]   Katz, B.; "Text Processing with the START Natural Language System"; in Barrett, E.(Ed.); *Text, ConText and HyperText*; MIT Press, Cambridge, MA, (1988)

[Ked88]   Kedzierski, B.I.; "Communication and Management Support in System Development Environment"; in Greif, I. (Ed.); *"Computer-Supported Cooperative Work: A Book of Readings"*; Morgan Kaufmann Publishers Inc., San Mateo CA, (1988)

[Lai88]   Lai, K.; Malone, T.W.; Yu, K.; "Object Lens: A "Spreadsheet" for Cooperative Work"; *ACM Trans. on Office Information Systems*, Vol. 6., No. 4, October, (1988)

[LaP89]   La Passardière, B.; "A CAL Environment for Hypercard"; *Springer Lect. Notes Computer.Science 360* (Maurer, H. ed.), Computer Assisted Learning, Proc. 2 Int.Conf. ICCAL, (1989)

[Lut89]   Luther, A.C.; *"Digital Video in the PC Environment"*; McGraw-Hill; New York; (1989);

[Mal88]   Malone, T.W.; Grant, K.R.; Lai, K.; Rao, R.; Rosenblitt, D.; "Semistructured Messages are Surprisingly Useful for Computer-Supported Coordination"; in Greif, I. (Ed.); *"Computer-Supported Cooperative Work: A Book of Readings"*; Morgan Kaufmann Publishers Inc., San Mateo CA, (1988)

[Mar88]   Marchionini, G.; Shneiderman, B., "Finding Facts vs. Browsing in Hypertext Systems", *IEEE Computer*, Vol.21, No.1, Jan (1988)

[Mar88b]   Marty, R.; *"Von der Subroutinentechnik zu Klassenhierarchien - Eine schrittweise Hinführung zu objektorientierter Programmierung"*; Berichte des Instituts für Informatik Nr. 88.04, Universität Zürich, (1988)

[Mey86]   Meyrowitz, N.; "Intermedia: The Architecture and Construction of an Object-oriented Hypermedia System and Applications Framework"; *OOPSLA Proceedings 86*, (1986)

[Müh89]   Mühlhäuser, M.; "Requirements and Concepts for Networked Multimedia
            Courseware Engineering"; *Springer Lect. Notes Computer.Science 360*
            (Maurer, H. ed.), Computer Assisted Learning, Proc. 2 Int.Conf. ICCAL,
            (1989)

[Nel88]   Nelson, T.H.; "Managing Immense Storage"; *BYTE*; January; (1988);

[Nic88]   Nichols, K.M.; Edmark, J.T.; "Modeling Multicomputer Systems with
            PARET", *IEEE Computer*, Vol. 21, No. 5, May, (1988)

[Nie87]   Nierstrasz, O.M.; "What is the Object in Object-oriented Programming?" in:
            Objects and Things (Tsichritzis, D. (Ed.)), Centre Universitaire
            d´Informatique; Génève (1987)

[Ore88]   Oren, T.; "The CD-ROM Connection"; *BYTE;* December; (1988);

[Pri88]   Price, J.; "Creating a Style for Online Help"; in Barrett, E.(Ed.); *"Text,
            ConText and HyperText";* MIT Press, Cambridge, MA, (1988)

[Pso88]   Psotka, J.; Massey, L.D.; Mutter, S.A. (Eds.); *"Intelligent Tutoring
            Systems";* Lawrence Erlbaum Associates, Publishers, Hillsdale New Jersey,
            (1988)

[Rag88]   Ragland, C.; "Guide 2.0 and Hypercard 1.1: Choices for Hypermedia
            Developers"; *HyperAge*, May-June, (1988)

[Ray88]   Raymond, D.R.; Tompa, F.W.; "Hypertext and the New Oxford Dictionary",
            Communications of the ACM, Vol. 31, No. 7, July, (1988)

[Rub88]   Rubens, P.; Krull, R.; "Designing Online Information"; in Barrett, E.(Ed.);
            "Text, ConText and HyperText"; MIT Press, Cambridge, MA, (1988)

[Rus88]   Russell, D.M.; Moran, T.P.; Jordan, D.S.; "The Instructional Design
            Environment";aus Psotka, J.; Massey, L.D.; Mutter, S.A. (Eds.); *"Intelligent
            Tutoring Systems";* Lawrence Erlbaum Associates, Publishers, Hillsdale New
            Jersey, (1988)

[Rus88b]   Russell, D.M.; "IDE: The Interpreter"; aus Psotka, J.; Massey, L.D.; Mutter,
            S.A. (Eds.); *"Intelligent Tutoring Systems";* Lawrence Erlbaum Associates,
            Publishers, Hillsdale New Jersey, (1988)

[Sal83]   Salton, G.; McGill, M.J.; *"Introduction to modern Information Retrieval";*
            McGraw-Hill, Japan (1983)

[Sat88]   Sathi, A.; Morton, T.E; Roth, S.F.; "Callisto: An Intelligence Project
            Management System"; in Greif, I. (Ed.); *"Computer-Supported Cooperative
            Work: A Book of Readings";* Morgan Kaufmann Publishers Inc., San Mateo
            CA, (1988)

[Sch86]   Schmucker, K.J.; *"Object-oriented Programming for the Macintosh";*
            Hayden, Hasbrouck Heights, N.J.; (1986)

[Sed88]   Sedgewick, R., *"Algorithms";* (2nd. Edition); Addison-Wesely, Reading
            MA. (1988)

[Sha88]   Shafer, D.; *"Hypertalk Programming"*, Hayden Macintosh Library, (1988)

[She88]   Shell, B.; *"Running Hypercard with Hypertalk""*, MIS, (1988)

[She88b]   Sherman,C.; *"The CD ROM Handbook"*, McGraw-Hill, New York, (1988)

[Shn89]   Shneiderman, B.; Kearsley, G.; *"Hypertext Hands-on!";* Addison-Wesley, Reading, MA, (1989)

[Slo87]   Sloman, M.; Kramer, J.; *"Distributed Systems and Computer Networks";* Prentice-Hall, Englewood Cliffs, N.J., (1987)

[Smi87]   Smith, K.E.; Zdonik, S.B.; "Intermedia: A Case Study of the Differences Between Relational and Object-Oriented Database Systems"; *OOPSLA Proc.*; October 4-8; (1987)

[Ste84]   Steinberg, E.R.; *"Teaching Computers to Teach";* Lawrence Erlbaum Assoc., Hillsdale, New Jersey, (1984)

[Ste88]   Stefik, M.; Foster, G.; Bobrow, D.G.; Kahn, K.; Lanning, S.; Suchman, L.; "Beyond the Chalkboard: Computer Support for Collaboration and Problem Solving in Meetings"; in Greif, I. (Ed.); *"Computer-Supported Cooperative Work: A Book of Readings";* Morgan Kaufmann Publishers Inc., San Mateo CA, (1988)

[Stub89]   Stubenrauch, R.; "Touring a Hyper-CAI System"; *Springer Lect. Notes Computer.Science 360* (Maurer, H. ed.), Computer Assisted Learning, Proc. 2 Int.Conf. ICCAL, (1989)

[Tal89]   Talbert, M.L.; Umphress, D.A.;; "Object-Oriented Decomposition: A Methodology for Creating CAI Using Hypertext"; *Springer Lect. Notes Computer.Science 360* (Maurer, H. ed.), Computer Assisted Learning, Proc. 2 Int.Conf. ICCAL, (1989)

[Tan88]   Tanenbaum, A.S.;*"Computer Networks"*, second edition; Prentice-Hall, Englewood Cliffs, NJ, (1988)

[Tob88]   Tobler, K.; Issing, L.J.; "Autorensysteme für die Entwicklung computergestützter Lernprogramme"; *LOG IN* ; Heft 4, (1988)

[Tri88]   Trigg, R.H.; "Guided Tours and Tabletops: Tools for Communicating in a Hypertext Environment"; *ACM Trans. on Office Information Systems,* Vol. 6., No. 4.; October (1988)

[Voe88]   Voelcker, J.;" Technology `88 - Software", *IEEE Spectrum*, January, (1988)

[Wat86]   Waterman, D.A.; *"A Guide to Expert Systems"*; Addison-Wesley, Reading MA, (1986)

[Weg87]   Wegner, P.; "Dimensions of Object-Based Language Design"; *OOPSLA Proceedings*, Orlando, Florida, (1987)

[Wei88]   Weiskamp; *"Mastering Hypertalk";* Wiley; (1988)

[Win84]   Winston, P.H.; *"Artificial Intelligence"*; 2nd edition, Addison-Wesley, Reading MA, (1984)

[Yan85]   Yankelovich, N; Meyrowitz, N.; Van Dam, A.; "Reading and Writing the Electronic Book"; *IEEE Computer*; October; (1985);

[Yan88]   Yankelovich, N.; et. al. "Intermedia: The Concept and the Construction of a Seamless Information Environment", *IEEE Computer*, Vol. 21, No. 1, Jan (1988)

[You88]   Younggren, G.; "Using an Object-Oriented Programming Language to Create Audience-Driven Hypermedia Environments"; in Barrett, E.(Ed.); *"Text, ConText and HyperText";* MIT Press, Cambridge, MA, (1988)

[Zie88]   Ziegfeld, R.; Hawkins, R.; Judd, W.; Mahany, R.; "Preparing for a Successful Large-Scale Courseware Development Project"; in Barrett, E.(Ed.); *"Text, ConText and HyperText";* MIT Press, Cambridge, MA, (1988)[Aks88]   Akscyn, R.; Yoder, E.; McCracken, D.; "The Data Model is the Heart of Interface Design"; *CHI Proceedings*, (1988)

[Zoe86]   Zoellick, B.; "CD-ROM Software Development"; *BYTE,* May, (1986)

Index

Herstellerverzeichnis

Das folgende Verzeichnis enthält die Adressen der im Buchtext erwähnten Hersteller von Hypermedia Soft- und Hardware-Produkten.

HyperX
Millennium Software
1970 South Coast Hwy.
Laguna Beach, CA 92651
Tel. USA. (714) 497-7439

MacroMind Director:
Die unter der Bezeichnung "MacroMind Director" vertriebene neueste Version von Videoworks ist an folgender Adresse erhältlich:
MacroMind
410 Townsend St., Suite 408
San Francisco, CA 94107
Tel. USA (415) 442-0200

MacRecorder:
Farallon Computing, Inc.
2201 Dwight Way
Berkeley, CA 94704
Tel. USA (415) 849-2331

RedRyder:
The FreeSoft Co.
150 Hickory Drive
Beaver Falls, PA 15010
U.S.A.

Coursebuilder:
TeleRobotics International, Inc.
8410 Oak Ridge Highway
Knoxville, Tennessee 37931
Tel. USA (615) 690-5600

SuperCard:
Silicon Beach Software, Inc.
9770 Carroll Center Rd., Suite J
San Diego, CA 92126
Tel. USA (619) 695-6956

Hinweise zur Diskettenversion

Zu diesem Buch "Hypermedia-Anwendungsentwicklung" ist   eine Diskette (3 $^1/_2$-Zoll-Diskette 800 KB Macintosh formatiert) erhältlich.

Die Nutzung der Diskette ist nur dem Käufer persönlich gestattet.

Die Diskette enthält alle in diesem Buch beschriebenen Beispiele und Programme. Die Dateien sind als HyperCard-Stacks abgespeichert und sollten mit HyperCard ab Version 1.2 gelesen werden. Die Programme wurden mit der US Version von HyperCard entwickelt, sind aber auch mit der deutschen HyperCard Version 1.2 lauffähig.

Die Diskette enthält die folgenden HyperCard Stacks:

- Algorithmen-Demo (Kapitel 4.4 "Bubblesort" und 4.5 "Türme von Hanoi")
- Animationsbeispiele (Kapitel 4.1)
- Boardnoter (Kapitel 7.6.1)
- Drill&Practice (Kapitel 8.8)
- Dynamisch-Synch-Locking (Kapitel 4.6)
- Expertensystem (Kapitel 9.2)
- Hyper-Lexikon (Kapitel 8.4)
- Hypermedia-Tutorial (Kapitel 8.9)
- Literatur-Datenbank (Kapitel 3.2)
- Movie Gefallener Engel (Kapitel 4.7)
- Notenverwaltung-Lehrer (Kapitel 3.3)

Leitfäden der angewandten Informatik

Fortsetzung

Nebel: **CAD-Entwurfskontrolle in der Mikroelektronik**
211 Seiten. Kart. DM 38,–

Retti et al.: **Artificial Intelligence – Eine Einführung**
2. Aufl. X, 228 Seiten. Kart. DM 38,–

Schicker: **Datenübertragung und Rechnernetze**
3. Aufl. 299 Seiten. Kart. DM 42,–

Schmidt et al.: **Digitalschaltungen mit Mikroprozessoren**
2. Aufl. 208 Seiten. Kart. DM 32,–

Schmidt et al.: **Mikroprogrammierbare Schnittstellen**
223 Seiten. Kart. DM 36,–

Schneider: **Problemorientierte Programmiersprachen**
226 Seiten. Kart. DM 32,–

Schreiner: **Systemprogrammierung in UNIX**
Teil 1: Werkzeuge. 315 Seiten. Kart. DM 52,–
Teil 2: Techniken. 408 Seiten. Kart. DM 58,–

Singer: **Programmieren in der Praxis**
2. Aufl. 176 Seiten. Kart. DM 34,–

Specht: **APL-Praxis**
192 Seiten. Kart. DM 28,80

Vetter: **Aufbau betrieblicher Informationssysteme
mittels konzeptioneller Datenmodellierung**
6. Aufl. 455 Seiten. Kart. DM 62,–

Vetter: **Strategie der Anwendungssoftware-Entwicklung**
2. Aufl. 408 Seiten. Kart. DM 58,–

Weck: **Datensicherheit**
326 Seiten. Geb. DM 48,–

Wingert: **Medizinische Informatik**
272 Seiten. Kart. DM 29,80

Wißkirchen et al.: **Informationstechnik und Bürosysteme**
255 Seiten. Kart. DM 34,–

Wolf/Unkelbach: **Informationsmanagement in Chemie und Pharma**
244 Seiten. Kart. DM 38,–

Zehnder: **Informatik-Projektentwicklung**
223 Seiten. Kart. DM 38,–

Zehnder: **Informationssysteme und Datenbanken**
5. Aufl. 276 Seiten. Kart. DM 42,–

Zöbel/Hogenkamp: **Konzepte der parallelen Programmierung**
235 Seiten. Kart. DM 38,–

Preisänderungen vorbehalten

 B. G. Teubner Stuttgart